传统村落营建智慧与当代改造技术图集

陈敬　李小龙　杨思然　主编

东南大学出版社
SOUTHEAST UNIVERSITY PRESS
·南京·

内容提要

本图集是科技部“十三五”国家重点研发计划项目“传统村落保护利用与现代传承营建关键技术研究”系列成果之一，由西安建筑科技大学主持完成，旨在探索传统村落规划营建智慧、传统绿色生态经验在当代的传承与转译，为传统村落的保护活化与改造设计提供参考。

本图集在规划层面探讨了传统村落山水人文空间格局样本图谱并总结了本土形态特征，在建筑层面提炼了传统乡土民居生态设计策略并融合了当代乡村民居建筑改造技术措施。最终对国内已建成的实践案例进行整体分析，希望能够将传统村落的协同营建智慧与绿色宜居技术有机结合，尝试构建一种传统村落的保护利用的新技术体系。

图书在版编目（CIP）数据

传统村落营建智慧与当代改造技术图集 / 陈敬，李小龙，杨思然主编. -- 南京：东南大学出版社，2023.10

ISBN 978-7-5766-0883-0

Ⅰ.①传… Ⅱ.①陈… ②李… ③杨… Ⅲ.①村落－乡村规划－建筑设计－研究－中国 Ⅳ.①TU982.29

中国国家版本馆CIP数据核字（2023）第185474号

责任编辑：丁　丁　　责任校对：韩小亮　　封面设计：姜杰茹　　责任印制：周荣虎

传统村落营建智慧与当代改造技术图集

CHUANTONG CUNLUO YINGJIAN ZHIHUI YU DANGDAI GAIZAO JISHU TUJI

主　　编：陈敬　李小龙　杨思然
出版发行：东南大学出版社
社　　址：南京市四牌楼2号　　邮编：210096　　电话：025-83793330
出 版 人：白云飞
网　　址：http://www.seupress.com
电子邮箱：press@seupress.com
经　　销：全国各地新华书店
印　　刷：南京玉河印刷厂
开　　本：787 mm×1092 mm　1/16
印　　张：10.75
字　　数：346千字
版　　次：2023年10月第1版
印　　次：2023年10月第1次印刷
书　　号：ISBN 978-7-5766-0883-0
定　　价：168.00元

目　录

第 1 章

村落空间格局形态样本图谱

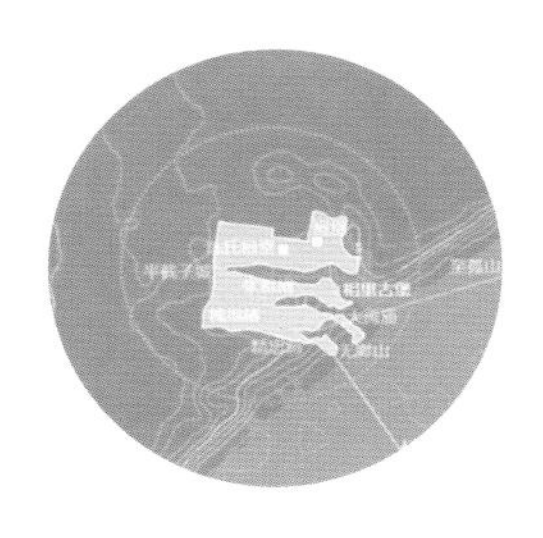

第 2 章

村落空间格局形态建构特征

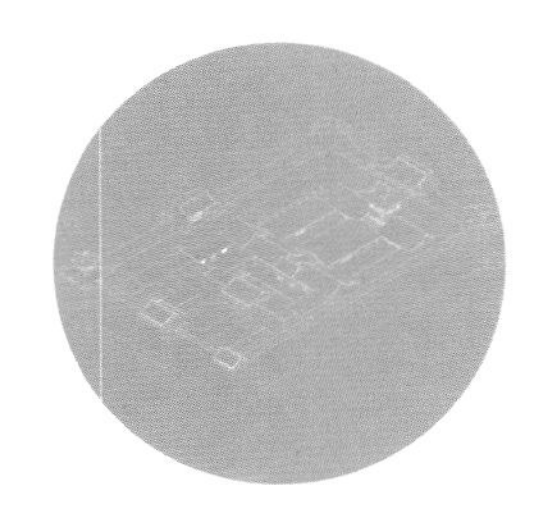

第3章

乡土民居生态设计策略与技术措施

第 4 章

当代乡村民居建筑改造技术措施

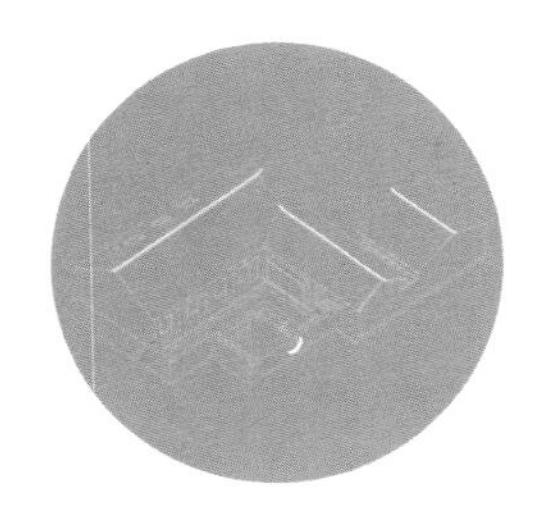

第 5 章

乡土民居生态设计案例解析

参考文献

第 1 章

村落空间格局形态样本图谱

本章立足不同地域环境区划和村落选址特点，从诸多村落中遴选格局历史遗存较为完整、相关文本信息支撑较为丰富的古村落作为研究样本。样本村落格局历史形态的挖掘辨析，从村落交互融合地域自然山水、人文环境的总体视野出发，以不同时期遥感影像为参照，以各地留传至今的基础史料为支撑，以“口述村史”调查档案为补充，梳理村落历史营建脉络，提炼关键营建要素，搜集整理地理信息数据，建立“村落格局形态”样本图谱与专题信息数据库。

1.1　黄土高原典型传统村落

1.1.1　陕西省铜川市印台区陈炉镇立地坡村

立地坡村格局概要

立地坡村，位于一东西长约 0.7 km、南北宽约 0.3 km 的狭长山岭上，东靠石马山（铜川制高点），西临宝瓶堡，北眺莲花山，南望南山；村落建于呈“阶梯状”地貌的台塬坡地之上，其四周山塬环绕，形胜颇佳。

结合历史文献、口述村史调研与田野调查可知，立地坡村的历史营建，巧妙结合了台塬与群山形势，构建了外联胜景、内昭人文的空间格局。

村落生活空间依循地形地貌，沿山河走势呈阶梯状布局。村内主街依循台塬地形，梯次布置，次巷陡峭狭窄，拾级而上连通各层主街。古人于街巷交会处建窑神庙、圣母殿、玄帝观、三眼泉井、杨家祠堂等，构成主次分明、视景丰富的街巷骨架。于塬顶东西两侧建东、西圣阁（于明万历二十三年，即公元 1595 年修建），吸纳村周山、塬风光，并于阁旁建牌坊、凿涝池，形成聚集人群、凝聚人心、收揽胜景的人文场域。

图 1-1　立地坡村图景 1

立地坡村二维格局示意图

当地总结“石马高耸”“三泉一井”“六郎兵洞”“宝寺钟声”“东西圣阁”“玉槐撑天”“莲花天成”“南山锦绣”八景，凝练和提振村落空间格局，升华精神文化意境。时至今日，此格局仍清晰可辨。（图 1-1 至图 1-2）

图 1-2　立地坡村二维格局示意图

依循台塬地势，形成“阶梯状”村落形态

立地坡村坐落于一处东西狭长的台塬之上，南北皆为坡地，北陡南缓，古人依循台塬南侧自然地形，营建民居、组织街巷，形成结合地势的村落格局。

古人结合台塬南侧地势高差，沿塬线走势逐层修窑建屋，民居建筑布局灵活，形成独特的“阶梯状”村落形态。村内南北两条主巷结合“阶梯状”村落形态串联民居，形态蜿蜒曲折，次巷散布于两条主巷之间，狭窄陡峭，主次巷道共同构成顺应地势、层次分明的街巷骨架。塬顶不宜人居，村民择其东西两端分别营建东圣阁、西圣阁，并以二阁为核心塑造人文群域，形成村落重要的门户空间。

此外，窑神庙、杨家祠堂、三眼泉井等人文建筑分别点缀于主巷之中，形成村内重要的人文空间。

由此通过街巷组织、民居布局、人文建设等营村手法，共同塑造了因势赋形的村落特色格局。(图 1–3 至图 1–4)

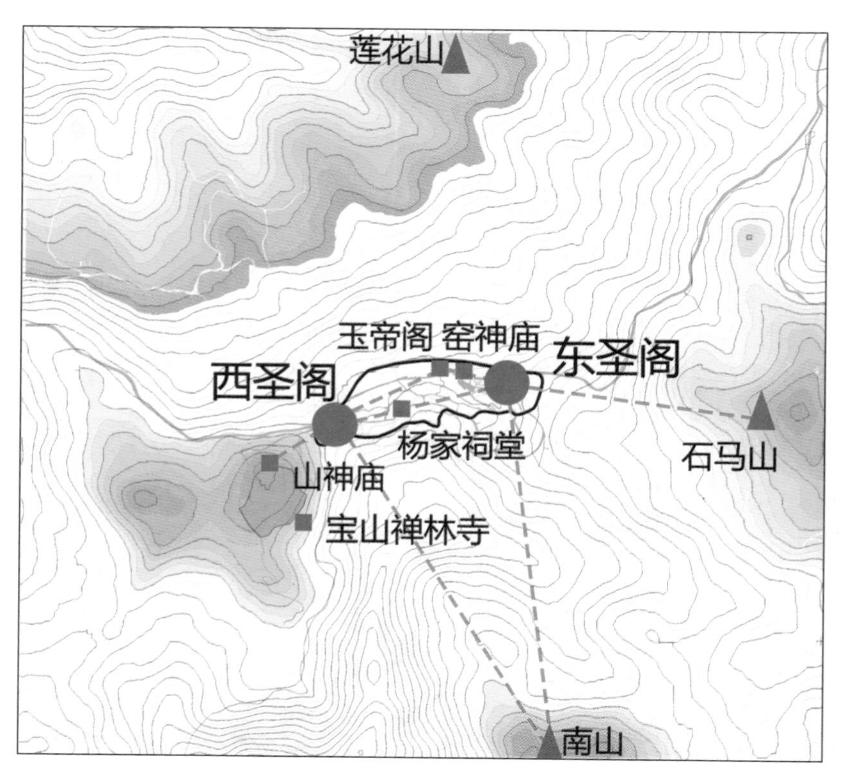

图 1–3　立地坡村传统营建经验示意图 1

图 1–4　立地坡村图景 2

据塬顶显要地势塑立标识、统揽“八景”，提振村落格局

古人遍览村落环境，察塬顶东西两端地势平坦、视野开阔，可俯瞰村落全貌与四周山川景致，于此设立东、西圣阁，并修涝池、立牌坊，营建两处人文群域。

东圣阁位于村东端，上阁下台，登临其上，可西望宝瓶堡，北眺“莲花天成”，南观“南山锦绣”；西圣阁位于村西端，登临其上，可近闻身后“宝寺钟声”、俯览村内“三泉一井”、远观村东“石马高耸”、遥望村东南“六郎兵洞”。二阁成为村落登高观景的重要人文标识。

古人又于东圣阁东北侧设立牌坊、东侧布置涝池，于西圣阁西侧布置涝池，形成融汇村民日常生活、聚集休憩、祭拜祈福的群域空间，成为村落的特色门户。立于二阁之上，视景壮阔，村落“八景”尽收眼底；行于蜿蜒主巷之中，处处可见二阁峙立，民居层叠错落，街巷视景体验特色鲜明。

由此形成村内收揽胜景的人文群域，提振村落人居意境。（图 1-5 至图 1-6）

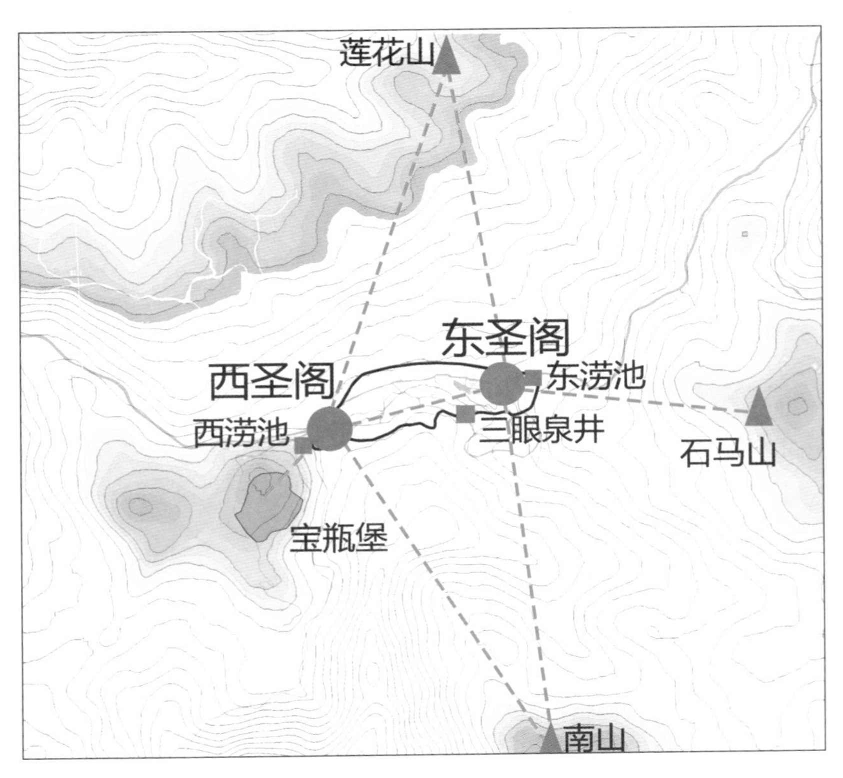

图 1-5　立地坡村传统营建经验示意图 2

图 1-6　立地坡村图景 3

1.1.2 陕西省榆林市佳县泥河沟村

泥河沟村格局概要

泥河沟村，位于黄河崖岸景观区的淤积河谷、三角洲地段，北、南、西三面环山，车会河绕村南流入黄河。立足村中，东览黄河胜景；北望金狮山，形似卧狮；南望银象山，形似巨象。山环水抱，形势极佳。

结合历史文献、口述村史调研与田野调查可知，泥河沟村的历史营建，巧妙结合地形地势，并因借山河胜景，构建了独特的村落格局。论及其要：该村生产空间以枣林为主，多布置在车会河河滩平地；民居建筑以箍窑为主，布置在山体阳坡高地，形成沿山势水形展开的“带状”空间布局。村内沿河设置主要道路，其余小巷依次与之相接，顺山势盘旋而上，形成自由灵活的街巷骨架。同时，村口的古枣园中有一株“枣树王”，被尊为“神树”，今人于旁立碑敬神。此外，于村外俯瞰黄河滩地山腰处营建河神庙，于村口平坦开阔、两山对峙处营建观音庙，于村内街巷口营建戏台、神楼，塑造意象鲜明而内涵丰富的人文标识。时至今日，此格局仍清晰可辨。（图 1–7 至图 1–8）

泥河沟村二维格局示意图

图 1–7 泥河沟村图景 1

图 1–8 泥河沟村二维格局示意图

结合千年枣树，组织村落格局

该村土地匮乏，气候条件严苛，故古人利用有限的平地种植耐瘠薄的枣树，并创造一套“枣、粮、蔬间作立体种植法”，连片枣园完好传承至今。千年古枣园占地约 2 ha，有枣树 1 100 余株。其中一古枣树树龄 1 300 余载，直径超 3 m，三人合抱不拢，被尊为“神树”，村民爱之敬之，于其旁立碑，“为枣立言”，供奉千年神树；并于每年正月敬拜，祈求风调雨顺，红枣丰收，成为村内重要的人文标识。神树旁为村内街巷入口，设戏台神楼，呈对望之势，是村民主要聚集场所。

此外，村外枣园西、黄河岸边高地立河神庙，村口两枣园交会处、河滩中心设观音庙，村西枣园北、车会河河边设龙王庙，构建了以“枣树王”为核心，于枣树林耕种、于枣神树下祭拜、于枣树旁休憩的特有人居环境。（图 1-9 至图 1-10）

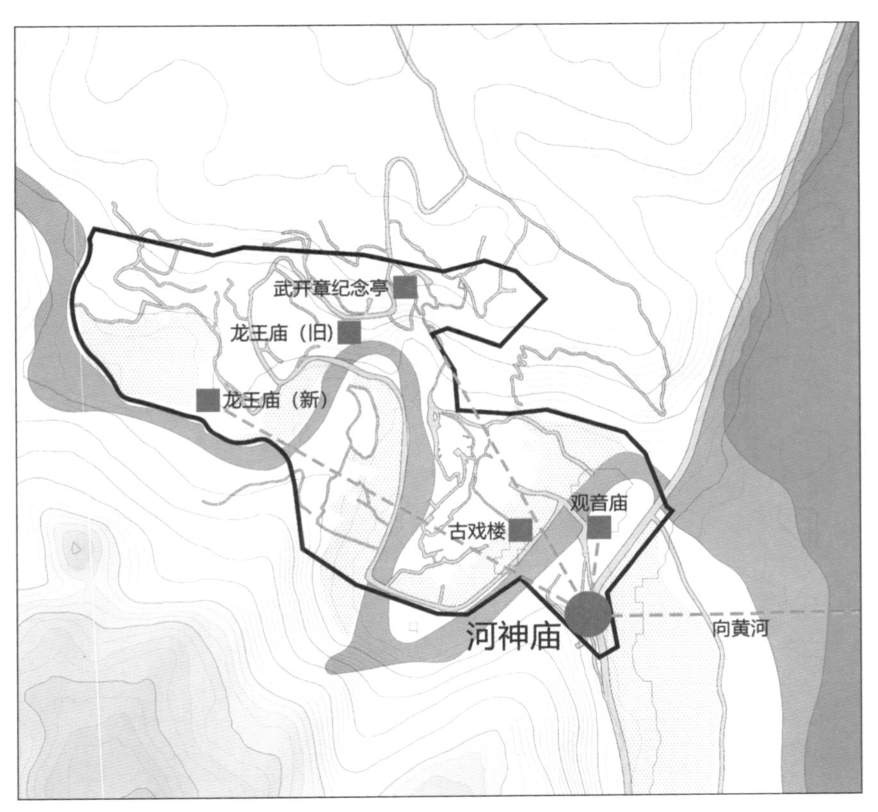

图 1-9　泥河沟村传统营建经验示意图 1

图 1-10　泥河沟村图景 2

结合“金狮银象”山形文象，黠缀观音庙，营造特色门户空间

古人遍览村落周边群山，察村东北、东南山势如臂膀环抱村落两侧，立足村内观其山形，北山形似卧狮，南山形似巨象，落日时分形成狮山明亮而象山晦暗的自然景观，古人赋予其美好文化寓意，凝为“金狮银象”的独特“文象”胜景，是村落营建的重要参照。二山高约 30 m，相距近 20 m，似巍峨门阙般对峙于村口，而中部开阔平坦，形成远观黄河及沿岸群山的气势宏大、格局深远的天然门户。古人择天然门户中心、入村必经之所立观音庙，以镇奠地脉、点化二山环抱护佑之势，并凝聚人心。该庙东倚黄河及沿岸群山，西连入村拱桥，高约 4 m，立于高台之上，上奉神像，成为该村重要人文标识之一，与“金狮银象”共同形成“两山夹一庙”的独特门户景观，并蕴含着观音护佑一方之美好的寓意。(图 1-11 至图 1-12)

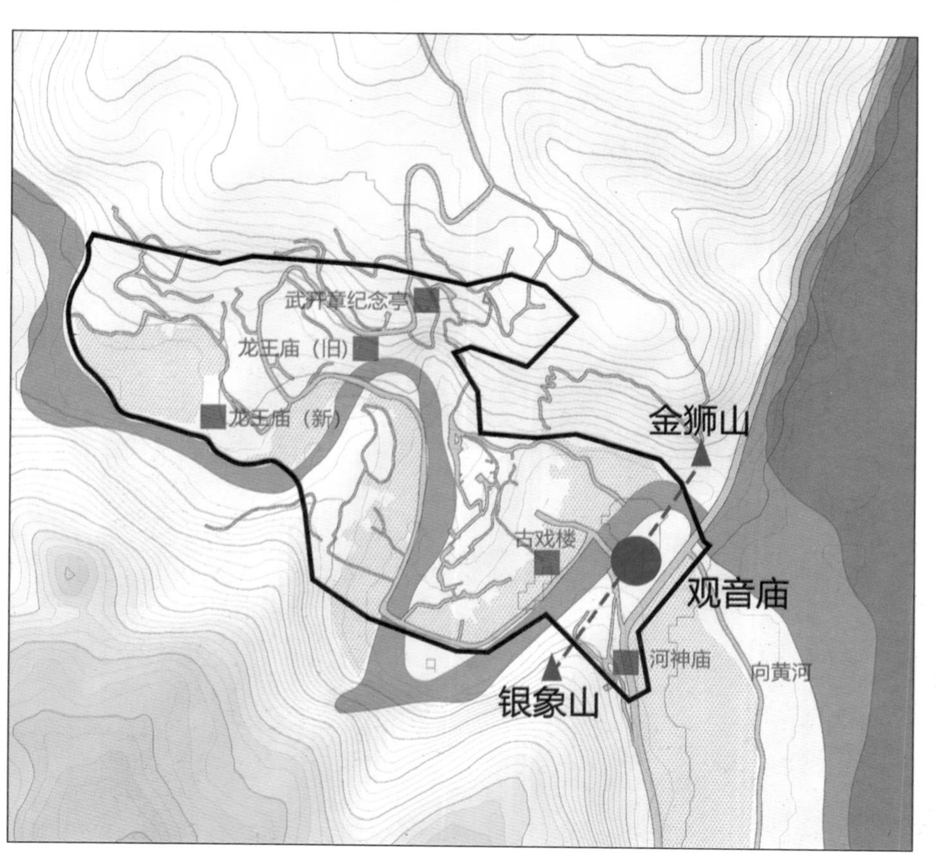

图 1-11　泥河沟村传统营建经验示意图 2

图 1-12　泥河沟村图景 3

择风景佳地营建河神庙，塑造观河凝景、彰显信仰的境界空间

古人于银象山山腰、瞰望黄河滩地的一隅营建河神庙，以求“洪水不犯良田，河津稳渡”。该庙布局顺应山势，坐西朝东，偏南约 30°，朝向黄河，用地长约 30 m、宽约 25 m，建筑群由山门、院落及主殿构成。其空间设计精妙，论及其要：该庙朝向黄河，院墙高约 0.5 m，约至膝盖处，黄河景致一览无余，形成视景宏阔的院落空间。同时，庙门、院落、香炉、正殿、树木等布置井然，形成秩序鲜明的庙宇轴线序列，又有楹联“寺院有尘清风扫，山庙无锁白云封”，升华意境。此外，庙门立于院墙正中，朝对黄河，高约 3 m，宽约 1 m，是框对景观、凝聚视线的门户节点，构建了一个框景凝景、望河凝神、彰显信仰的境界空间。（图 1-13 至图 1-14）

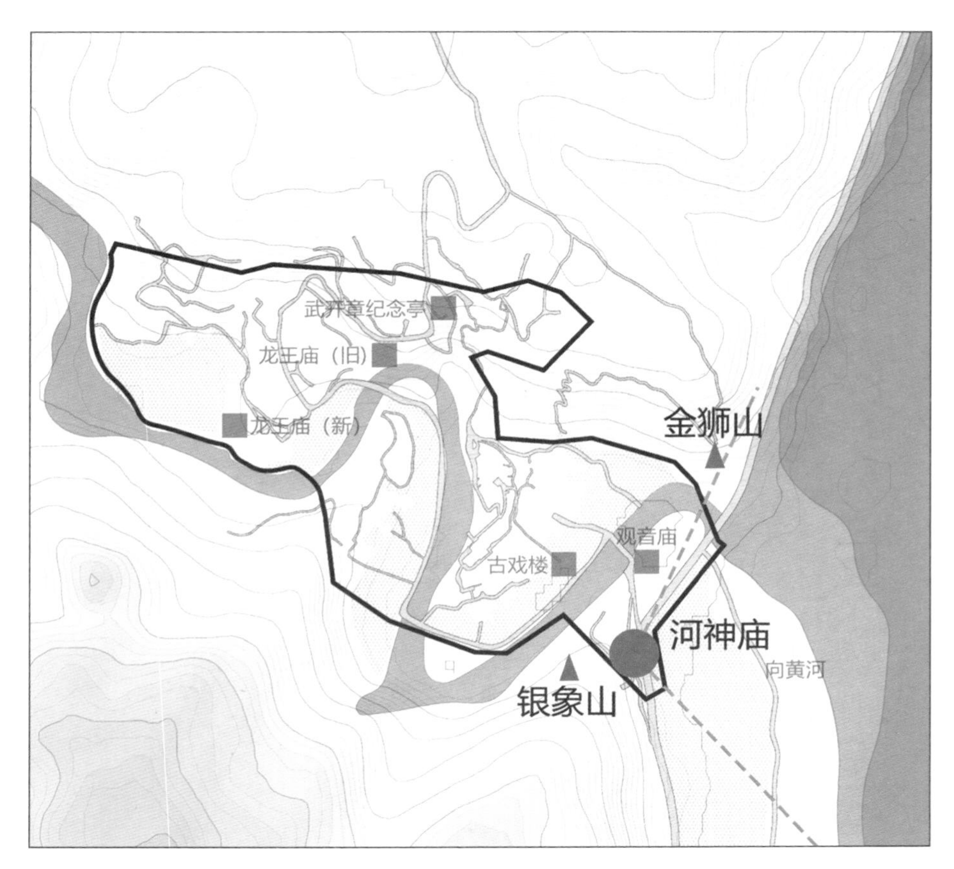

图 1-13　泥河沟村传统营建经验示意图 3

图 1-14　泥河沟村图景 4

1.2 关中平原典型传统村落

1.2.1 陕西省韩城市柳枝村

柳枝村格局概要

结合历史文献、口述村史调研与田野调查可知，柳枝村的历史营建，巧妙关联梁山与黄河胜景，构建了独特的村落格局。论及其要：古人结合村落南北沟崖，限定村落生活、发展边界，形成团块状村落平面形态；并因借险要地形地势修筑永宁寨，构筑防御设施。村内以主巷道和东、南、西、北四大巷构成基本道路骨架，并于主巷道北段、西巷东侧布村内主门洞，又于东、西、南、北四巷端头各分布一个入口门洞，与街巷共同构成“四大巷一主巷，四门洞一主门洞”的“五巷五门洞”街巷格局。此外，古人在村内村外关键位置处巧施营建，凝结村落格局。具体而言，村内，古人寻主街巷北端营建关帝庙建筑群，彰显“忠义”精神；于“四大巷一主巷”的关键交会处营建十甲祠、木牌门、主门洞、观音庙等人文建筑，在主要街巷沿线、转折处布局祠堂、涝池等十余处人文空间，强化村落秩序；并在村西南精心营建标志性建筑望春楼，形成西枕梁山、东望黄河的登临空间。村外，东南建宝塔，西建菩萨庙，北建竹林寺，并在通往永宁寨的路上，沿途建牛王庙等人文节点，以联结村野，由此创造出彰显人文精神、融汇山川景致的特色空间格局。(图 1–15 至图 1–16)

图 1–15　柳枝村图景 1

柳枝村二维格局示意图

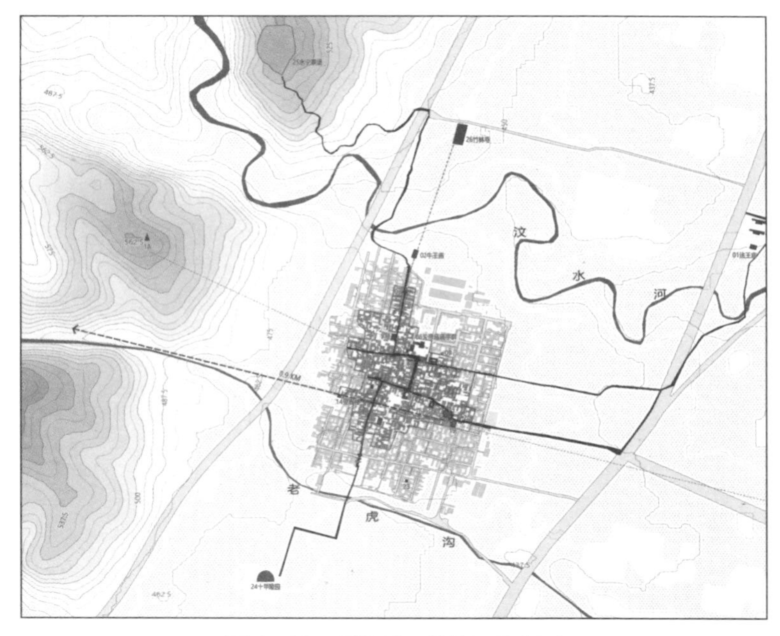

图 1–16　柳枝村二维格局示意图

择梁山脚下营建望春楼，塑造村落标识，构建关联山河的风景秩序，提振格局意境

古人体察村落周边山川形胜，择村西梁山山谷下、山与村连接处的平坦之地，造望春楼，该楼作为重要的防御设施，既有守备瞭望、看家护院之功能，又能登临览胜、凝秀山河，形成村落重要标识。

望春楼建于公元 1760 年前后，楼有 5 层，高约 16.5 m，为单檐硬山式砖砌建筑；楼下东侧设门，上有匾额“望春楼”；该楼耸立村中，内有木梯以供攀爬，层层设窗且朝向不同，登临途中可交替观览四围景致，直至顶层，推门而出，视野豁然开阔，可尽览山河风光：西可望梁山重峦叠嶂，东则可观黄河宛如飘带，下又可统览村落全貌，塑造出收揽四方胜景的村落标识。

该楼布于村西侧，紧邻梁山山麓，建筑坐西朝东，枕梁山而望黄河，向西直对两山山谷，视线可延至梁山群峰，向东可望村口“下涝池建筑组群”，并可远眺黄河、孤山之景，形成村景相融、内外结合、整体关联的“谷—楼—池—河—山”的风景秩序。（图 1–17 至图 1–18）

图 1–17　柳枝村传统营建经验示意图 1

图 1–18　柳枝村图景 2

于村落边关键位置处建门洞，于梁山险要处建永宁寨，塑造内外兼修的防御体系

该村村内地势平坦，村民择边界、中心等多个关键位置修筑门洞，以备外患；又于梁山地势险要处修筑永宁寨，作为逃跑避难的主要防御设施，从而形成稳固的防御体系。

古人于村东、南、西、北边界处分别布置三眼洞、南洞、西洞、北洞四大门洞，作为村内主要的防御设施。其中，三眼洞是进出村最主要的门户，因东、西、南有三口门洞而得名。夜间有人值守四处门洞，以备外患。此外，村内又建有中心洞、马王洞、打更亭，从而形成了村内的核心防御体系。寨堡位于村落西北方，整体呈西北、东南走向，名为永宁寨。距村落约 1000 m，依山而建，其下残垣断壁，形势险峻。寨堡隐藏在山中，通过蜿蜒盘旋的山路与村落连接，只有经过迂回曲折、高低起伏的窄路后才可到达，从而在村外形成避难时的稳固防御设施。

由此，在村内平坦之处筑门洞，在村外借梁山之势筑寨堡，构建了内外兼修、人工与自然结合的防御体系。（图 1-19 至图 1-20）

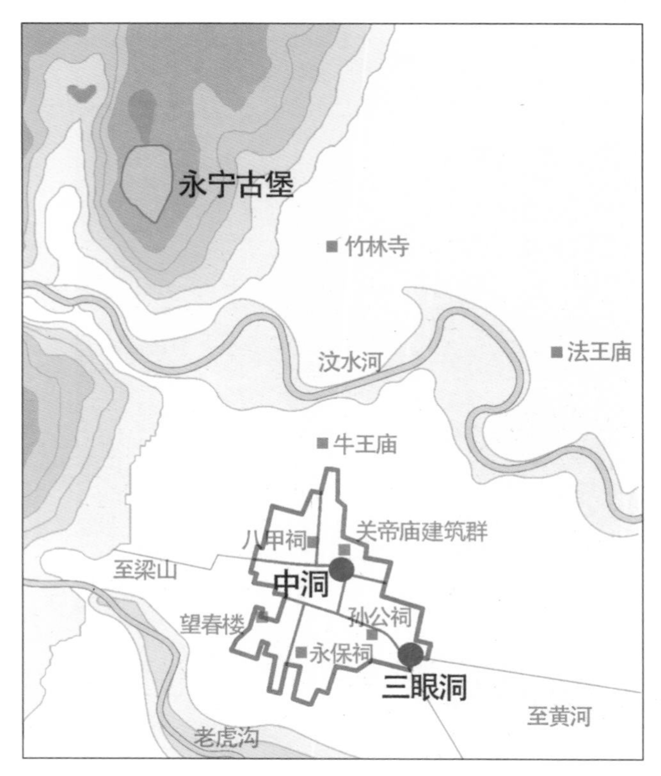

图 1-19　柳枝村传统营建经验示意图 2

图 1-20　柳枝村图景 3

1.2.2　陕西省彬州市龙高镇程家川村

程家川村格局概要

程家川村，选址于泾河流域中下游段的塬梁沟壑区。村内用地平坦，四周群山环绕。村西有独堆山，有碑刻载："村人以斯地一山独起，群峰揖拱，又称独堆川，并附以'九龙抢珠'等传说，盖言斯地风水之盛矣。"村南泾河绕村逶迤而过，亦有宝瓶湖，呈葫芦形，因"老君投瓶"传说而得名。村东田崖山、庵家梁、金鸡山三山相连。立足独堆山顶，可观群山拱秀及村落全貌，极目南眺泾河奔流，形势颇佳。此外，唐李白于此探豳谷，访风情，留下了《豳歌行》这一千古绝唱。

结合历史文献、口述村史调研与田野调查可知，程家川村的历史营建，结合山河形势，构建了以独堆山为标识的村落格局。村东为入村巷道，直对独堆山，延至山脚与主路交会，巷道入口处建钟鼓楼等人文建筑；巷道西侧布老君庙，朝对独堆山，背靠庵家梁，东侧整齐排布少量民居；巷道尽端直抵独堆山，于山脚处立山神庙。村内主路环绕独堆山，民居沿路呈"扇形"布局；农田以独堆山为中心呈"放射状"环绕分布；关帝庙择村东南高地而建，与独堆山遥相呼应，形成了特色鲜明的村落格局。（图 1-21 至图 1-22）

图 1-21　程家川村图景 1

程家川村二维格局示意图

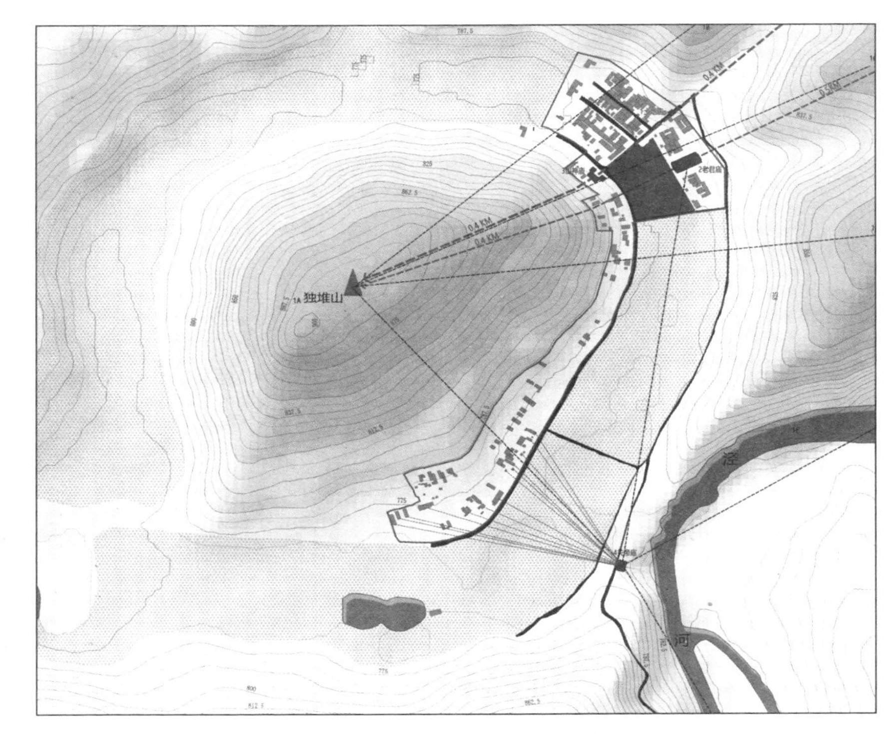

图 1-22　程家川村二维格局示意图

结合独堆山"一山独起"形势，统筹经营系列人文空间，营造村落格局

独堆山，高约百米，赫然独起于谷中，于其上可俯瞰全村。其山形圆润，似翠珠半露，浑然天成，四面群峰揖拱，山峦勾连，形成"九龙抢珠"之势。据碑文记载，自宋代起，山上建有老君庙、菩萨院、娘娘庙、六郎洞等众多寺庙道观，成为可登高览景的一方名胜。村落位于山脚，村内关键空间布局皆以独堆山为参照，形成融合独特山水形势的村落格局。具体而言：入村主街直对独堆山，构成气势宏大的入村奇景；村口处营土地庙，庙北数米为钟鼓楼，二楼分立主街两侧，共同形成朝对独堆山的入村门户；山神庙建于入村主街尽端，立于独堆山脚下，西侧数米有一古树，是祭拜独堆山的重要人文空间；老君庙建于村东北，背靠庵家梁，面朝独堆山，山门、献殿、大殿沿中轴线依次排开，庙门朝对独堆山，庙前有占地十余亩（1 亩≈ 666.7 m^2）的广场，置身其中可览群山环绕，形成"庙框山景，纵览群山"的村落人文景致。此外，村落民居与耕田以独堆山为核心，呈"扇形"环绕布局。古人以村内人工建筑朝对山景，居山营建关键建筑，凭山营造登临空间，充分利用和发挥独堆山特色资源。（图 1-23 至图 1-24）

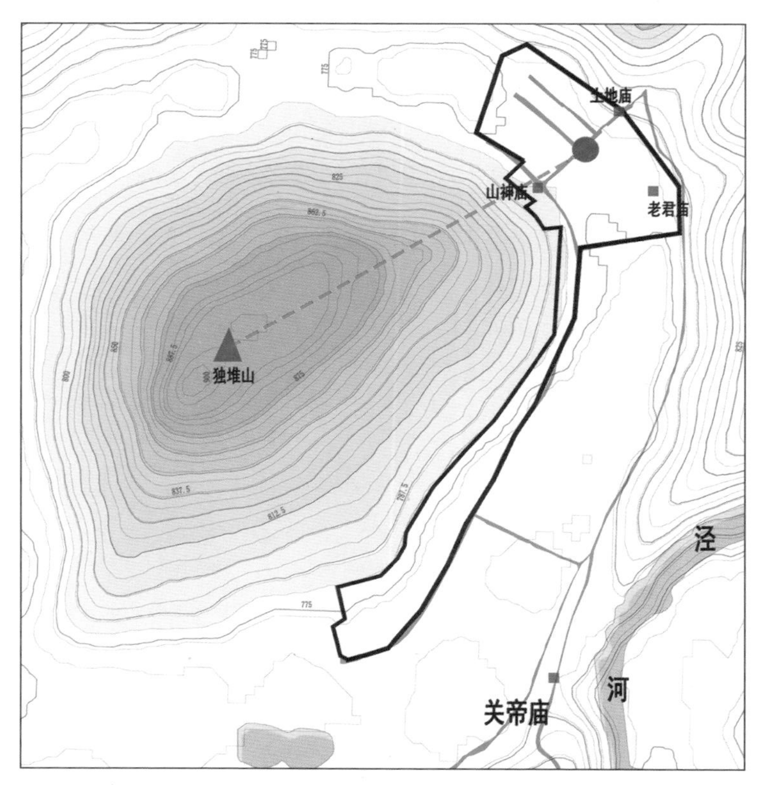

图 1-23 程家川村传统营建经验示意图 1

图 1-24 程家川村图景 2

踞山临河营建关帝庙，以凝秀山河的文化地标提振村落格局

古人遍览四周群山形势，察村东有连接南北山脉的狭长山梁，高数米，长约 670 m，东西两侧为绝壁，山势险要，其走势随泾河转折而向村内弯曲，为天然屏障。

村民择其顶部营建关帝庙及烽火台。庙始建于清代，宽约 13 m，进深约 10 m，占地约 0.01 ha，三开间，面朝村落，背靠泾河，两侧建烽火台，旧时是庇护村落、防御外敌的重要设施。

每逢节日，村民需沿村南长约百米小径，穿两侧平坦农田，行至山梁脚下，再经由狭窄陡峭的上山小路，艰难攀至梁顶，于庙内祭拜祈福。而立于庙外，可东览泾河蜿蜒而过，西瞰独堆山与村落全貌，山水雄阔之势尽收眼底。由此形成内佑外防、凝秀山水的村落重要人文标识。（图 1-25 至图 1-26）

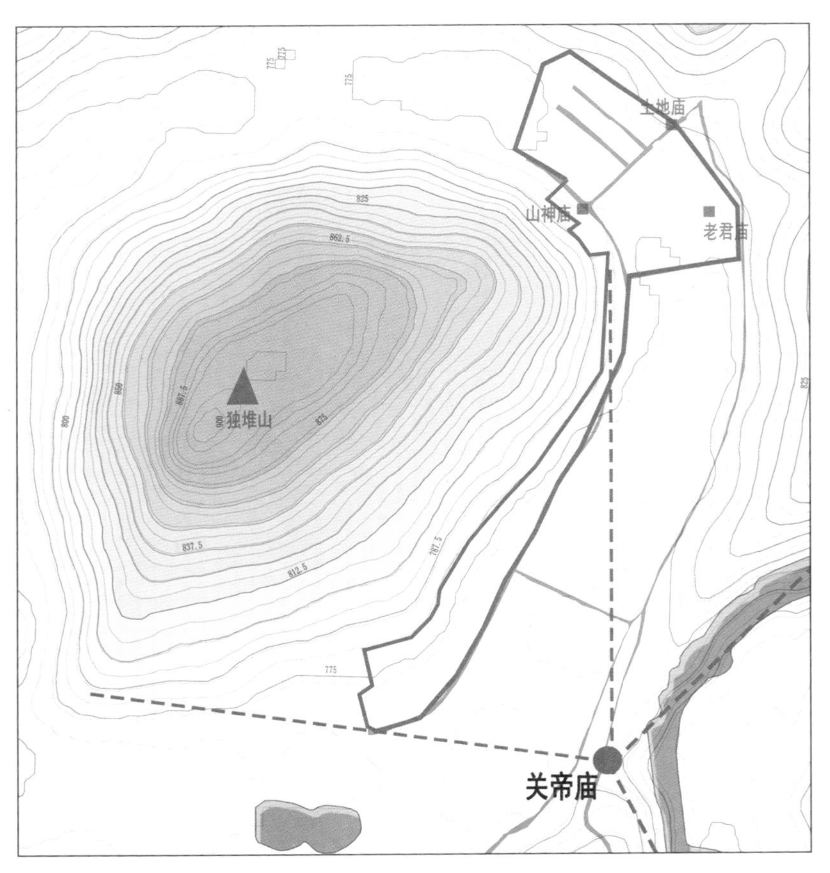

图 1-25　程家川村传统营建经验示意图 2

图 1-26　程家川村图景 3

1.3 江南水乡典型传统村落

1.3.1 浙江省温州市永嘉县苍坡村

苍坡村格局概要

结合历史文献和锁眼卫星图可知，苍坡村的历史营建，巧妙融汇村周自然环境要素，并依循自然环境与村落的空间秩序施以人工建设，构建出了内外融通、精巧独特的人居格局。村落于平衍开阔的平原展开布局，呈“方整形”空间形态。

村内以贯通东西、直指笔架山的笔街为主街，沿笔街由东向西依次布置仁济庙、李氏宗祠、义学祠等人文节点，以强化主街轴线秩序；村内其他街巷则以方形环状的鼓盘巷为中心，向东、南、西、北四个方向共开八条路，经八道村门向外延伸，形成“八卦形”街巷骨架。古人还结合街巷骨架组织了水网结构，便于排洪排涝、防火防灾和居民生活排水，形成了内涵丰富、构思巧妙的理水体系。具体而言，古人于流经村北的浅渠上筑堤，以截流引水入村，并沿街开凿水渠，形成灌注全村的水网，便于排雨排污；同时依托水网挖水井、砌水池、造园林，在满足村民生活之需的同时，兼具防洪防涝、农田灌溉等功能。综前所述，苍坡村以自然环境为坐标，街巷为骨架，水网为经络，宗祠、庙宇、水池等关键人文要素为节点，形成了特色鲜明、秩序严整的村落格局，当地凝练此格局为“文房四宝”，承载了历代村民兴文风、育人才的美好愿景。（图 1-27 至图 1-28）

图 1-27　苍坡村图景 1

苍坡村二维格局示意图

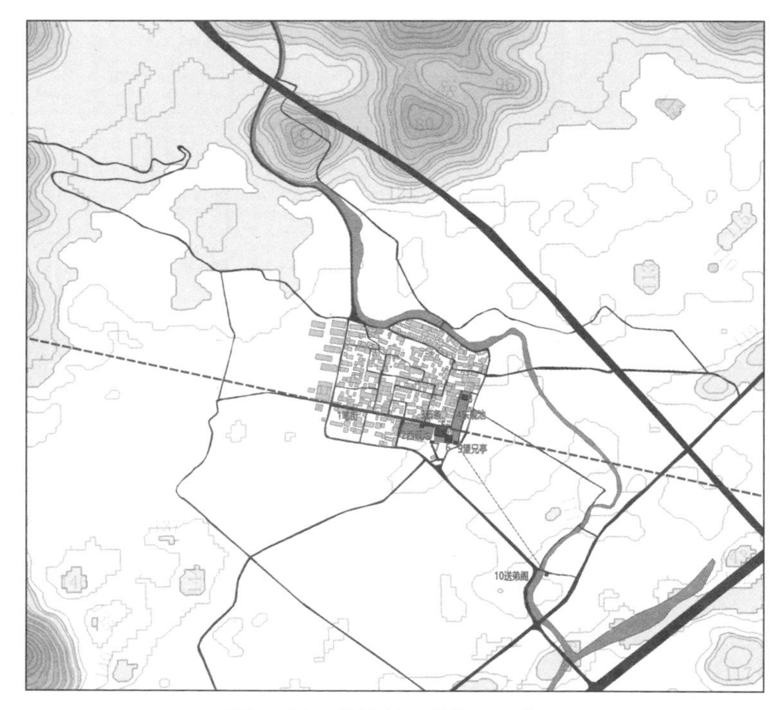

图 1-28　苍坡村二维格局示意图

秉承“兴文运”的人文理念，通过不同层次的统筹营建，构建“文房四宝”特色村落格局

苍坡村在村落营建中利用村西的笔架山，构建出了一个精巧独特、寓意深远的村落格局。宋淳熙五年（公元 1178 年）国师李时日遍察村周自然环境，于村周群山之中发现了村西这座三峰峙列、“秀气凌空”的笔架山，于是以此为出发点展开村落整体格局的营建，巧妙利用笔架山的文化象征意义寄托了兴文育才的美好愿景。具体而言，古人首先铺就了一条正对笔架山的东西向主街，恰似毛笔置于笔架之上，此街笔直悠长，故名“笔街”，此举以街巷朝对的方式使得笔架山与村落建立起紧密的空间和视线关联，形成“笔架山—笔街”秩序基线。古人依托这一基线，在笔街的末端东西两侧分布两处方池，以象征“砚池”；在西砚池北面放置条石数根，象征“墨锭”；村落整体形态呈方形，且地势平坦，宛如“宣纸”展于平原之上。

古人精心打造出象征“笔、墨、纸、砚”的人文要素，形成“文房四宝”村落格局。时至今日，仍可见笔架山三峰倒映池中，凝为“池映笔架”胜景，升华村落人文意境，彰显了“以文为业，书香传家”的宗族愿景与精神追求。（图 1-29 至图 1-30）

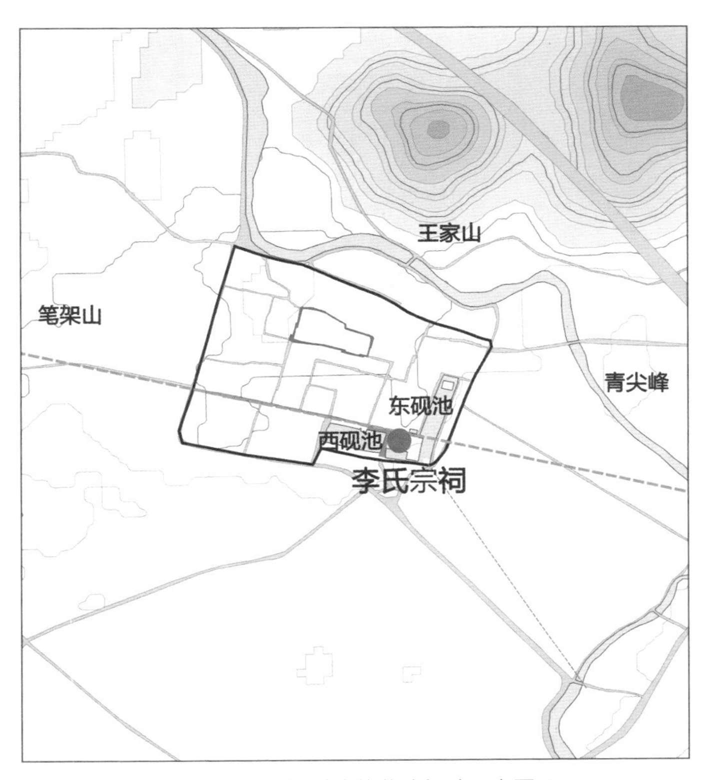

图 1-29　苍坡村传统营建经验示意图 1

图 1-30　苍坡村图景 2

以宗脉血缘为纽带、以礼义道德为底蕴，两村隔江共建“望兄亭”“送弟阁”人文要素，传颂“兄弟互送”千古佳话，弘扬“兄友弟恭”古训家风

望兄亭、送弟阁分别位于苍坡村东南角和方巷村西南角(距苍坡村约370 m)。据村史记载，李氏兄弟二人按族规分家，兄长主动迁至方巷村开基立业，此后二人来往不绝，每日互送不忍分别。后经商议，兄长在方巷村口建“送弟阁”，其弟在苍坡村口修“望兄亭”，两人分别后见对方亭阁之中灯笼亮起，才得以安心。亭阁之建不仅构架起两村隔江互望的视线关系，还以宗脉血缘为纽带、以礼义道德为底蕴塑造出了跨越村界的人文秩序，有诗赞道，“双亭隔水频相望，两地同源本弟兄”。此后，“兄弟互送”因体现兄友弟恭的美德被传为佳话，亭阁因见证和承载了兄弟情谊而得以被历代族人保护修葺、传承至今，“兄道友，弟道恭”的古训家风也凭借亭阁的传承得以彰显和弘扬。

时至今日，每年祭祖仪式前，苍坡村李氏都要先去方巷村恭请兄长后代，拜祭兄长祠堂后，才共同回到苍坡村祭祖，以表对宗族和睦关系的爱惜珍重。恰如望兄亭楹联所题：“礼重人伦明古训，亭传佳话继家风。”(图1-31至图1-32)

图1-31　苍坡村传统营建经验示意图2

图1-32　苍坡村图景3

1.3.2　浙江省温州市永嘉县芙蓉村

芙蓉村格局概要

芙蓉村始建于唐代末年，据《陈氏宗谱》载，“芙蓉之祖，则昭公五世孙，迄今六百余年”，见此地“前有腰带水，后有纱帽岩，三龙捧珠，四水归塘”，遂筑屋定居。至宋时，衣冠南渡使此地耕读之风盛行，芙蓉陈氏成为“簪缨鹊起，甲等蝉联”的名门望族。南宋末年元兵南下，进士陈虞之“率族拒战，困崖三载”，后因弹粮匮绝，陈虞之率八百将士跳芙蓉崖殉国，芙蓉村被元兵纵火烧毁。元朝至正元年（公元 1341 年）重建芙蓉村，明清以来宗祠、书院、芙蓉亭及村中民居等累有修缮重建。

图 1–33　芙蓉村图景 1

芙蓉村二维格局示意图

结合历史文献、口述村史调研与田野调查可知，芙蓉村的历史营建，巧妙结合地形地势，关联特色山川景致，构建了意象鲜明、独具特色的人居格局。村落于平衍的江滩绿野展开布局，并于村周夯筑寨墙，形成“方整形”空间形态。村内以贯联东西的如意街为主骨，数条支巷与如意街呈“丁”字形相接，构成灵活的巷道体系。古人沿长塘街精心营造陈氏大宗、兄弟阁、耕耘宗祠、芙蓉书院等人文节点，多重强化主街轴线秩序。同时，择如意街中端南侧的村落中心，巧施人工建设，营造“遥映芙蓉”胜景，进一步强化村落的“芙蓉”主题意象。（图 1–33 至图 1–34）

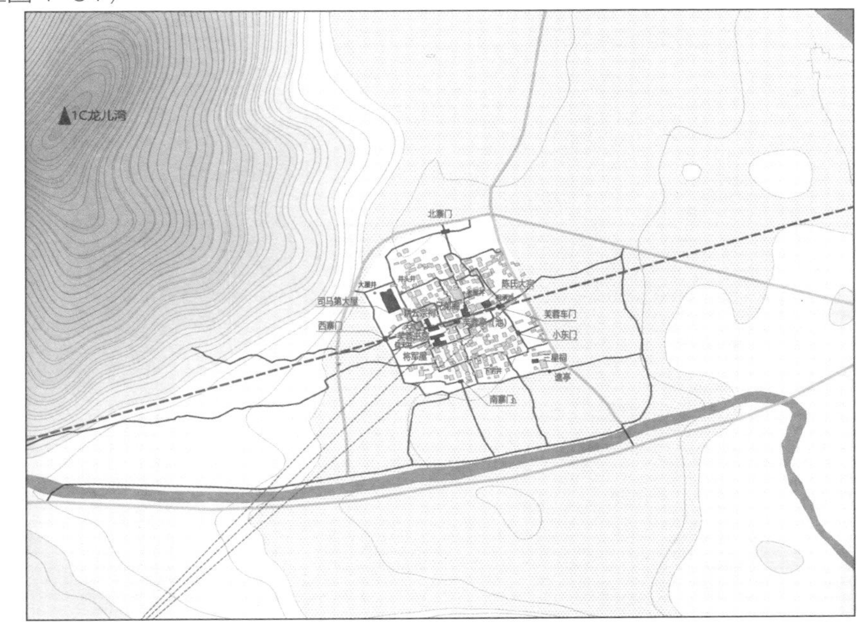

图 1–34　芙蓉村二维格局示意图

以村西南芙蓉崖为远景，以村内人工建设为近景，以长塘街为行进路径，塑造步移景异、远山时隐时现的动态视景效果，融合山景形成丰富的空间序列体验

芙蓉村古人以村西南芙蓉崖为远景，以村内人工建设为近景，以长塘街为行进路径，通过把握建筑与行人的空间位置，塑造空间开敞闭合的效果变化，呈现出步移景异、远山时隐时现的动态视景效果，融合山景形成了丰富的空间序列体验。

具体而言，可总结为起承转合 4 个阶段。起，即入村前，立于芙蓉溪门外，可见溪门屋脊上赫然耸立着一座山崖，即芙蓉崖，山形奇异引人遐思，入村探明究竟；承，入村后行于长塘街上，街巷空间狭窄悠长，行人被两侧民居遮挡视线，芙蓉崖暂隐屋后；转，当行至长塘街中段时，狭窄的街巷空间突然开敞（所在空间的南北向宽度由 5 m 骤增至 20 m），芙蓉亭（池）与远方的芙蓉崖同时映入眼帘，此时山景、水池、池上亭、池中影交相辉映，共同构成一幅令人目酣神醉的人居胜景；合，领略此番胜景后，沿着长塘街继续向西行进，芙蓉崖则随着行人脚步一步步沉入视线左侧的屋脊之下，此动态视景序列至此结束，空间变化节奏明快、韵律丰富。（图 1-35 至图 1-36）

图 1-35　芙蓉村传统营建经验示意图 1

图 1-36　芙蓉村图景 2

融合村西笔架山与村东镜架山，精心营造“芙蓉亭—芙蓉池—芙蓉书院”人文秩序轴线，塑造内外关联、尺度宏大的村落格局秩序

芙蓉村融合村西笔架山与村东镜架山，精心营造“芙蓉亭—芙蓉池—芙蓉书院”人文秩序轴线，塑造内外关联、尺度宏大的村落格局秩序。具体而言，首先，营村者遍览村周，于群山中寻得村西笔架山和村东镜架山两处山景，并依循两处山景连接形成的东西向线性秩序，铺就村内主街——长塘街；其次，营村者于长塘街中段南侧凿砌芙蓉池，池上构筑芙蓉亭，突出“芙蓉”主题，与芙蓉峰遥相呼应；最后，于芙蓉亭西侧，隔池营建芙蓉书院，芙蓉书院的照壁、泮池、仪门、杏坛、明伦堂和讲堂呈东西向排布，书院形制规整，其建筑群轴线进一步承继和强化了东西向轴线秩序。至此，芙蓉古人便依循村之东西山景的大尺度空间秩序，修长塘街，建芙蓉亭（池）、芙蓉书院，并通过把控建筑方位、朝向，塑造了关联村外山景的村落空间秩序。（图 1-37 至图 1-38）

图 1-37　芙蓉村传统营建经验示意图 2

图 1-38　芙蓉村图景 3

1.4 西南山区典型传统村落

1.4.1 贵州省黔东南州从江县增冲村

增冲村格局概要

结合历史文献、口述村史调研与田野调查可知，增冲村的历史营建，巧妙结合四周群山环抱、增冲河玉带环流之势，构建了独具侗族特色的村落格局。村寨选址于增冲河冲刷堆积而形成的河谷平坝之上，沿河流南侧向东侧归西山脚延伸，整体呈“团块状”布局。村外道路依循增冲河流向，通过风雨桥与村内道路连接；村内街巷顺应带状山溪走势呈自由式组织，以村寨南入口风雨桥、寨中风雨桥、鼓楼核心区域、寨脚风雨桥为节点串联形成主街，次巷围绕鼓楼呈“树状”展开。街巷以青石板铺就，并于一侧布置防火水渠和水塘，供排水、日常生活之用。村寨内以增冲鼓楼及附属的鼓楼坪、水塘、老戏台为核心，民居围绕鼓楼顺应地势向四周分布，向外通过主要的三座风雨桥与外环道路相接限定空间边界，并于村寨外围开辟梯田、湿地，同时依凭村外河谷两侧的高山这一天然屏障，于此蓄林种树，调节生态环境。整个村寨呈现以山为屏、踞水环绕、寨立其中、田园依附的富有侗族特色的村落格局。（图 1-39 至图 1-40）

增冲村二维格局示意图

图 1-39　增冲村图景 1

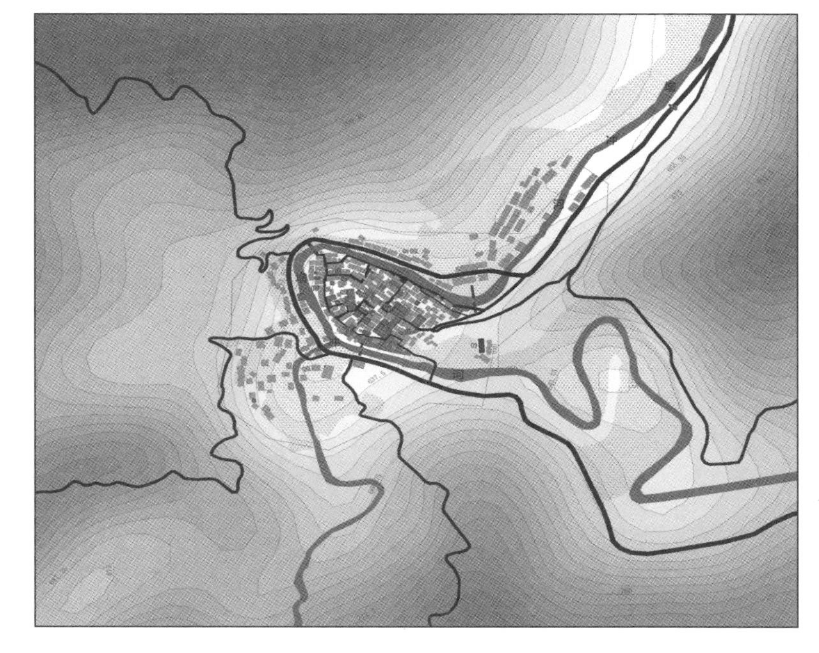

图 1-40　增冲村二维格局示意图

择河谷平坝要地，营造鼓楼人文场域，聚风景、凝人心

增冲古人遵循“未建寨，先建楼”的侗族习俗，巧寻河谷平坝中心处营建鼓楼，以之作为标志性人文建筑。增冲鼓楼有理风水、增文气之用，还是重要的公共生活空间，除聚众议事、传递信息、警报、调解纠纷的功能外，也是侗族大歌演唱和传承的重要场所。围绕鼓楼，古人于其东侧布局长条形水塘，形成“塘映鼓楼”之景，西侧接一方形鼓楼坪，布长石凳，出鼓楼坪转角开敞处建戏台与广场，精塑“水塘（东）—鼓楼（鼓楼坪）—戏台广场—戏台（西）”特色人文场域，以彰显族群文化，强化民族归属感、认同感。古人围绕高耸于村寨中心的鼓楼布局民居，组织村寨。于西北、西南各建一寨门，于村中建三座风雨桥，以此限定村寨边界。登临鼓楼，视域开阔，可见群山环绕，远山近水，屋舍密布，风雨桥、寨门交相辉映。山腰处建有观景亭，登亭远眺，双拥亭（井）、古树、风雨桥、鼓楼尽收眼底，强化内外景致序列。整体形成“鼓楼中心屹立，民居四周环绕，花桥三方拱立，古树、井亭、寨门远方呼应”的侗族特色格局，意境深远，蔚为大观。（图 1-41 至图 1-42）

图 1-41　增冲村传统营建经验示意图 1

图 1-42　增冲村图景 2

节地布寨、开田蓄林，多措并举塑造“山—水—林—梯田—村”融合的人居格局

增冲先祖因循“畔水而居”的选址原则，于增冲河冲刷堆积而形成的河谷平坝上建村，其四周群山环抱，形成天然屏障，可蓄水育林、藏风聚气。依循山形地势，村民于村寨四周耕种条件较好的山坡、山脊上开垦农田，垒土成埂，修筑梯田，地块随等高线变化，或狭窄细长，或开阔舒展，形成独特的排灌稻作梯田景观，并保障了村内粮食供给。同时，村内结合狭窄山地地势，建筑呈带状沿山溪分布，村寨内部空间线性特征明显，水宅相依，同时粮仓独立布置在水塘之上，以避火患。为高度集约利用有限的土地，将民居层层错叠，屋檐相接，绵延成片；石板街巷结合民居，弯曲交错；防火水渠依循街巷，网络密布，整体形成屋舍错落有致、街巷阡陌交错、水渠密布纵横的高密度村落。增冲村秉持外开田蓄林、内节地布寨的人居经验，创成一处“山—水—林—梯田—村”自上而下梯度式的生态、生产、生活有机融合的特色侗族村寨格局。（图 1-43 至图 1-44）

今对山
归西山
己沟山
归今山

图 1-43　增冲村传统营建经验示意图 2

图 1-44　增冲村图景 3

1.4.2　贵州省黔东南州黎平县堂安村

堂安村格局概要

堂安村的历史营建，结合侗族文化和三面环山、一溪侧流、梯田环绕的自然环境，构建了独具特色的侗寨村落形态和梯度生态格局。村寨选址于弄报山西侧半山腰缓坡，顺应等高线呈南北向层层排布，整体以鼓楼及其公共空间为核心，围绕鼓楼形成东西南北四个组团，村北沿路建成较晚的住宅组成第五个组团，每个组团之间以绿化或水系分隔并防火。寨内以“鼓楼—戏台—萨坛—土地庙”等人文建筑为核心，结合水塘、广场、一瓢井等环境要素构成丰富且典型的侗族文化空间。整个侗寨四通八达，村内街巷顺应村落形态构成蛛网式交通网络，通过六个寨门与西侧厦格村、北侧对外道路以及周围田地连接，村内所有道路皆以青石墁地。出西寨门道行于梯田之间，于田埂上建风雨桥，堂安梯田景致一览无余。此外，寨内有两处清代古墓群，墓碑上雕龙刻凤、卷草花纹，工艺精美；堂安村还有一座侗族生态博物馆，居于村内东侧地势较高处。村寨结合地形地势，于山顶育林防护；山腰缓坡处建村立寨；山脚至山腰层层叠叠开辟梯田，形成堂安侗寨独特的“山林—村寨—梯田”梯度生态格局。（图 1-45 至图 1-46）

堂安村二维格局示意图

图 1-45　堂安村图景 1

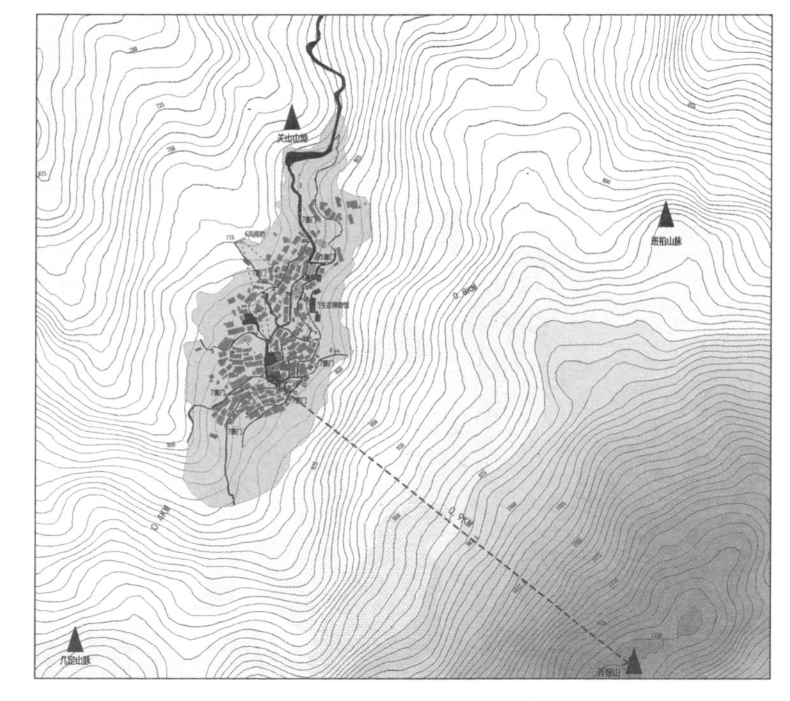

图 1-46　堂安村二维格局示意图

于寨内开敞高地，营建朝望厦格、肇兴二母寨的“鼓楼—萨坛—戏台”人文建筑群域，构建侗族“子母寨呼应”的村落格局

堂安先祖于肇兴东侧关对山聚居，村落地处弄报山高坡地带，民居建筑散布于山坡上，村落中心有约 2 000 m^2 的开敞空地，其地西北低、东南高，广场—水塘—鼓楼—歌堂坪—土地庙、水塘—戏台、一瓢井—萨坛—古树—寨门等由低到高依次布局，形成内涵丰富、层级分明的村落格局。在布局上，以堂安鼓楼、戏台、萨坛为中心，鼓楼耸立于村中，底层开敞，中间设火塘，座椅环楼布置，是村民日常聚会议事、举行欢庆活动的重要场所。鼓楼左侧为土地庙，西北侧为一方形歌堂坪与水塘，形成塘映鼓楼的村落景致。于鼓楼东侧设置两层戏台，台前置水塘。于鼓楼东北侧约 30 m 台地上建萨坛，其顶部盖有青瓦，内部为一石砌圆柱土台，周围古树成荫。萨坛右侧有一瓢井，该井为堂安母亲井，是村寨的标志之一。同时堂安鼓楼与萨坛皆面向厦格、肇兴方位，与厦格母寨遥相呼应。鼓楼高峻挺立，戏台位居其右，萨坛坐东居高，水塘排布周围，形成“鼓楼—萨坛—戏台”核心人文场域。（图 1-47 至图 1-48）

图 1-47　堂安村传统营建经验示意图 1

图 1-48　堂安村图景 2

节地布寨、开田蓄林，多措并举塑造“山—水—林—田—村”融合的人居格局

堂安村坐落于关对山坳，东南为弄报山，西南、东北分别为班柏山脉和几定山脉，于弄报山西坡地势较缓处建寨。寨内街巷顺应地势，围绕以“鼓楼—萨坛—戏台”为一体的单中心，街巷组织呈蛛网式交通网络串接寨内各处人文空间。

于寨中进寨主寨门三角凉亭旁以及村寨西面各有一处集中清代古墓群，雕龙刻凤，卷草花纹，与民居紧贴，展现了侗族独特的墓葬方式。同时寨内有一座侗族生态博物馆，坐落于寨东地势高处，是由十三栋两层侗族吊脚楼建筑组成的建筑群，充分展现了文化遗产就地保护的理念。并且村北、村南、村东南、村西南多处建有寨门，寨门前有古树或水塘，形成空间连续的人文节点。村寨四周梯田环绕，尤以西北侧一片梯田为胜景，梯田依山形就势逐级开垦，从村寨开始顺山势往下延展，错落有致，蜿蜒舒展，形成堂安侗寨独特的田园格局与景致，于村南寨脚建风雨桥，驻桥观瞻，万顷梯田，层层相叠，四季别致，体现了堂安侗寨生产生活与自然的协调，塑造堂安“自然生态博物馆”美誉。（图 1–49 至图 1–50）

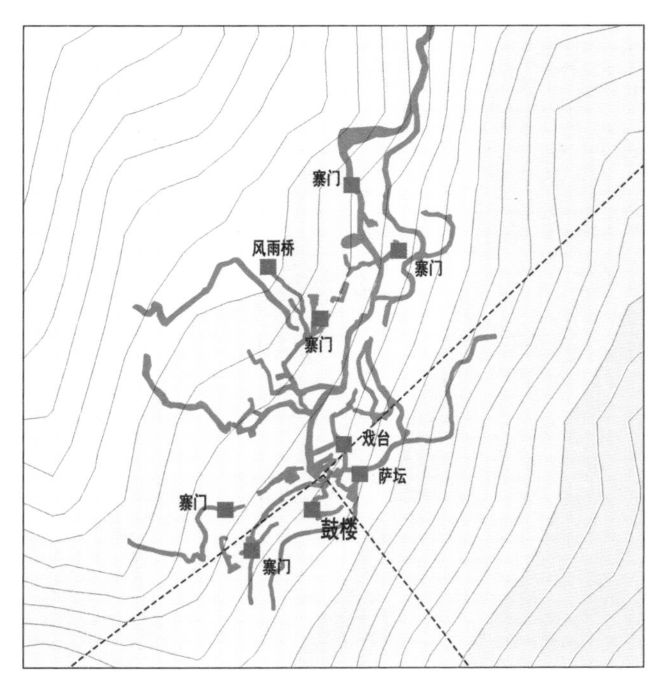

图 1–49　堂安村传统营建经验示意图 2

图 1–50　堂安村图景 3

1.5 青藏高原典型传统村落

1.5.1 青海省黄南藏族自治州同仁市郭麻日村

郭麻日村格局概要

结合历史文献、口述村史调研与田野调查可知，郭麻日村的历史营建，巧妙结合隆务河、浊浪沟及东西两山，构建出特色的人居格局。论及其要：村堡择浊浪沟北侧台地而居，四面筑墙，略呈方形，南侧郭麻日寺与之相呼应，二者隔沟相对，共同形成“寺堡分立”的空间格局。堡内以贯联东西寨门、通而不畅的巷道为主骨，与之相连至南寨门的南北巷道为次轴，村民于两轴交会处设经堂和玛尼康，围合形成堡内重要人文空间。堡内其余支巷错综复杂，呈枝网状布局，据村民形容，沿每条支巷前行数十步至拐角处，均会出现“三岔路口”，穿行其中，犹走迷宫。

与古堡相对的郭麻日寺，建于浊浪沟西南浅山高地，古人择寺北地势最高处营建时轮大解脱镇寺塔，作为入寺的重要门户标志，与寺内的护法殿、大经堂、弥勒殿等宗教人文建筑共同营造形成“殿塔林立、庄严肃穆”的神圣意境。登临佛塔，近可览隆务河蜿蜒曲折，远可眺夏琼与阿米德合隆山峦雄伟壮阔，远近风光尽收眼底。(图 1-51 至图 1-52)

郭麻日村二维格局示意图

图 1-51　郭麻日村图景 1

图 1-52　郭麻日村二维格局示意图

巧借天然沟壑，塑造“屯寺分立”的村落格局

古人察夏琼山与隆务河之间，有一约 1 000 m 横贯东西、蜿蜒曲折的天然沟壑汇入隆务河，名为浊浪沟。古人借浊浪沟之巧势，于沟北台地立屯，于沟南高地建寺，屯寺隔沟相望，形成巧借天然沟壑、遵循“远离世俗”的藏教寺院择址原则的“屯寺分立”聚落空间格局。具体而言：北侧屯堡依循地势夯筑矩形堡墙，设东、西、南三门，堡内巷道呈枝状布局；南侧郭麻日寺位于浊浪沟西南高地，背靠夏琼山，面朝东侧阿米德合隆山，寺内殿堂林立，规模宏大。

每逢宗教节日，寺院便向信众开放，堡内居民则需从高台下至平地，沿屯寺之间一条狭窄小道，穿过浊浪沟，艰难攀爬至寺院所在之高地，此番朝拜之行尽显屯堡信众虔诚敬畏之心。古人借屯寺一沟之隔，修窄径连通聚落与寺院，通过人工巧筑，彰显藏传佛教至高无上的宗教地位，营造敬畏虔诚的“屯寺分立”藏教聚落空间意境。（图 1-53 至图 1-54）

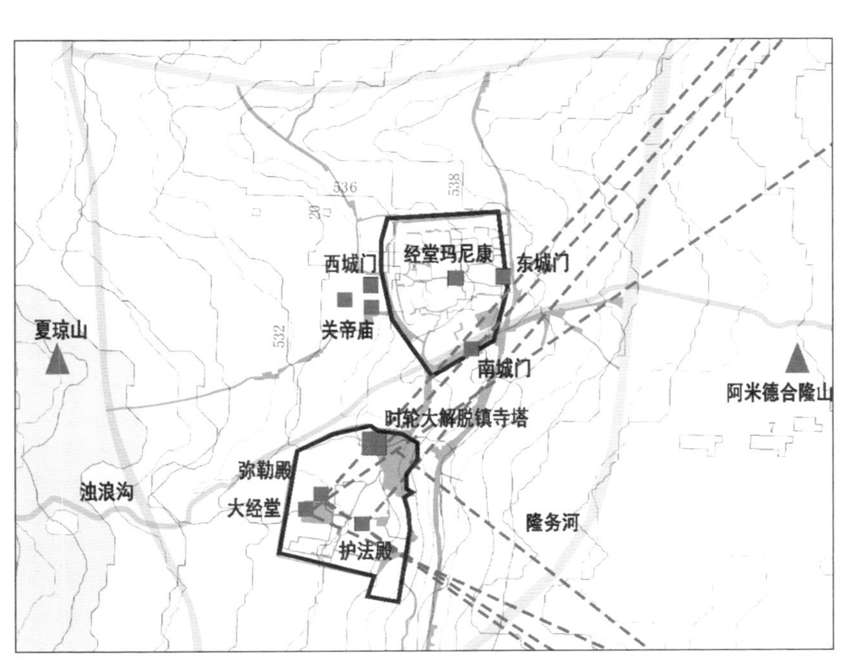

图 1-53　郭麻日村传统营建经验示意图 1

图 1-54　郭麻日村图景 2

择川水背山高地，营建郭麻日庙宇建筑群，塑造“佛塔拱立、殿堂错落、朝慕神山”的宗教人文场域

藏族先民崇拜山岳，察夏琼与阿米德合隆山雄伟绵延，山势挺拔且终年积雪，故尊其为“神山”，并于距夏琼山脚东侧约 600 m 高地处，择址兴建郭麻日寺。

该寺坐西朝东，依凭夏琼山，面朝隆务河，遥对阿米德合隆山，西侧浊浪沟自夏琼山逶迤而过汇入隆务河，“山一水一沟”秩序分明，景致极佳。寺院整体结合地势呈不规则形态，东西约 220 m，南北约 260 m，占地约 4 ha。通过“佛塔拱立、殿堂错落、朝慕神山”的营建手法构成安多地区壮观的藏传寺院建筑群。

为凸显寺院的核心空间序列，体现“崇山”的精神信仰，古人营建藏教寺院，通过选址背靠神山、佛殿朝慕神山的设计手法，凸显藏传佛教山岳崇拜的精神理念，塑造形成“佛塔拱立、殿堂错落、朝慕神山”的藏传佛教特色人文场域，意境深远，蔚为大观。（图 1-55 至图 1-56）

图 1-55　郭麻日村传统营建经验示意图 2

图 1-56　郭麻日村图景 3

居高立堡，统筹经营屯堡边界、路网、节点、组团，塑造特色防御体系

建于约公元 7 世纪的古堡整体略呈方形，占地约 4 ha，堡墙夯土砌筑，基宽 4 m，高达 10 m，构成了坚不可摧的古堡防御边界。

其东、西、南三面开设攻防兼备且互不相对的堡门，堡门门楼兼作藏传佛教场所玛尼康以满足居民精神信仰需求，形成文武兼修的防御壁垒。

堡内巷道狭窄曲折，以连接东西城门、通而不畅的弯折巷道为主骨，次级支巷与之相连呈“丁”字形交错延展，各支巷每隔 10 m 又与三岔路口相接，共同构建迷宫般错综复杂且联系紧密的“枝状”街巷骨架。

此外，堡内以多点式分布的三岔路口为防御节点，以路口尽端庄廓门户及两侧院墙共同围合的“三方拱卫”半封闭空间为防御单元，由此构成“卫民”与“便民”功能兼具的防御组团。(图 1-57 至图 1-58)

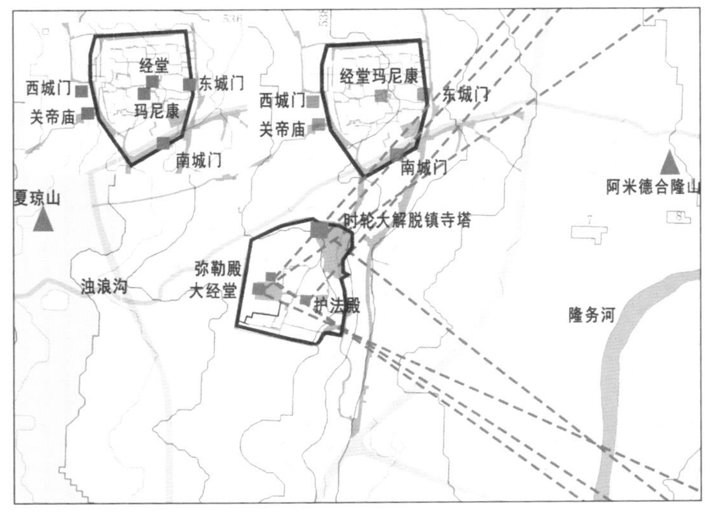

图 1-57　郭麻日村传统营建经验示意图 3

图 1-58　郭麻日村图景 4

1.5.2 青海省黄南藏族自治州同仁市年都乎村

年都乎村格局概要

结合历史文献、口述村史调研与田野调查可知，年都乎村的历史营建，巧妙结合地势构筑军事寨堡，营建寺院神庙，并借山河胜景，构建出以“寨堡一佛寺一神庙一神山”为核心的南北向轴线序列，营造独树一帜的村落格局。论及其要：古堡结合地势兼防御之备，采用内外城嵌套的布局手法，整体呈团状，并于其东、西、北三面各砌筑高约 6 m 的夯土堡墙，南面倚靠临河陡崖，并将其作为天然防御界线，城门设于堡墙东、北两面，其中，北侧城门为古城正门，正对村北佛寺；堡内以两条横贯村落的东西巷道为主骨，次级支巷与之呈“丁”字形交接，整体路网笔直畅通，民居顺其整齐排布。北侧年都乎寺位于距古堡约 80 m 的浅山坡地，寺内殿堂交相辉映，中心由四殿一堂围合形成宗教祭祀人文场域，昂欠、僧舍呈组团状围绕其周。北山脚下二郎神庙庄严耸立，与年都乎寺内佛殿遥相呼应，立于庙前，南侧台地寺堡风光尽收眼底，东、西神山威严壮阔，隆务河与夏卜浪河逶迤而行，实乃祭拜祈福、览景抒怀之胜地。此外，寨堡、佛寺、神庙之间系小径串联，行人可逐级登高直至二郎神山，南北朝山轴线秩序井然。（图 1-59 至图 1-60）

图 1-59 年都乎村图景 1

年都乎村二维格局示意图

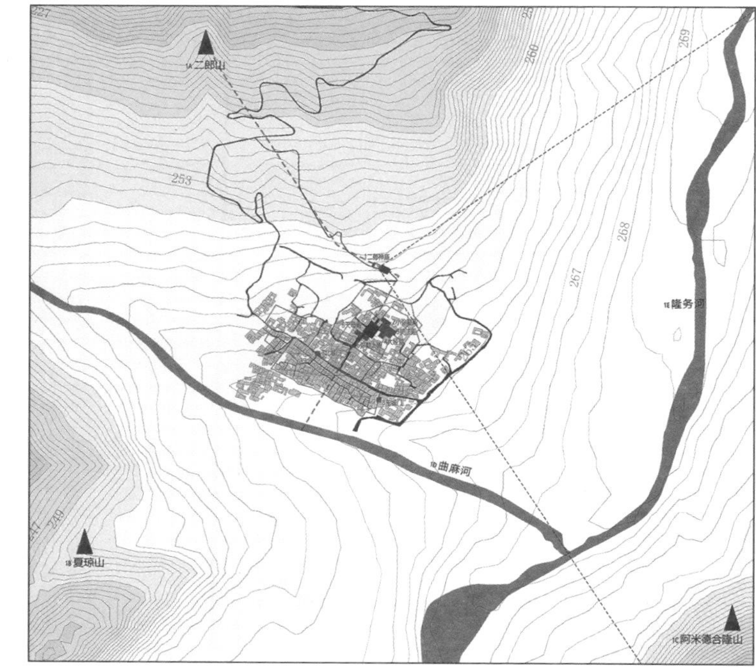

图 1-60 年都乎村二维格局示意图

于缓坡谷地，自上而下营建二郎神庙、年都乎寺、屯堡，塑造集居住、防御、宗教、祭祀于一体的南北竖向轴线序列

年都乎村，选址于隆务河与夏卜浪河交会的西北缓坡地带，按地势高低之差划为低、中、高三级台地，古人择地自下而上依次营建民居、屯堡及年都乎寺，又于寺院之北上建二郎神庙，总体塑造集居住、防御、宗教、祭祀于一体的南北竖向轴线序列。具体而言，内外城嵌套式的古堡位于村落二级台地，整体依循地势走向呈不规则团块状，三面筑墙，一面临崖，开东、北两扇城门，其中东门门楼兼修宗教场所玛尼康，北门作为入堡正门朝对北坡寺院，构建形成内外一体、人工与自然相融合的军事防御边界。

图 1-61　年都乎村传统营建经验示意图 1

此外，古人于屯堡北约 90 m 高台处建年都乎寺，寺堡之间高低错落，层级分明，该寺背倚二郎神山，面朝西南夏琼神山支脉山峰，古人遵循寺堡南北轴线序列，设主门于寺南，并于入寺约 70 m 且位于轴线正中处围合四殿一堂，形成占地约 0.2 ha 的人文祭拜空间。（图 1-61 至图 1-62）

图 1-62　年都乎村图景 2

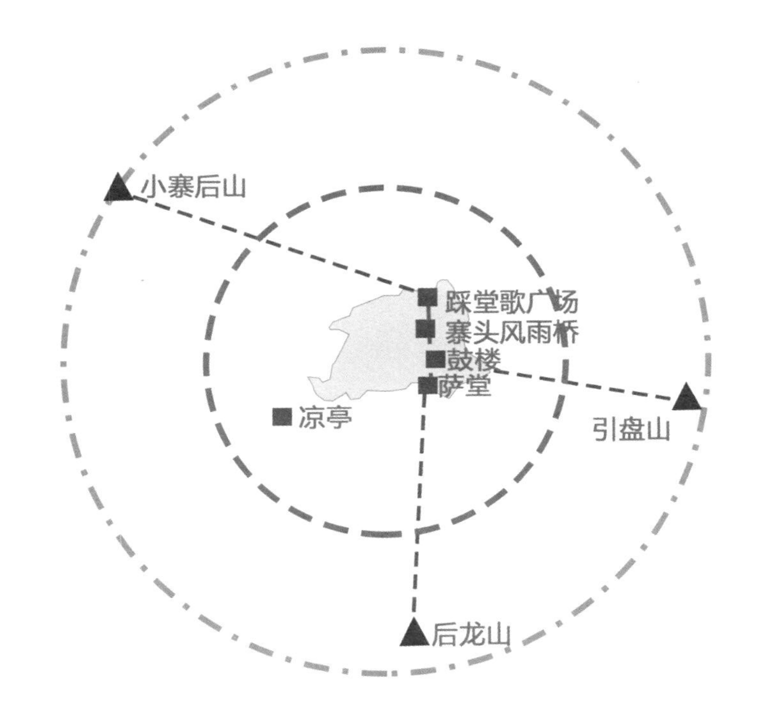

第 2 章

村落空间格局形态建构特征

本章按照“典型样本解析→多样本对比分析→营建经验凝练”的主线，依托专题库，从“村落—村域—区域”多尺度统筹关照的营建视野，挖掘并绘制传统村落空间格局的历史形态特征，提炼其本土形态特质，通过对多源多模态信息数据的融合、比对、筛选和交互关系的识别、生成时序的排列，分析不同陈述语境、表达样式、空间精度和时空关系，总结凝练“空间组织的层次性”“内外环境的关联性”“人文结构的引领性”等空间组构秩序及深层营建经验。

2.1 空间组织层次性分析

村落与周边远近环境整体营造的圈层式特征分析

立足自然环境与人工建设，以充分融合利用地域环境资源、“节俭而卓有成效”地塑造人居环境为导向，村落营建素来重视从村落、村域、区域多尺度统筹关照的整体视野出发，体察环境、整合资源、谋划格局，由此逐渐形成了优秀的本土营建传统。这在各地的村志典籍、民间图绘以及实地调研中皆有鲜明体现。

各个村落格局营建要素的发生、发展与关联组合范围，都不局限在村庄或村域边界内，而是以周边可见可感的山、水、塬、隰为界，以居民“身之所处”“行之可达”“目之所览”的感知行为尺度为标尺，关联吸纳了远近环境要素，整合形成了“大尺度”的人居环境营建界域。（图2-1至图2-2）

陕西省咸阳市策村示意图

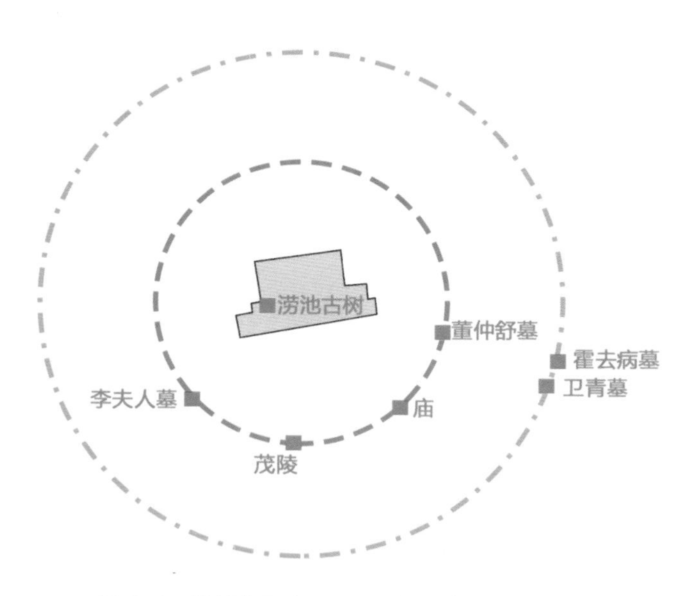

图2-1　策村人居建设圈层示意图（西安建筑科技大学中国本土城市规划研究团队绘制）

陕西省榆林市杨家沟村示意图

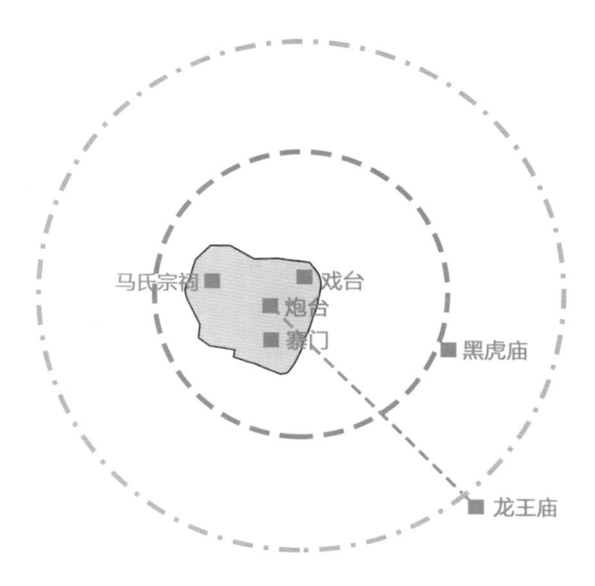

图2-2　杨家沟村人居建设圈层示意图（西安建筑科技大学中国本土城市规划研究团队绘制）

在大尺度营建视野下，根据不同要素的分布状态及其和村落的远近关系、和居民日常生活联系的便捷程度，可进一步将山水人文营建要素划分为内（村内）、外（近郊）、远（远郊）三个层次的人居建设圈层，且不同圈层均有历史底蕴，自成一格，体现了本土营建统筹兼顾内、外、远多层次空间的传统。已有研究曾针对中国本土规划设计总结凝练的“三形”概念，便揭示了此营建模式。（图 2-3 至图 2-4）

陕西省西安市局连村示意图

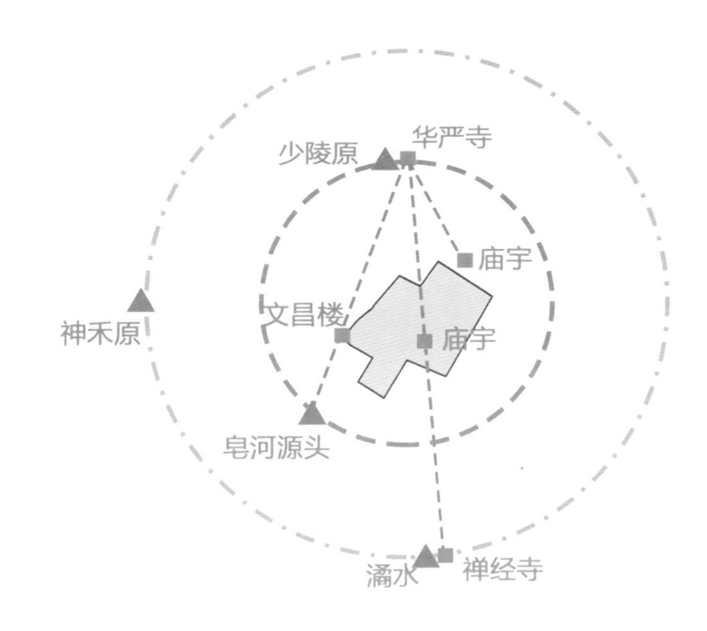

图 2-3　局连村人居建设圈层示意图（西安建筑科技大学中国本土城市规划研究团队绘制）

陕西省韩城市郭庄砦村示意图

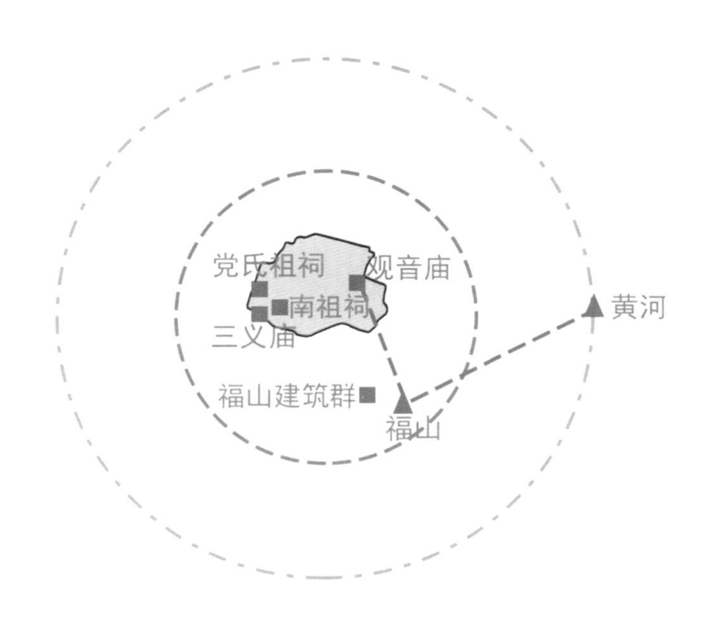

图 2-4　灵泉村人居建设圈层示意图（西安建筑科技大学中国本土城市规划研究团队绘制）

论及各圈层的实践要点：其一是“村内圈层”，乃由村庄边界或所在原隰地形所界定，是人们聚集和生活之所，亦是功能设施与街巷骨架最密集的建设区域。

该圈层内的建设用地通常较为平坦，空间布局紧凑，注重依据地形地势构建村落形态：结合塬崖形态与河流走势构建村落壕墙、布局街巷骨架；结合“高下”“显晦”“奥旷”等特殊地势关系组织功能结构，划分主、次功能区；依凭“高”“显”“旷”“阳”佳地营造关键空间；结合场地高峻之处、视景开阔之地塑造“登临”场所；多措并举构建人工与自然相辅相成的特色格局。（图 2-5 至图 2-6）

浙江省温州市苍坡村示意图

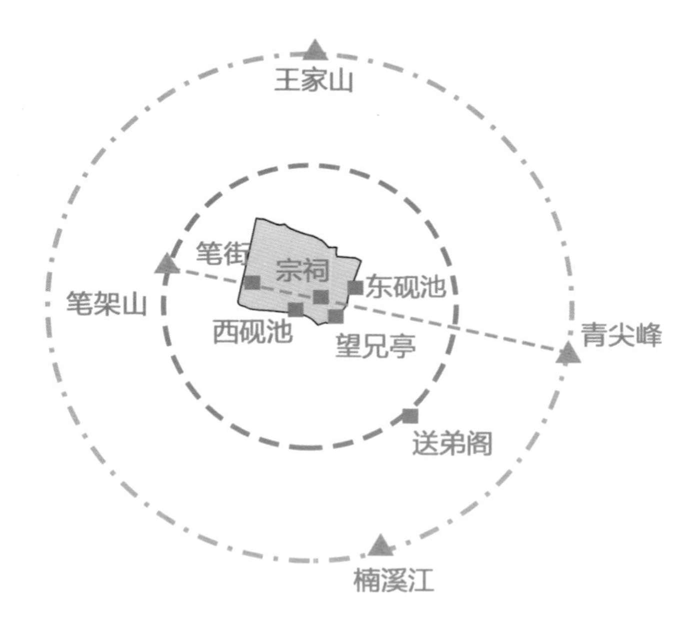

图 2-5　苍坡村人居建设圈层示意图（西安建筑科技大学中国本土城市规划研究团队绘制）

安徽省黟县宏村示意图

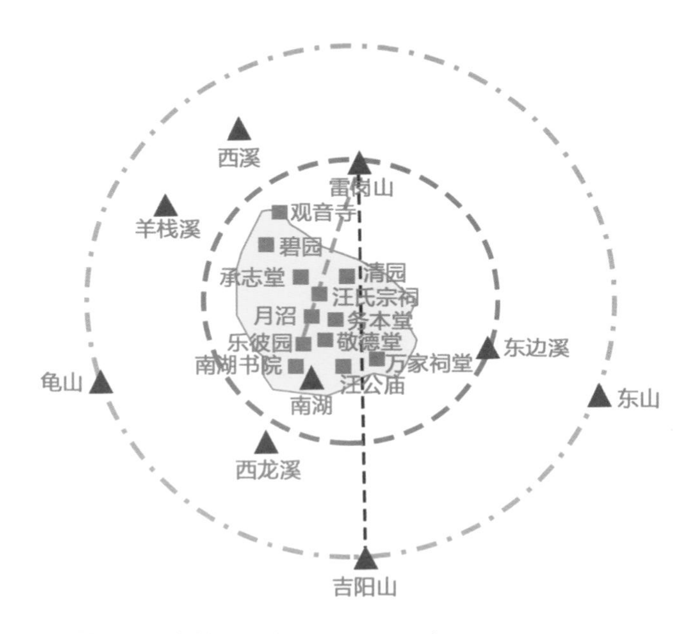

图 2-6　宏村人居建设圈层示意图（西安建筑科技大学中国本土城市规划研究团队绘制）

其二是与居民日常生产生活紧密联系的“近郊圈层”，其空间范围与人的适宜步行规律相吻合，半径距离从数百米到数千米不等，圈层范围多由村郊的突变地形、河流水系所限定，或由塔、庙、亭、树等醒目要素所标识。

在该圈层内，本土营建注重融合村郊资源延展村落空间结构：重视发掘和利用“利防御”“资保障”“益民生”“览胜景”“壮观瞻”之优质资源，营寨设防、开发风景、提振人文，形成具有防御、避难、游憩、教化、祭祀等多元功能且空间建设随形就势的特色地段，与村内格局有机互补；同时，注重连接村郊的历史人文胜迹，“借势”而形成具有文化性、共识性和凝聚性的标志性空间，提振村落格局秩序。（图 2-7 至图 2-8）

贵州省黎平县高近村示意图

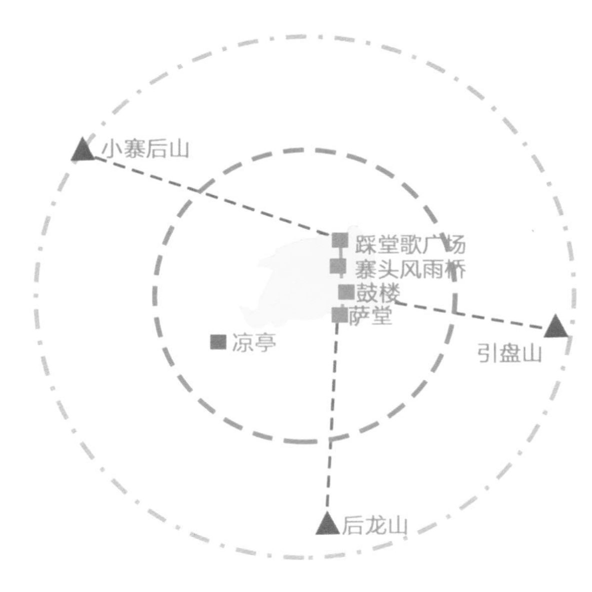

图 2-7　高近村人居建设圈层示意图（西安建筑科技大学中国本土城市规划研究团队绘制）

贵州省从江县占里村示意图

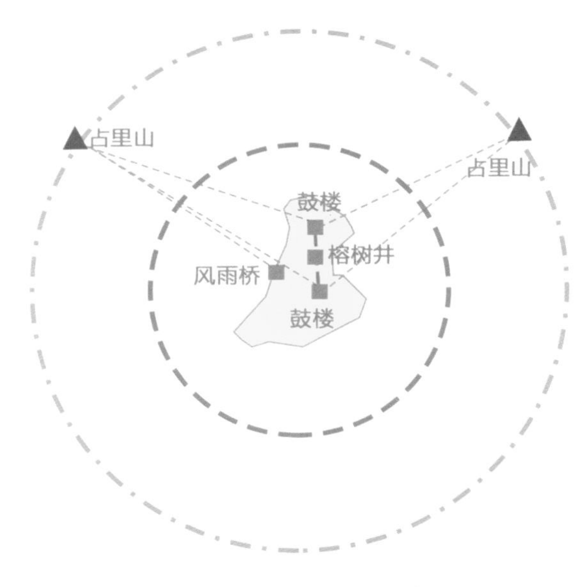

图 2-8　占里村人居建设圈层示意图（西安建筑科技大学中国本土城市规划研究团队绘制）

其三是居民日常可见可感却难以到达的“远郊圈层”，其领域乃由环列村落周围的大尺度自然环境所界定。

从历史实践来看，在该圈层内，几乎每一个村落都拥有一处或多处显见的山川形胜，它们虽距村遥远，却因呈现了极具景观价值和文化象征意义的“物象”而被当地尊为“一方之望”，进而以朝慕对象、秩序焦点的特殊角色，由外而内地深刻影响着村落格局的历史生长。（图 2-9 至图 2-10）

青海省同仁市城内村示意图

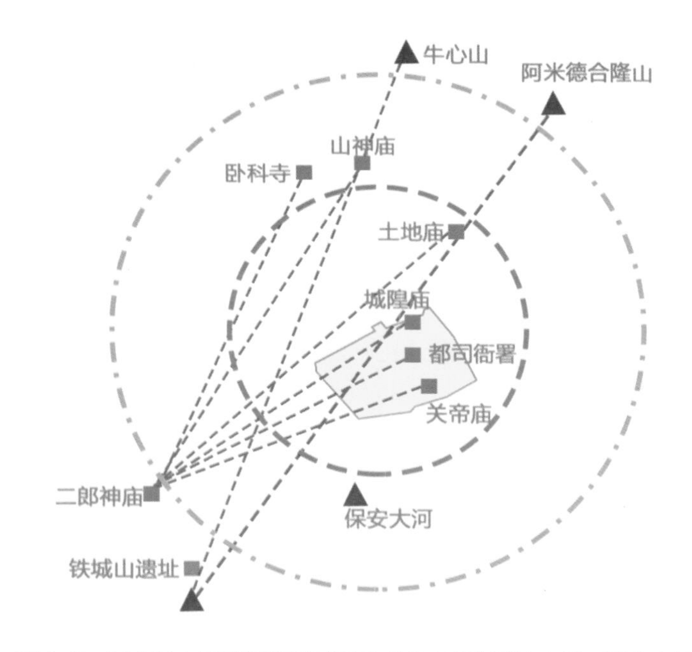

图 2-9　城内村人居建设圈层示意图（西安建筑科技大学中国本土城市规划研究团队绘制）

青海省同仁市吾屯上、下庄村示意图

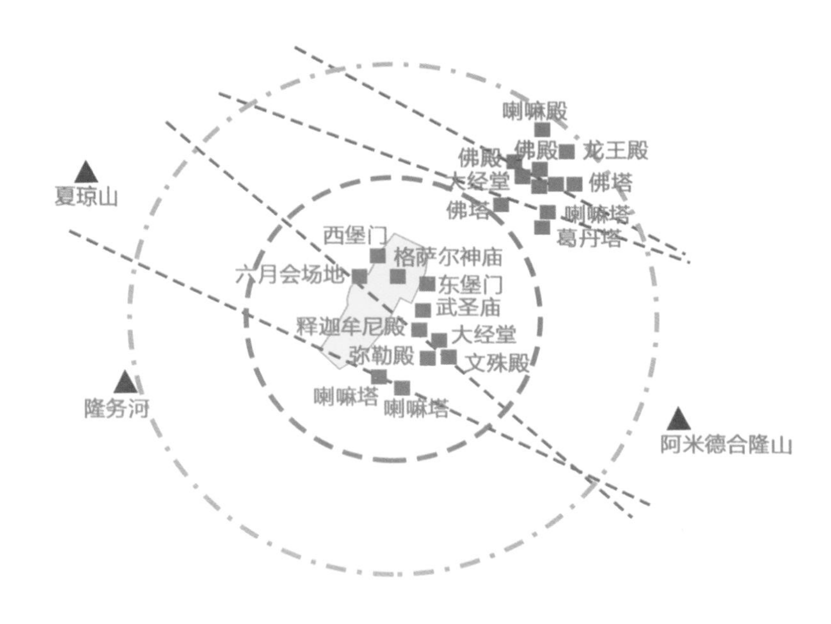

图 2-10　吾屯上、下庄村人居建设圈层示意图（西安建筑科技大学中国本土城市规划研究团队绘制）

2.2　内外环境的关联性

内外协同的空间构图秩序

陕西省铜川市印台区立地坡村示意图

明辨地方自然环境要素，识别一方主要景观及其方位，融汇大尺度形胜提振村落格局秩序，便成为关中村落特色化生长的一种重要实践方式。（图 2-11 至图 2-12）

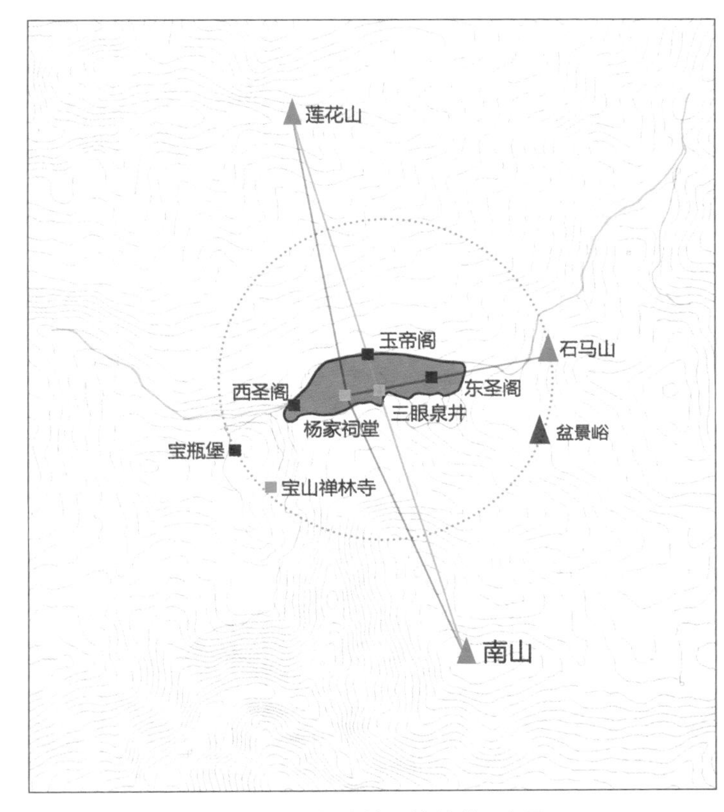

图 2-11　立地坡村内外环境关联示意图

图 2-12　立地坡村全景

陕西省韩城市芝阳乡清水村示意图

纵观村落格局的演变历史，村内建设总是和不同层次的外部环境秩序相联系或共变，体现出追求多元要素“关联融合”的本土营建思维，蕴含“巧者，合异类共成一体”的中国智慧。（图 2-13 至图 2-14）

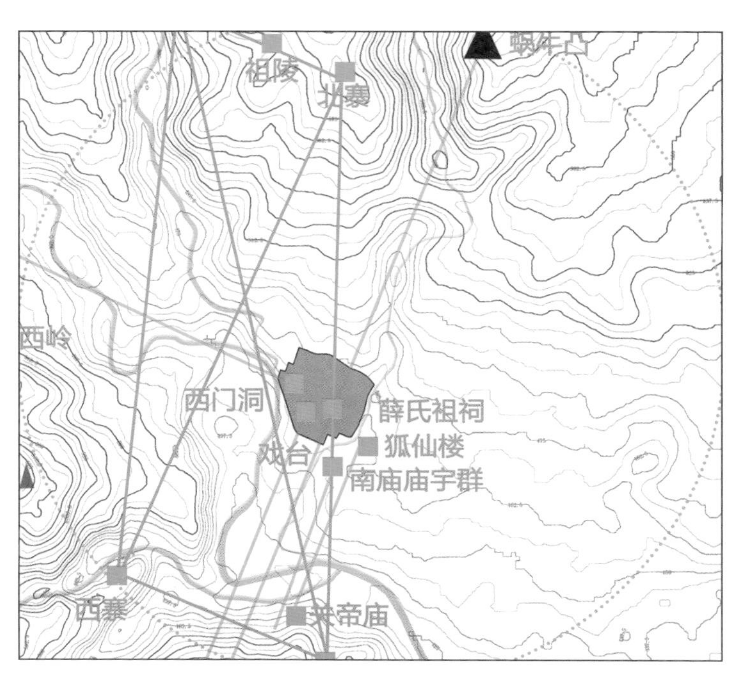

图 2-13　清水村内外环境关联示意图

图 2-14　清水村全景

陕西省韩城市相里堡村示意图

论及“关联融合”的实践要义，乃体现在空间和时间的不同维度。一方面，注重将零散、孤立的自然环境与人工建设要素有机整合起来，善于运用关联性设计手法，建立人工与自然、内与外不同要素之间“相得益彰”式关系。（图 2-15 至图 2-16）

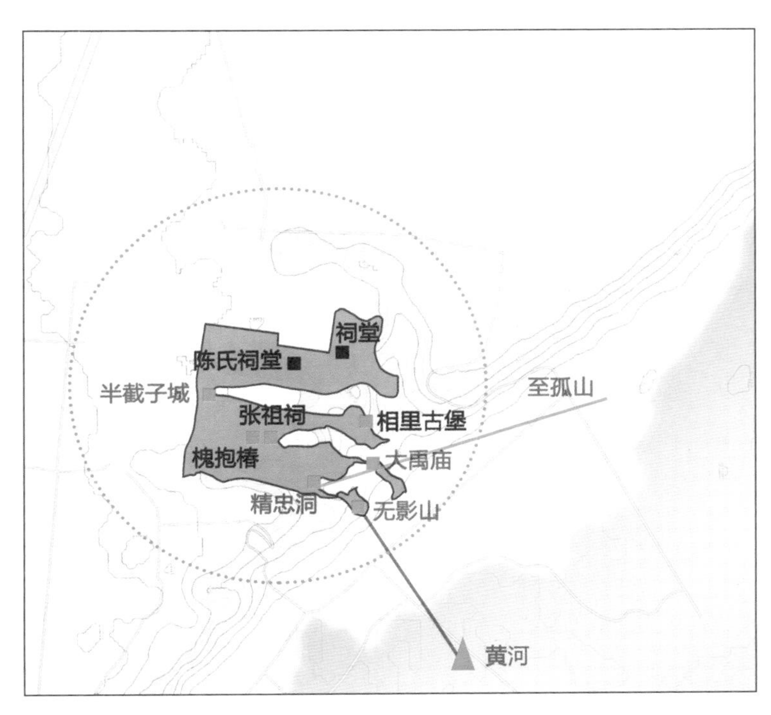

图 2-15　相里堡村内外环境关联示意图

图 2-16　相里堡村全景

陕西省榆林市佳县泥河沟村示意图

另一方面，强调将历史遗产与现世人居建设相结合，通过协调新老要素之间的关系，构建融汇古今、新老协同的“整体”结构。（图 2-17 至图 2-18）

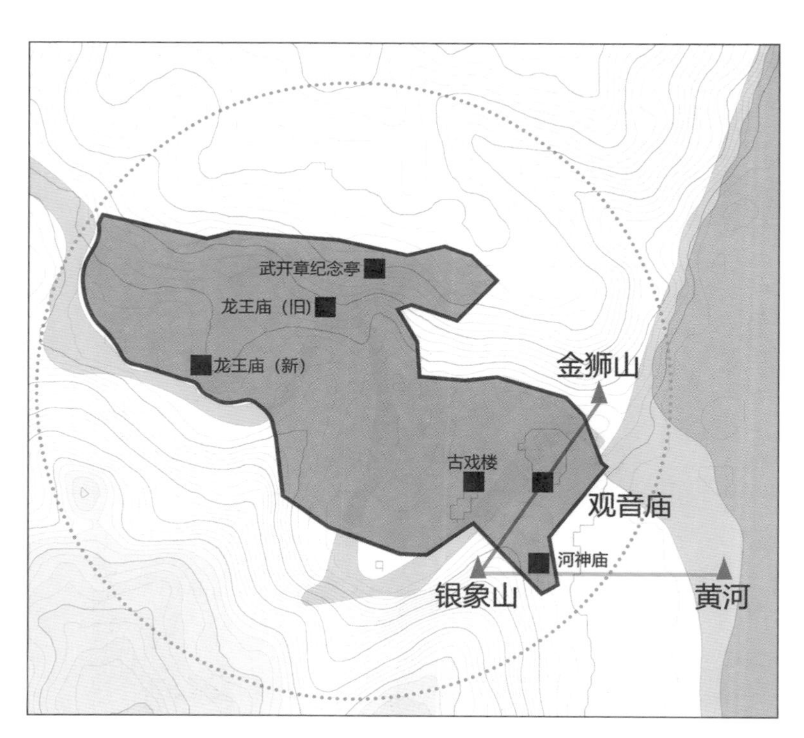

图 2-17　泥河沟村内外环境关联示意图

图 2-18　泥河沟村全景

陕西省彬州市程家川村示意图

从历史实践来看，此“整体”绝非“全体”，乃是由若干关键“具体”所支撑；所谓“关联融合”，亦非“全体”中任意要素交互关系的简单集合，而是由一系列牵动全局的关键“具体”按照有组织、有计划的方式进行组构的过程。（图 2-19 至图 2-20）

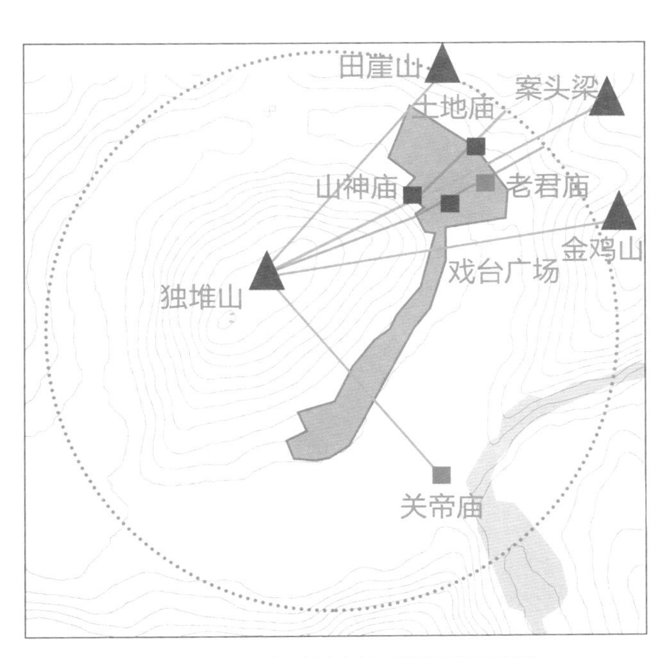

图 2-19　程家川村内外环境关联示意图

图 2-20　程家川村村景

浙江省温州市永嘉县苍坡村示意图

村内乡贤通过寻找和识别村落人居环境中的关键自然形胜、人文胜迹等资源，并将当下至关重要的人居建设与之相结合，建立起统合内外环境、集萃地方文化意义与风景个性的空间秩序，形成控引村落整体格局形态有序生长的秩序主干。(图 2-21 至图 2-22)

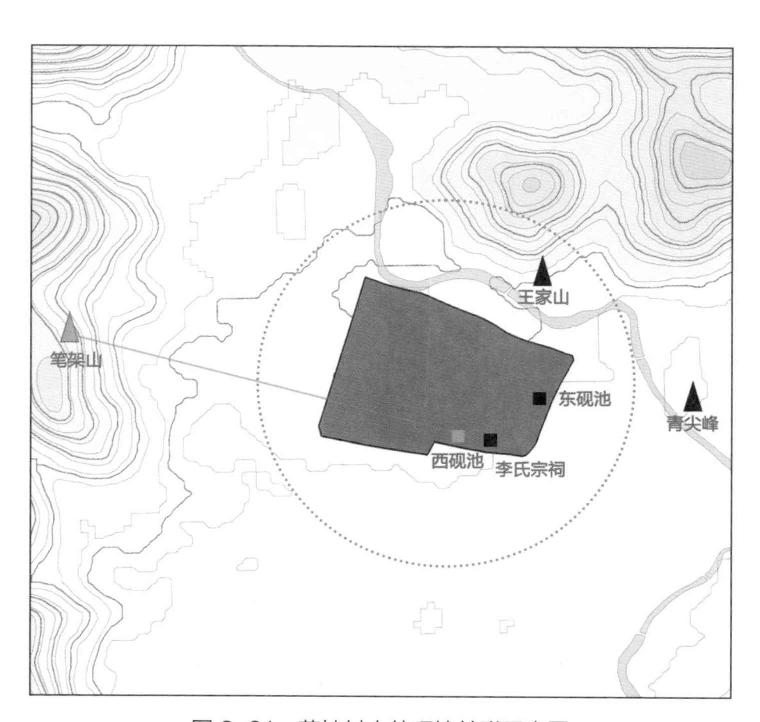

图 2-21　苍坡村内外环境关联示意图

图 2-22　苍坡村全景

贵州省黔东南州黎平县堂安村示意图（图 2-23 至图 2-24）

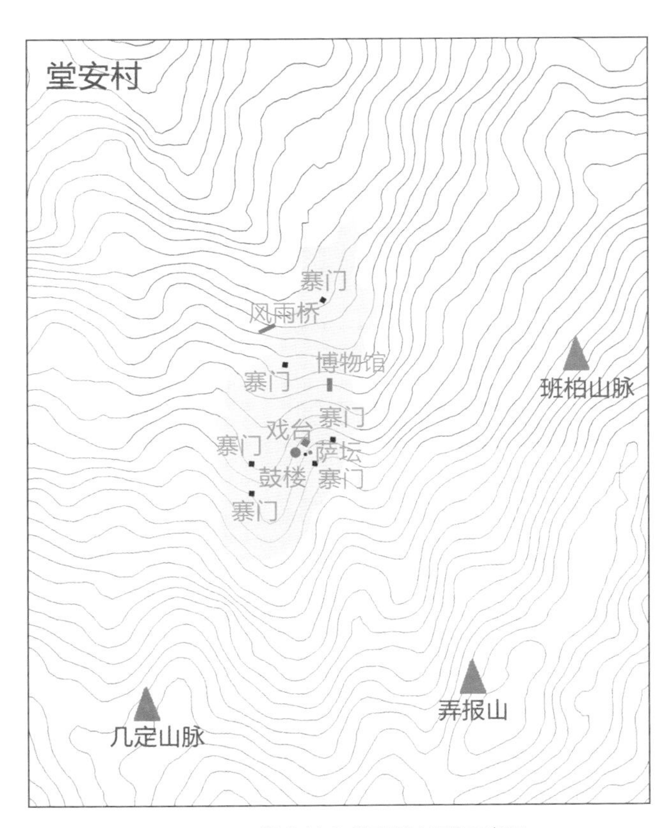

图 2-23　堂安村内外环境关联示意图

图 2-24　堂安村全景

贵州省黔东南州黎平县南江村示意图

本研究通过逐一对其所连接的内外环境要素做以分层标记、距离标注和空间特征注记，归纳提炼出以下显著特征：

（1）内外协同构图秩序广泛存在于“村内”关键空间与“近郊”“远郊”山水人文资源要素之间；同时，遴选村落内外制高处点缀标志性建筑，登临其上可享宏阔视景，形成了以塬上地标融汇“远郊”大尺度自然环境的特色秩序。（图 2-25 至图 2-26）

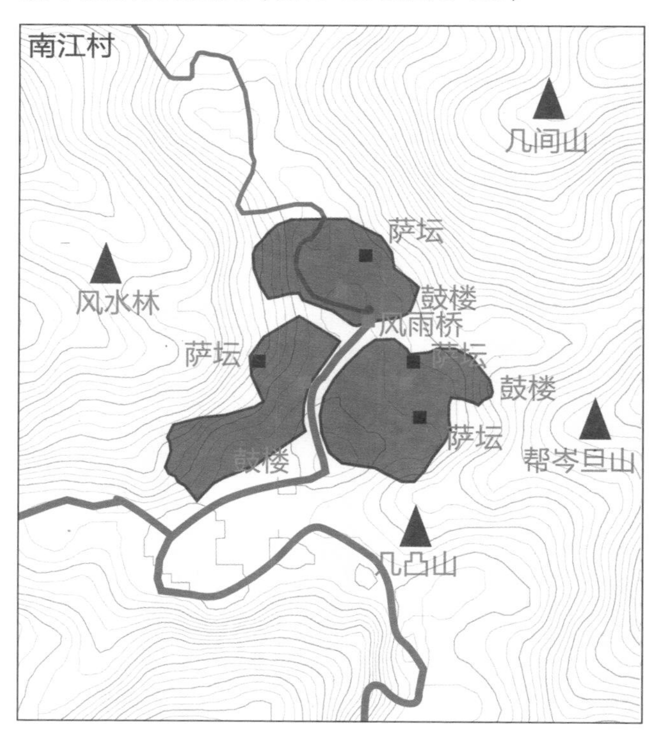

图 2-25　南江村内外环境关联示意图

图 2-26　南江村全景

青海省同仁市郭麻日村示意图

（2）在几乎每个村落的空间构图中，总存在一条或多条超大尺度的内外协同秩序，构成村落格局的主骨架。若将不同村落的主骨秩序统一放置在关中全域视野下做整体审视，则发现：不同村落之间存在明显的“要素共享”“秩序交织”现象。（图 2-27 至图 2-28）

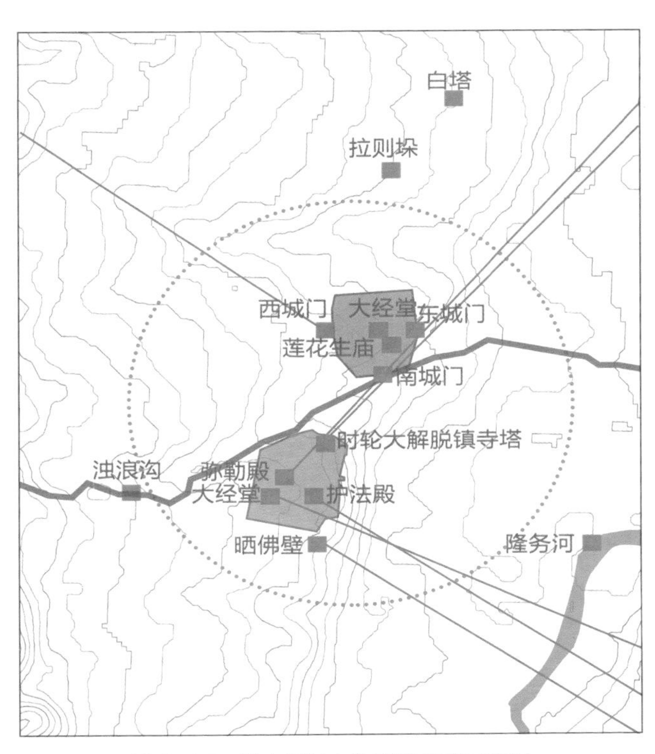

图 2-27　郭麻日村内外环境关联示意图

图 2-28　郭麻日村全景

青海省同仁市年都乎村示意图

（3）空间构图秩序的在地体验实效乃受“形态呼应程度”“景观呈现程度”“场所文饰程度”等多项指标综合影响；且往往是相协同的内外要素间隔越远，越需多项指标的综合作用，以强化空间秩序的在地体验效果。（图 2-29 至图 2-30）

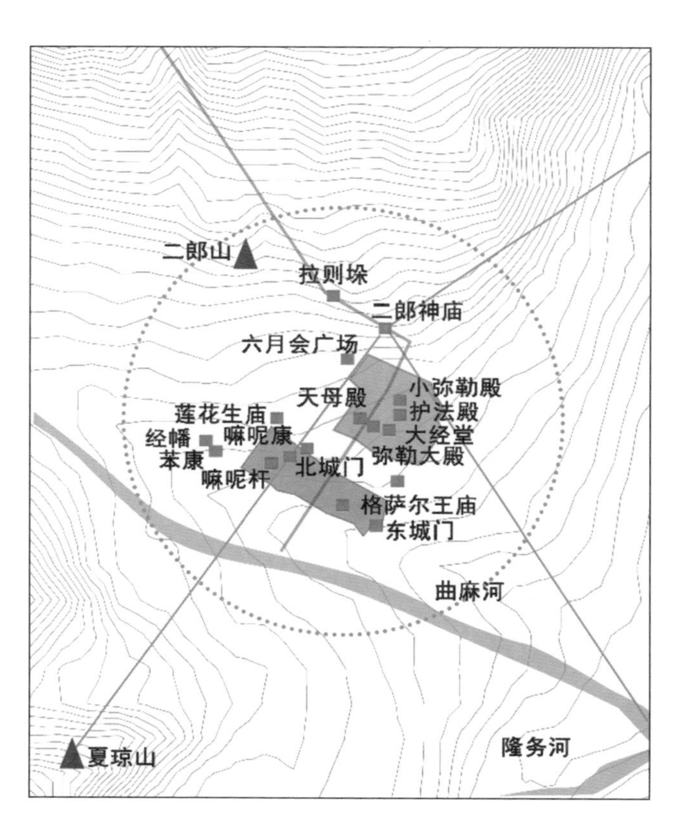

图 2-29　年都乎村内外环境关联示意图

图 2-30　年都乎村全景

2.3　人文结构的引领性

程家川村空间句法模拟分析（图 2-31）

在村落格局营建的历史实践中，祠、庙、楼、阁、塔等关键人文建设备受重视，在整体格局建构中发挥了“聚景凝神”的关键作用。其历史营建蕴含多层次要义：首先，其普遍承担了重要的公共职能，是社群相对固定地聚集并开展文化活动的场所，亦是民众心中极具共识性、凝聚性和认同感的文化载体；其次，其普遍是“聚落中的醒目要素”，代表了当地最杰出的匠作技艺和艺术水准，并往往具有出众的造型感和体量感，能够从大量低矮、扁平的民居建筑中脱颖而出，成为整体格局中的焦点；此外，其还是一种空间媒介，是人们从“局部到整体”来认识聚落格局、建立人居环境意象的战略要地。

图 2-31　程家川村空间句法模拟分析示意图

程家川村视域模拟分析（图 2-32）

在选址布局方面，人文建设普遍优先占据村落内外的关键位置，如村落几何中心、门户、交通节点、地形制高点、风景佳地等；同时，古人十分重视对关中特色地貌“塬”的凭依妙用，善于结合塬之顶点、鞍点、崖边、陡坎、阳坡等特殊地形，开展关键人文建设，借地利凸显人文秩序。基于此现象，本研究融合运用空间句法、动态视景分析法与居民意象调查法，进一步对典型村落空间格局做量化分析，揭示人文建设的选址布局规律。结果显示：人文建设所占据的“关键位置”，或为村落交通骨架之空间句法网络的“集成度”高分段（即居民日常往来的集结点、不自觉会频繁经过的地点）；或位于村落内外风景网络的汇集交织处（如人居环境中的优质观景点，或容易被其他区域所看到的地点）；或兼具“易达”“易看”“易被看”等多重区位优势。总之，人文建设体系可谓村落人居环境中选址优势、功能意义、造型艺术之集大成者，在控引村落整体格局秩序的生长上发挥了重要作用。

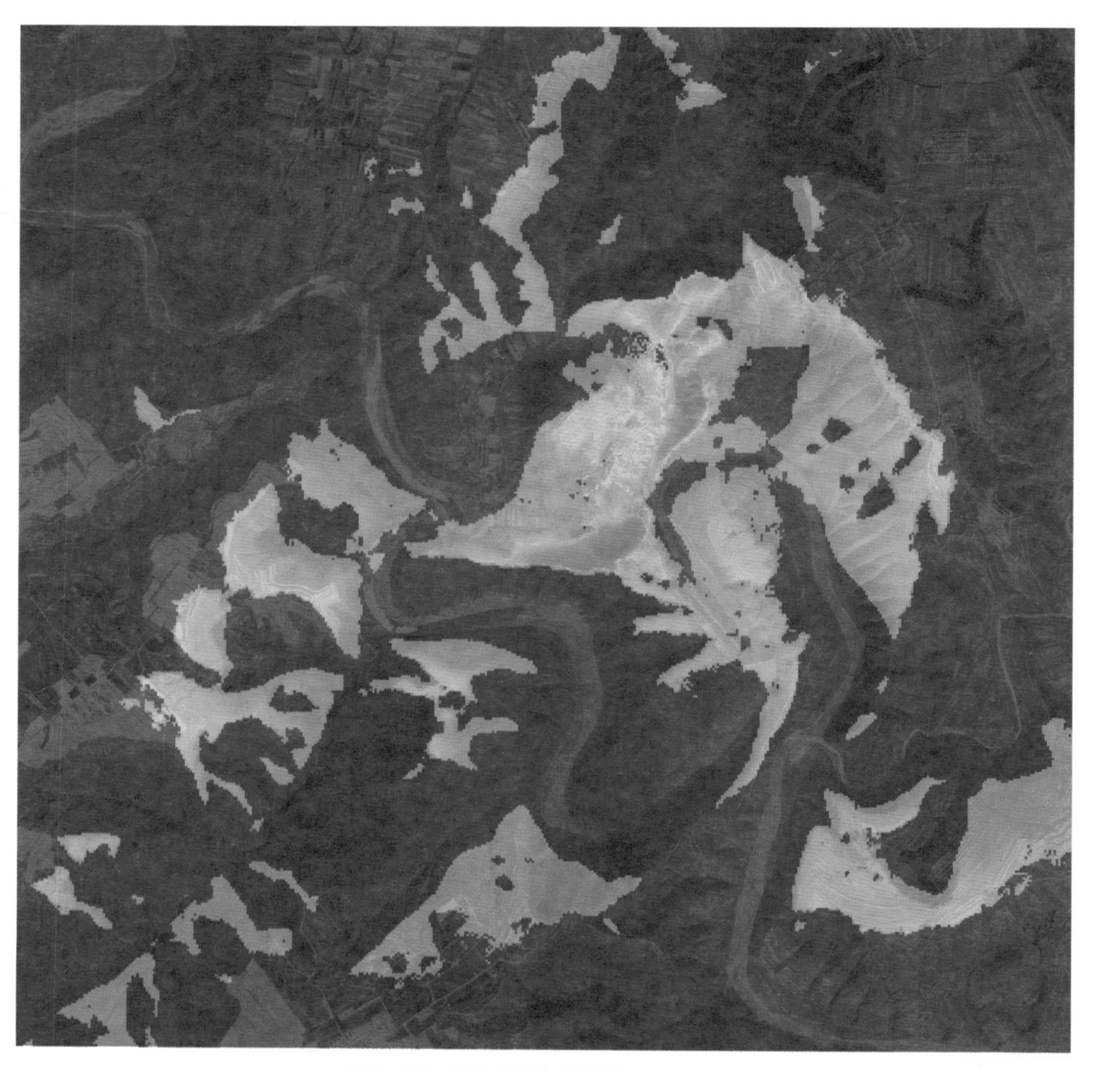

图 2-32　程家川村视域模拟分析示意图

相里堡村空间句法模拟分析（图 2-33）

综合历史文献、图绘和实地调研可知，村落的历史营建素来秉持文化性、艺术性、整体性的原则，强调将不同人文建设统筹经营，善于运用“坐落”“朝对”“收揽”“遥映”“吸纳”等多元手法，以及“高下”“广狭”尺度控制和“对峙”“联立”等秩序强化手段，塑造具有整体意义的人文空间结构；并强调将人文空间结构与自然山水结构有机融合，创造凝聚和彰显地方特色与价值的人文空间艺术构架。此构架的新老接续、承古开新，为占大多数的基底类空间建设奠定了根本秩序框架，控引村落整体格局形态的动态有机生长。

就村落人文空间艺术构架的内涵而言，其归根到底还是人们生活的场所、体验的对象。营建者是以融汇天地、关联古今的胸襟和视野，从全局出发经营之；生活者则是置身其中、漫游其间，以“目观心会”的体验方式，从一个个场景细部出发，逐步积累和建立起关于村落的整体意象。

图 2-33　相里堡村空间句法模拟分析示意图

相里堡村视域模拟分析（图 2-34）

基于大量的“村落行走”调查，“序列”可被理解为一系列真实可感的、涵纳远近风景与历时性景观、蕴含复杂内在联系、富含“起承转合”节奏变化的空间场景，其路线、长度等指标，与当地居民的日常出行规律和必要性生产生活流线高度耦合。本研究基于对不同村落案例格局的解析与对比，进一步提炼“序列”营建的地域法则，主要包括：重视观景停留点的位置精选与主景经营；强调对“有限”景观要素的往复使用和交叉组合；强调景径节奏韵律的丰富变化；强调景径流线与生产生活流线的最大化拟合；强调景径流线与河流水系等线性要素的融合等。

图 2-34　相里堡村视域模拟分析示意图

清水村空间句法及视域模拟分析（图 2-35）

（a）空间句法模拟

（b）视域模拟

图 2-35　清水村空间句法及视域模拟分析示意图

棠越村空间句法及视域模拟分析（图 2-36）

（a）空间句法模拟

（b）视域模拟

图 2-36　棠越村空间句法及视域模拟分析示意图

唐模村空间句法及视域模拟分析（图 2-37）

（a）空间句法模拟

（b）视域模拟

图 2-37　唐模村空间句法及视域模拟分析示意图

呈坎村空间句法及视域模拟分析（图 2-38）

（a）空间句法模拟

（b）视域模拟

图 2-38　呈坎村空间句法及视域模拟分析示意图

南江村空间句法及视域模拟分析（图 2-39）

（a）空间句法模拟

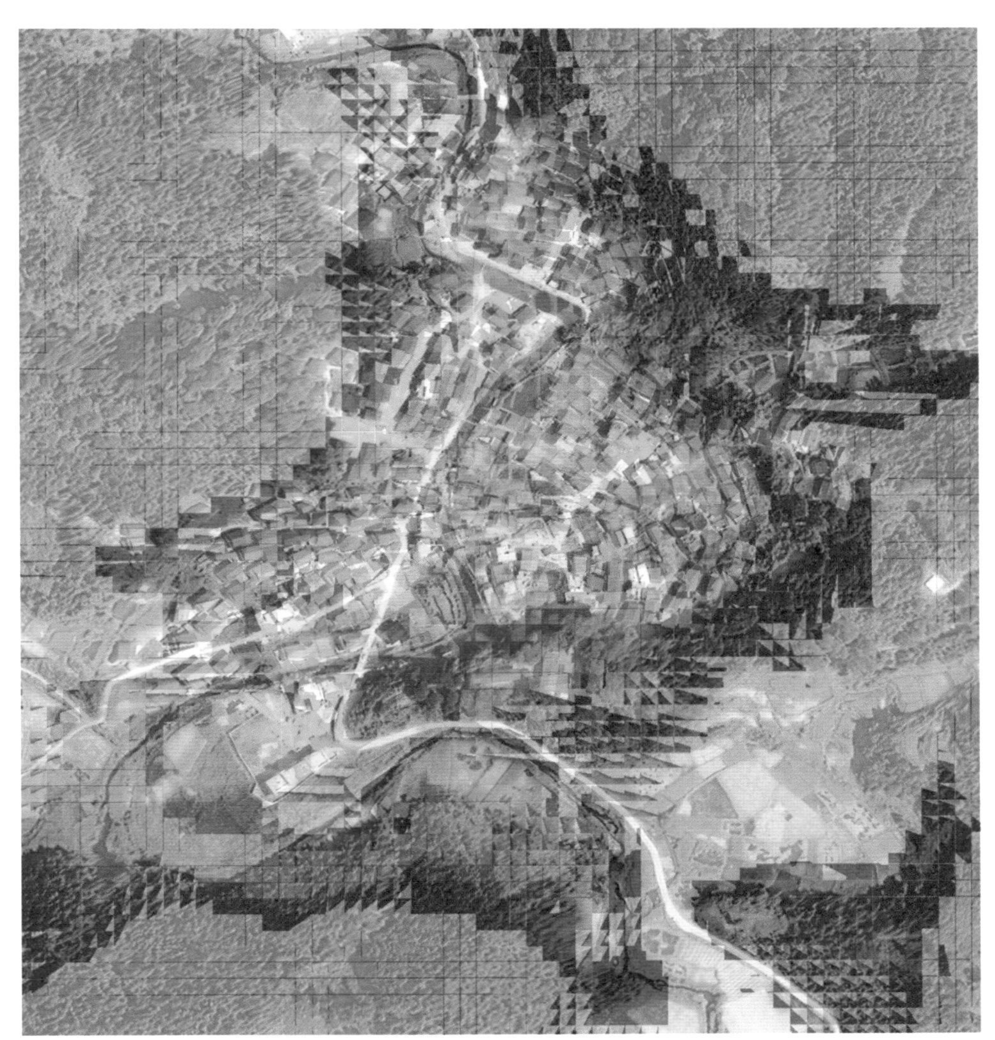

（b）视域模拟

图 2-39　南江村空间句法及视域模拟分析示意图

堂安村空间句法及视域模拟分析（图 2-40）

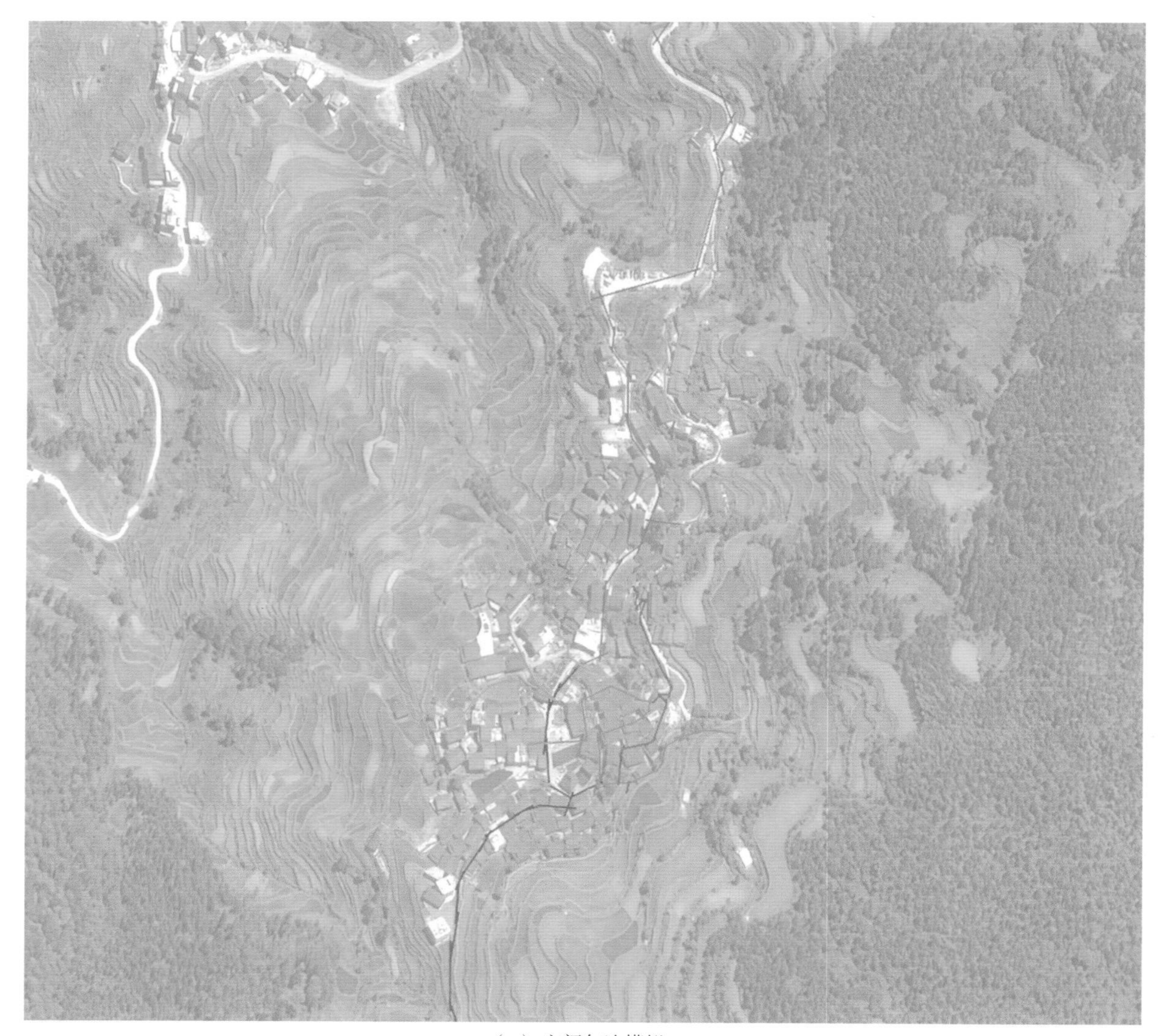

（a）空间句法模拟

（b）视域模拟

图 2-40　堂安村空间句法及视域模拟分析示意图

郭麻日村空间句法及视域模拟分析（图 2-41）

（a）空间句法模拟

（b）视域模拟

图 2-41　郭麻日村空间句法及视域模拟分析示意图

年都乎村空间句法及视域模拟分析（图 2-42）

（a）空间句法模拟

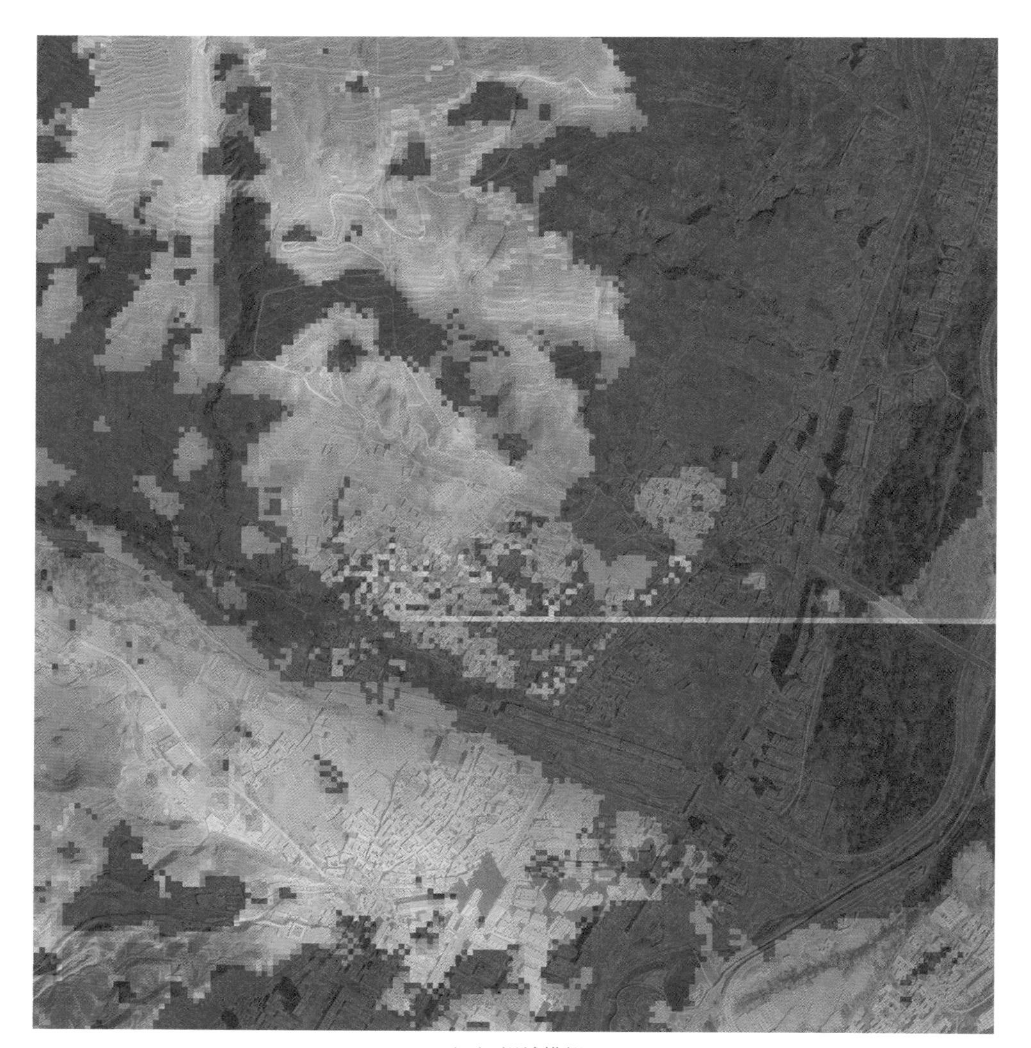

（b）视域模拟

图 2-42　年都乎村空间句法及视域模拟分析示意图

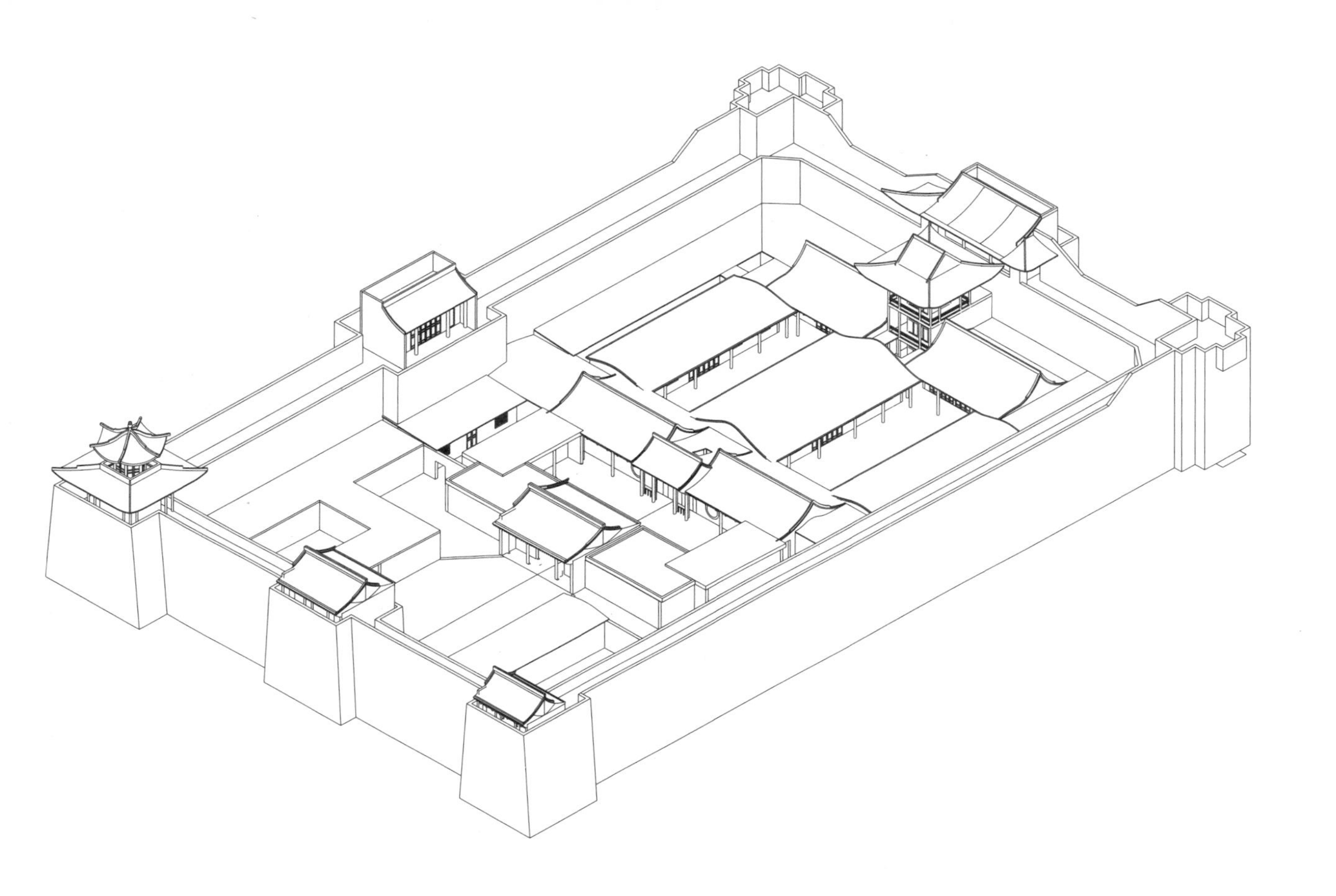

第3章

乡土民居生态设计策略与技术措施

本章在对不同气候区进行分类整理的基础上，从建筑保温、遮阳、通风、采暖、太阳能利用等方面，总结不同气候区普遍适用的被动式技术。通过分析不同地区的大量传统民居实际案例，从场地规划和材料构造两个层面，包括采光、遮阳、防风、通风、保温、隔热等技术要点，归纳分析不同地区民居应对当地气候所采取的节能措施，为建立传统民居气候适应性被动式技术体系提供技术支撑。

3.1　传统乡土民居生态设计策略

传统乡土民居生态设计策略（图 3-1）

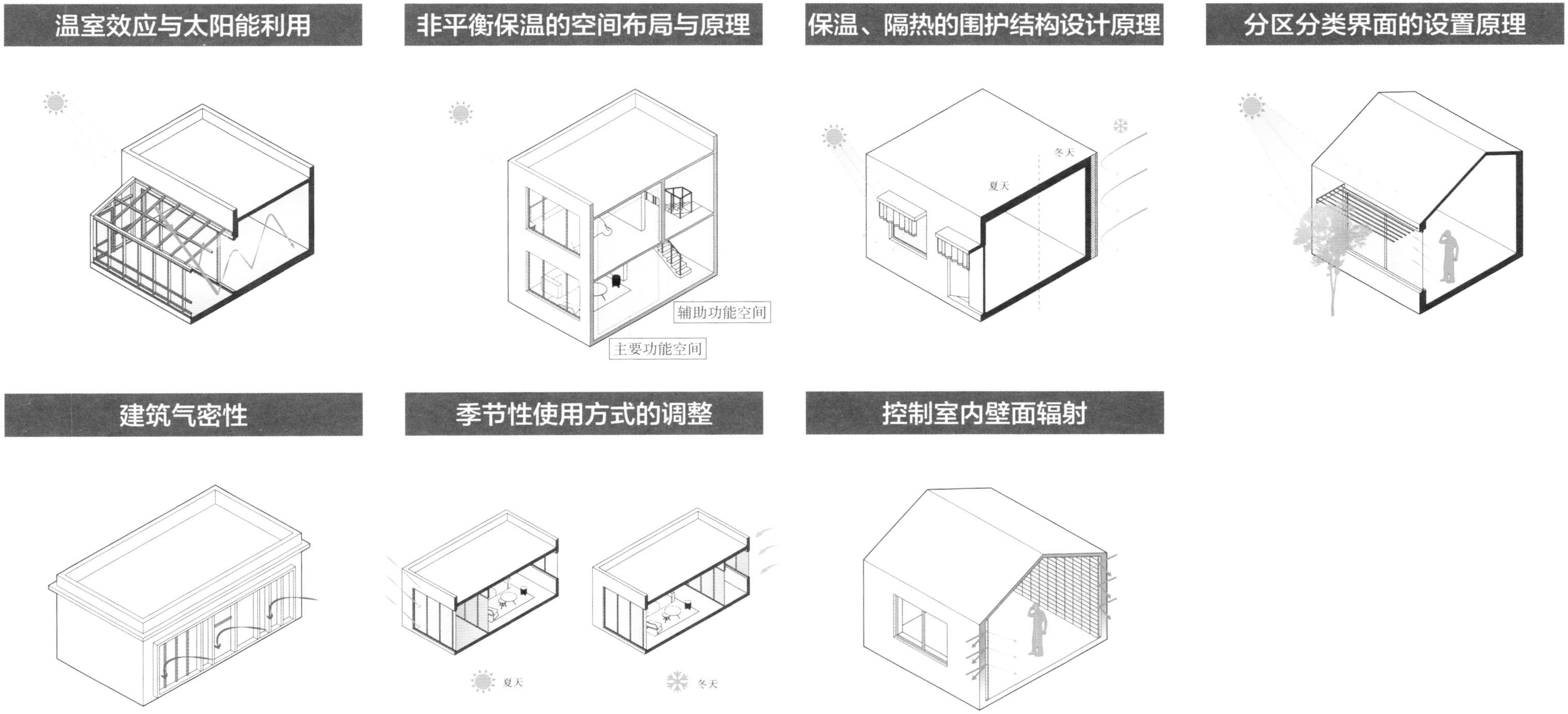

图 3-1　传统乡土民居生态设计策略

3.1.1 严寒地区

规划布局设计策略（图 3-2）

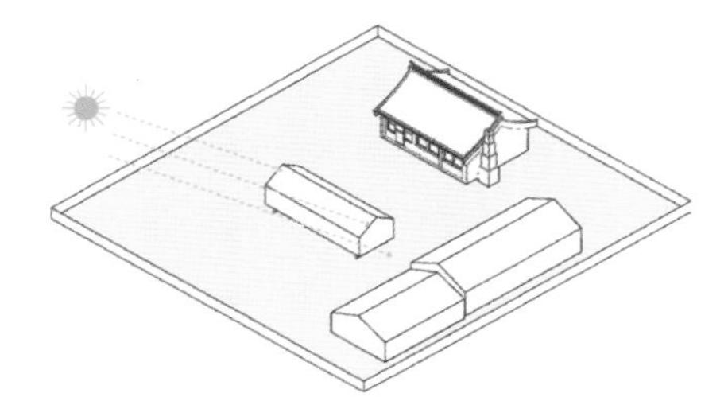

院落式布局，坐北朝南，布局松散，南向采光充足

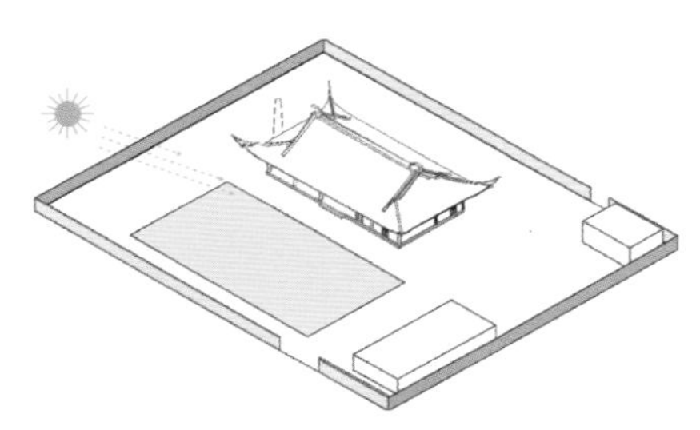

院落尺度大、院墙低矮，保证阳光直射

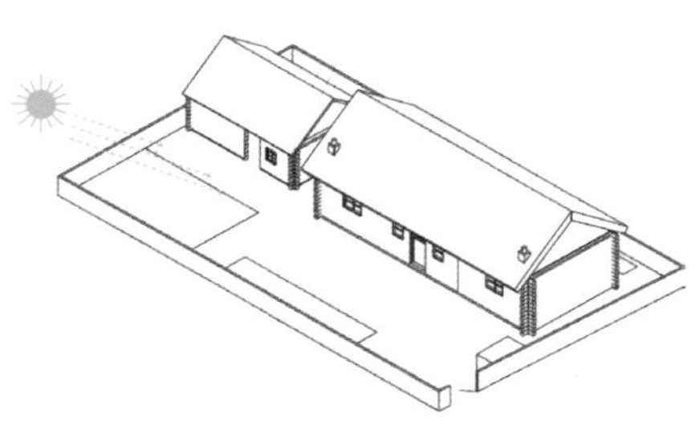

建筑形体规整，体型系数小，平面一般呈横长方形

图 3-2 规划布局设计策略

保温、防寒设计策略（图 3-3）

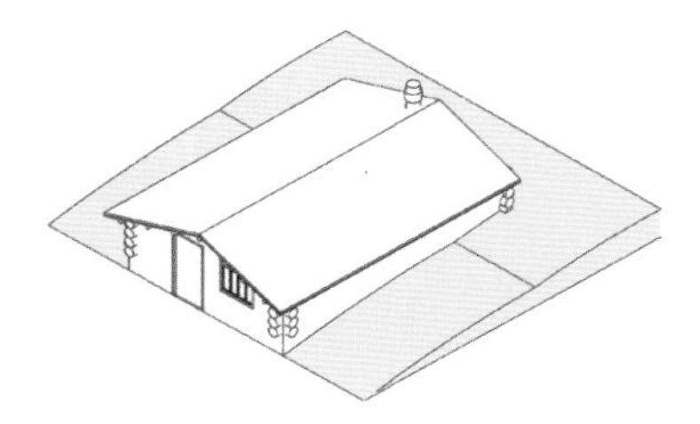

建筑物根据地形，采用下沉的形式，利用地下浅层空间土壤的恒温恒湿，达到保温隔热的效果

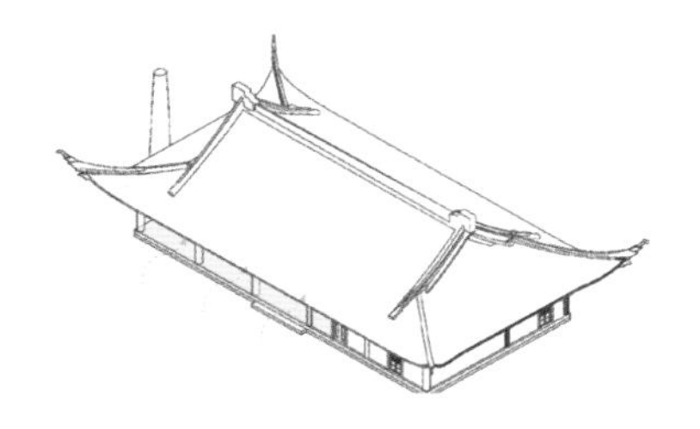

建筑物在寒流来向的区域设置辅助空间作为缓冲区域来保障核心使用空间的热舒适度

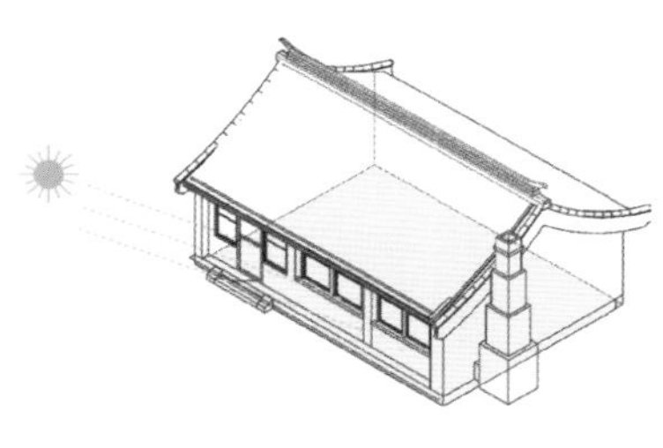

建筑物体型系数小，南向开满窗，提高采光保温性能的同时保证室内通风

寒冷气候下的传统被动房屋使用低热容材料，密封隔热性能良好，保证能够在早上提供快速的热量积累

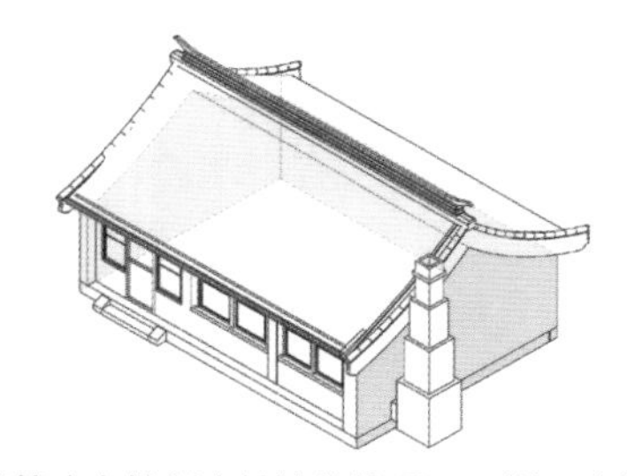

建筑应在控制窗地比的情况下，增强建筑外围护结构的保温性能

采用火墙、火炕的建筑构造方式防冻，提高室内保温性能

图 3-3 保温、防寒设计策略

防风雪设计策略（图 3-4）

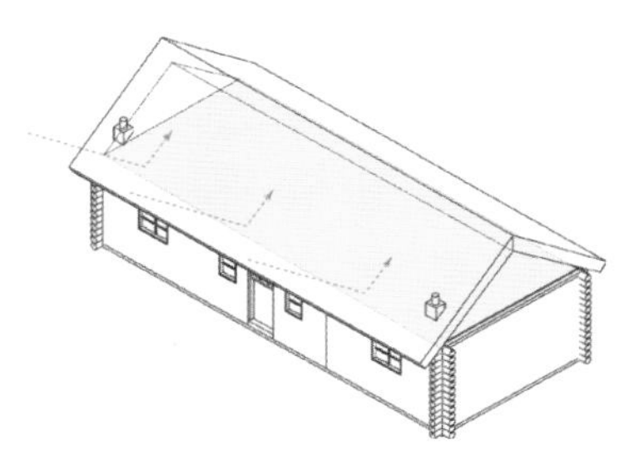

隔热屋顶通过保持室内温度更均匀来增加人的舒适感

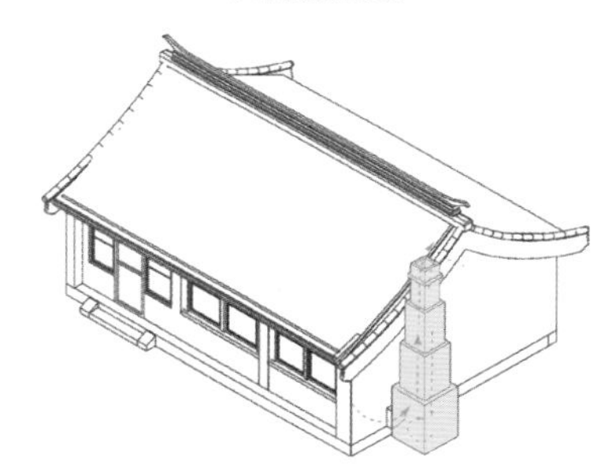

烟道底部挖一个深坑，既能阻隔从灶膛中产生的烟气，又能抵挡室外烟囱进来的风雪

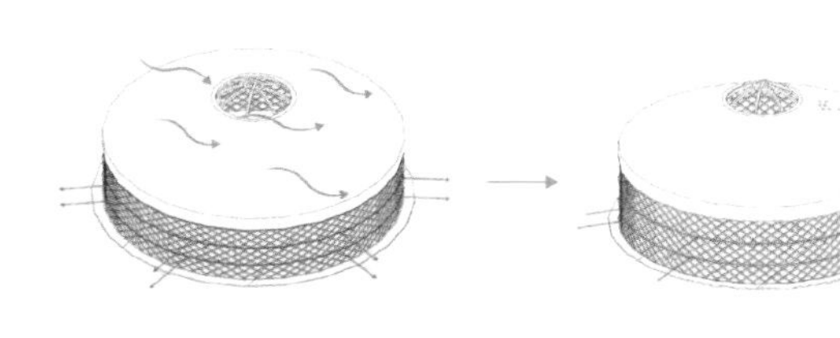

绳子收紧，蒙古包变高瘦，利于排雨雪

图 3-4 防风雪设计策略

建筑通风设计策略（图 3-5）

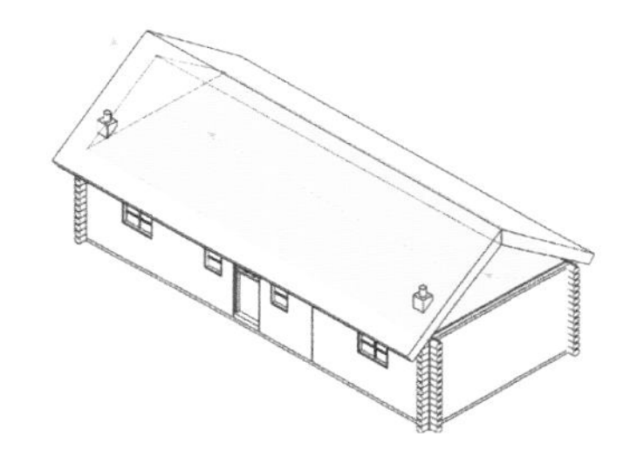

在隔热良好的倾斜屋顶上设通风阁楼，在寒冷气候下（冰雪天）效果良好

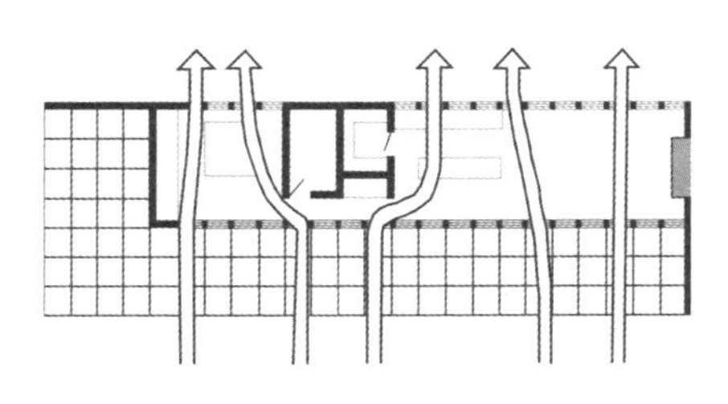

狭长的建筑平面可以帮助在温和炎热潮湿的气候下最大限度地获得穿堂风

图 3-5　建筑通风设计策略

建筑遮阳设计策略（图 3-6）

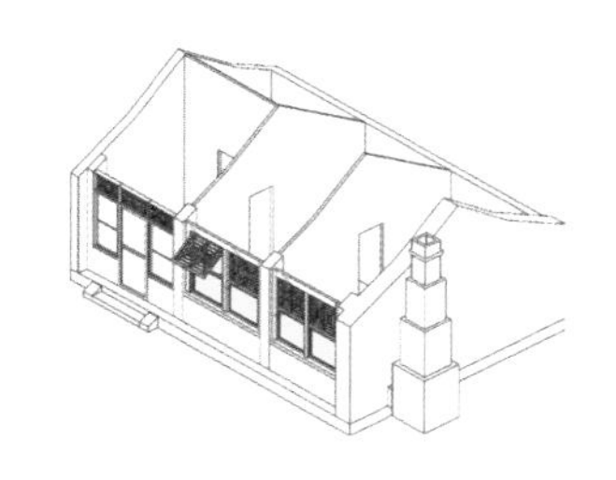

支摘窗上部可支起来，便于通风遮阳，下排的摘窗可以摘下，方便使用

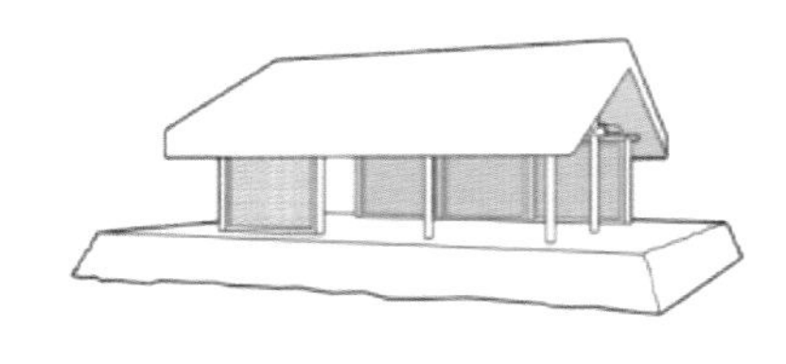

低倾斜的屋顶和宽大的悬挑在炎热气候下遮阳效果很好

图 3-6　建筑遮阳设计策略

太阳能利用的一体化设计原理（图 3-7）

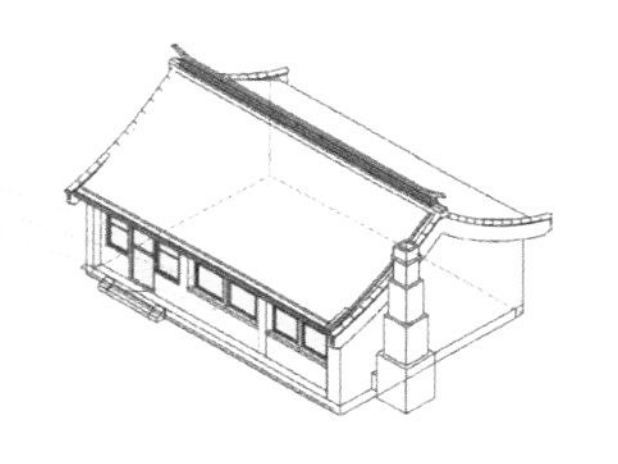

南向大面积玻璃开窗有利于冬季最大限度地利用被动式太阳能采暖，但在夏季需考虑遮阳设施

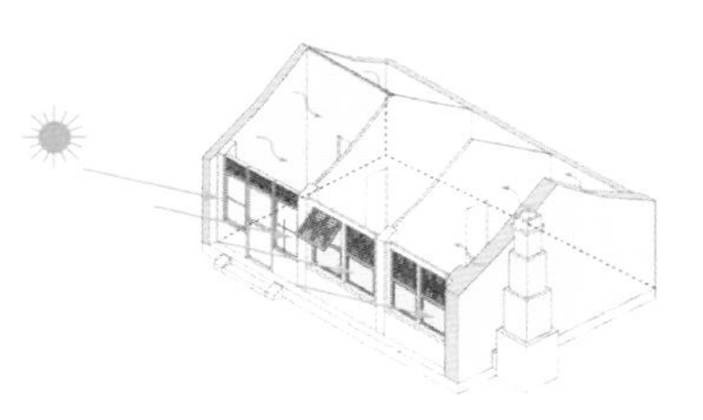

提供足够的蓄热体，在冬季储存白天的太阳能用于夜晚辐射供暖，在夏季用于夜晚储热降温

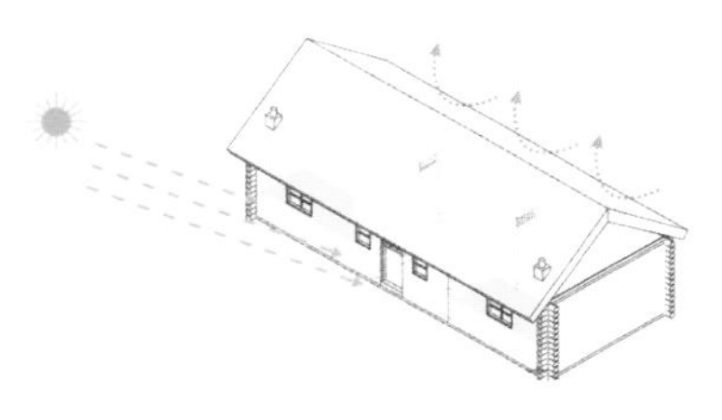

寒冷气候下的传统被动房屋采用舒适合理的平面布局，中央热源、朝南的窗户以及用于防风的屋顶

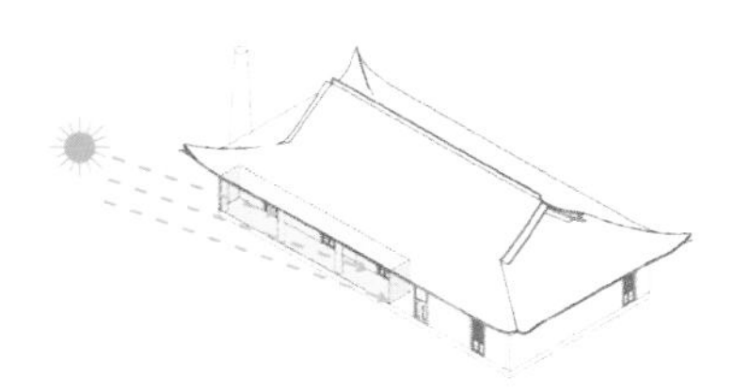

通过平面合理设置，在南向区域布置阳光间等能够有效利用被动式太阳能

图 3-7　严寒地区太阳能利用的一体化设计原理

3.1.2　寒冷地区

非平衡保温的空间布局原理（图 3-8）

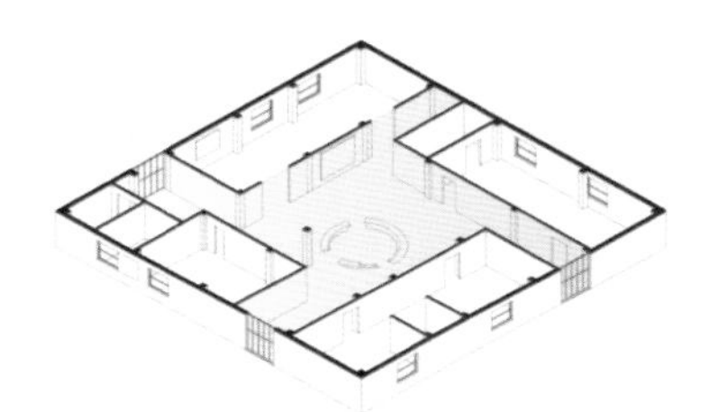

传统庄廓、堡子、“窑院”等院落空间转换为现代建筑室内方形、长方形的热缓冲共享空间

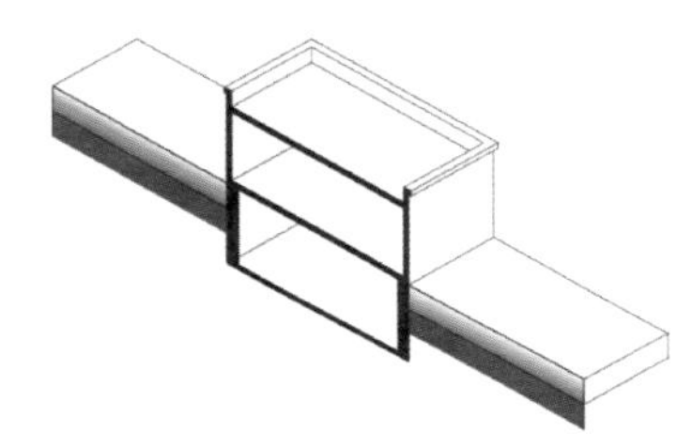

地下室底比霜冻线至少低 0.5 m，并且对墙内或墙外采取防潮防水措施

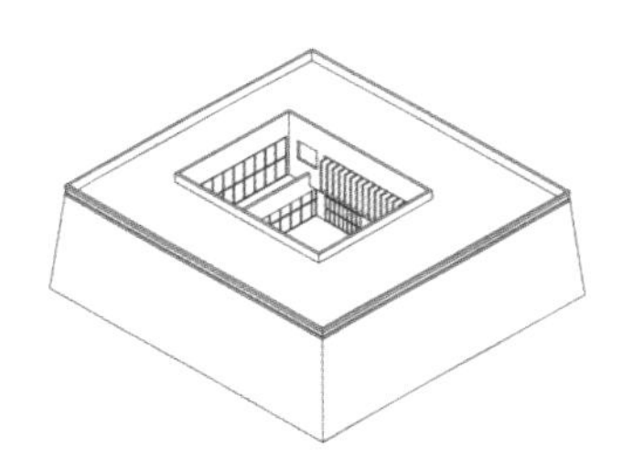

集中内向、外封内敞、应时而迁、适应热舒适需求的空间布局

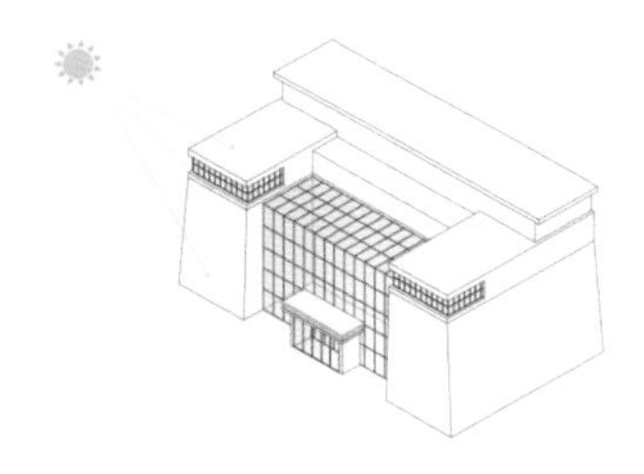

公共建筑主体空间周围宜设置“多层次”气候缓冲空间（交通空间、辅助空间、设备空间、阳光间）

图 3-8　非平衡保温的空间布局原理

保温、隔热的围护结构设计原理（图 3-9）

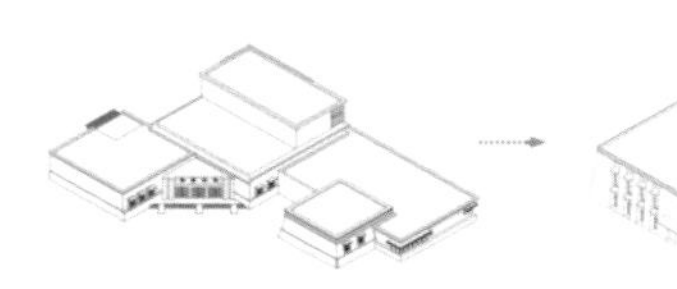

采用方形平面的紧凑建筑形式，尽量减少建筑围护结构的热量损失（尽量减小体型系数）

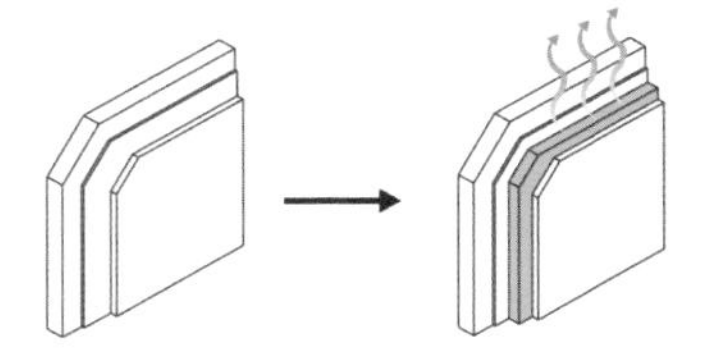

提升围护结构的 K 值

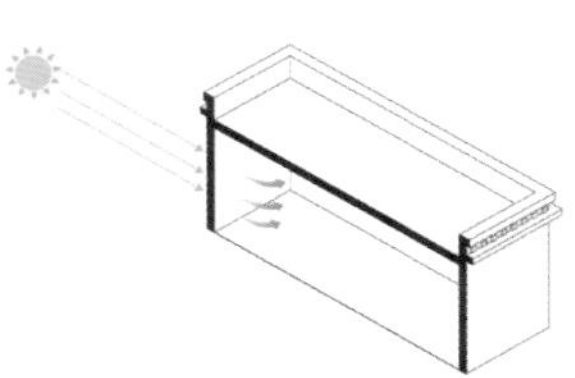

围护结构隔热效果良好

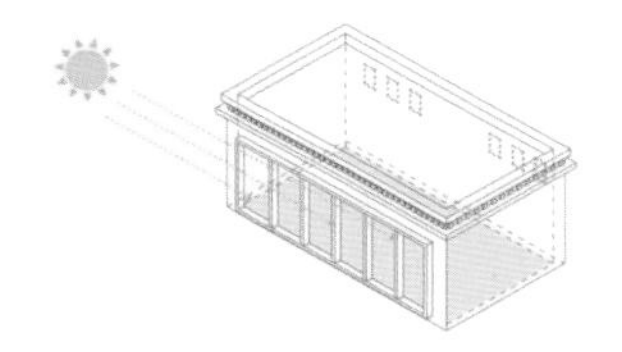

减小北向开窗面积

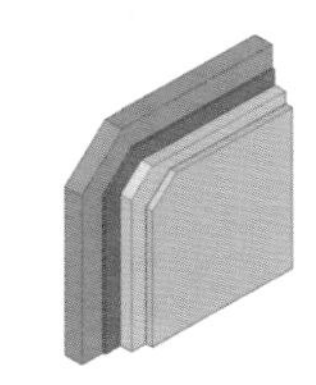

选择蓄热、保温、防风沙的一体化部品部件和注重耐久性、保温隔热性能的材料构造

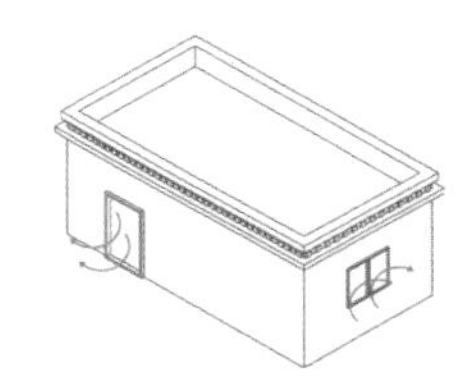

密封良好的建筑物，特别在窗户、门等部位，尽量减少空气渗透

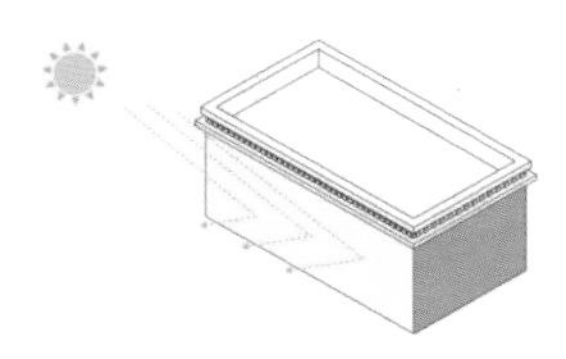

使用浅色建筑立面可以最大限度地减少热量的吸收

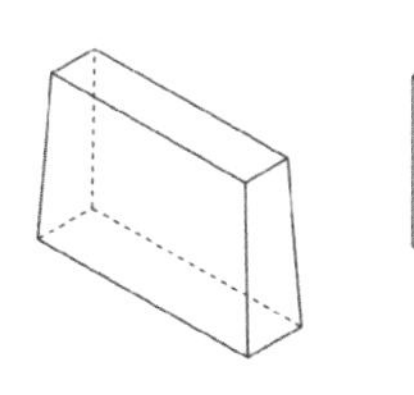

传统墩式墙体结构转换为现代建筑中的腔体复合围护结构

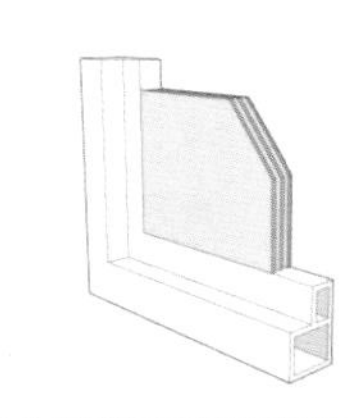

建筑北东西向提供双层高性能玻璃（Low-E，低辐射玻璃）

图 3-9　寒冷地区保温、隔热的围护结构设计原理

改善外部环境的设计原理（图 3-10）

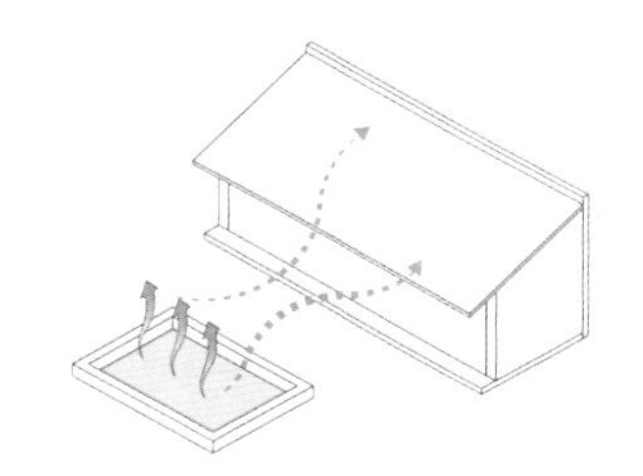

干燥的热空气进入建筑之前，在带有喷水池、喷雾器、湿路面的室外空间进行加湿

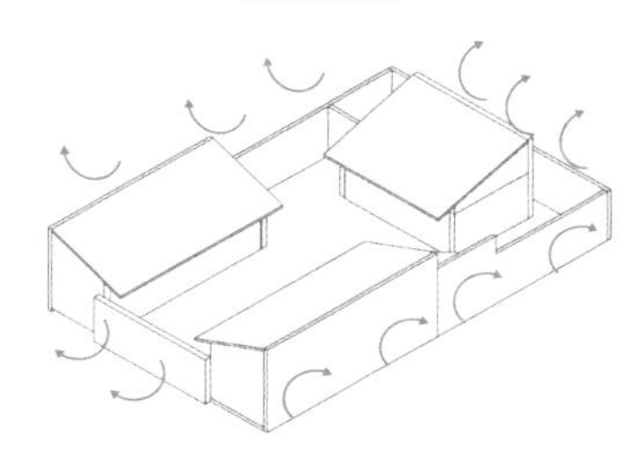

防风室外空间（季节性阳光房、庭院或走廊）

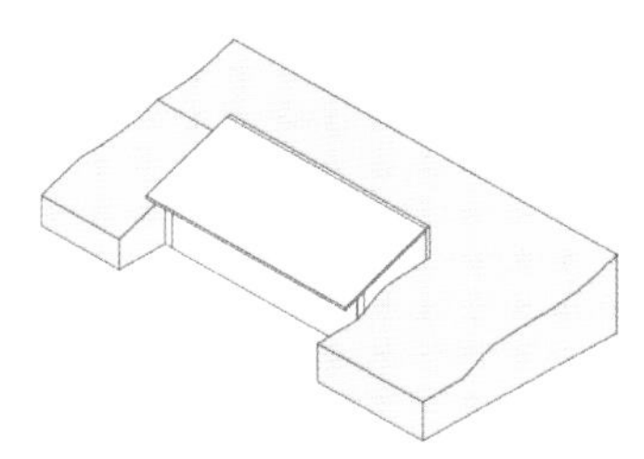

在天气炎热干燥的地方，可以采用下沉的方式，利用土层来进行降温

图 3-10　改善外部环境的设计原理

遮阳分区分类界面的设计原理（图 3-11）

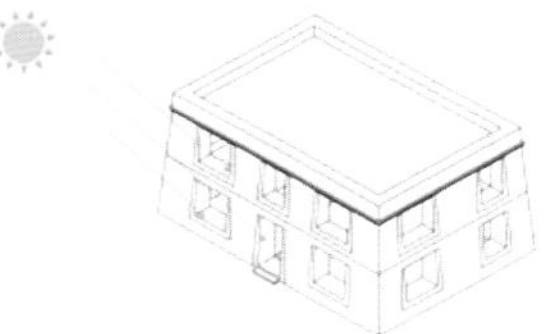

建筑外墙门窗采用深洞口的构造方式

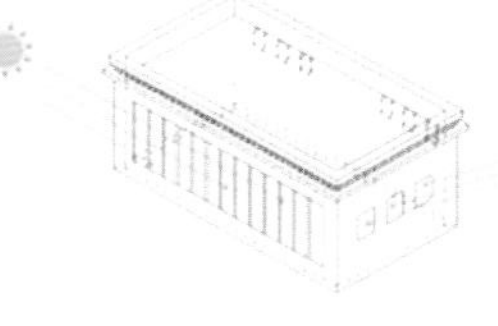

任何朝向的窗户都可以不设遮阳，因为任何被动式太阳能都是有利的，并且不存在过热的危险

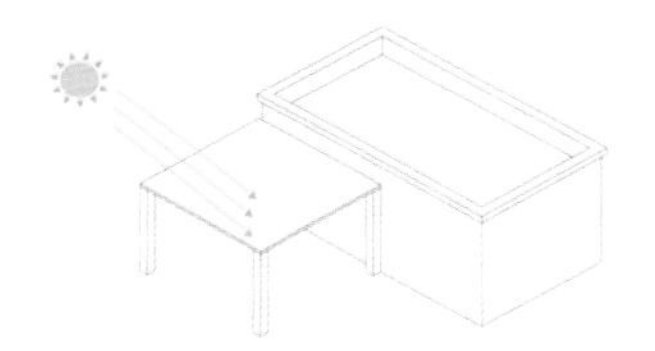

在炎热的天气里，灰空间的设置可以起到遮阳的作用，防止过热

隔热良好的小型天窗（在晴朗的气候下小于 3% 的房屋面积，阴天小于 5%）可减少白天的照明能耗

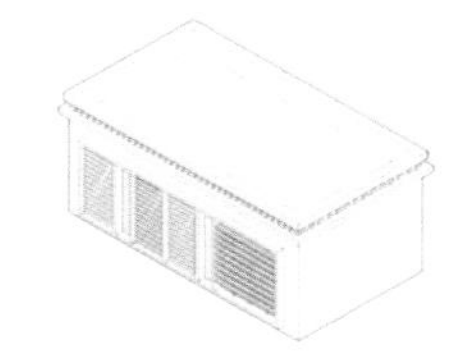

自动控制的隔热百叶窗、重型窗帘或可操作的百叶窗有助于减少冬季夜间的热损失

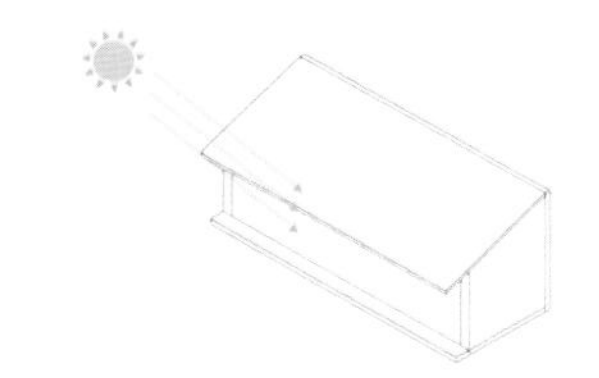

采用轻质结构，可开启墙壁和阴凉的室外檐廊

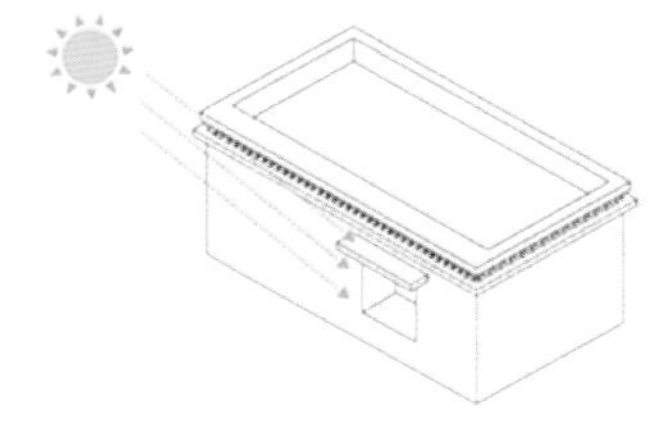

窗户遮阳或可操作的遮阳篷可降低空调能耗

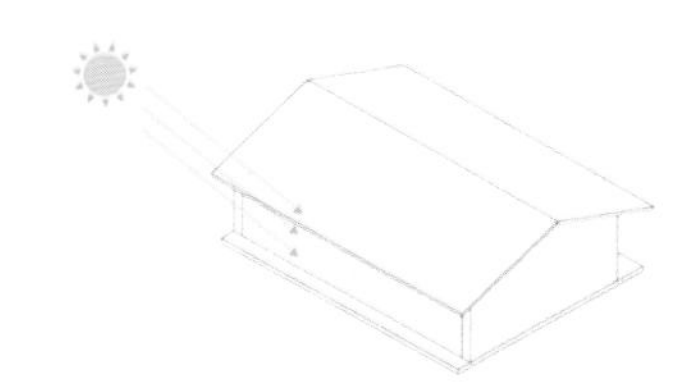

低倾斜的屋顶和宽大的悬挑在炎热气候下遮阳效果很好

图 3-11　寒冷地区遮阳分区分类界面的设计原理

优先考虑热压通风与空间耦合利用的内部空间设计原理（图 3–12）

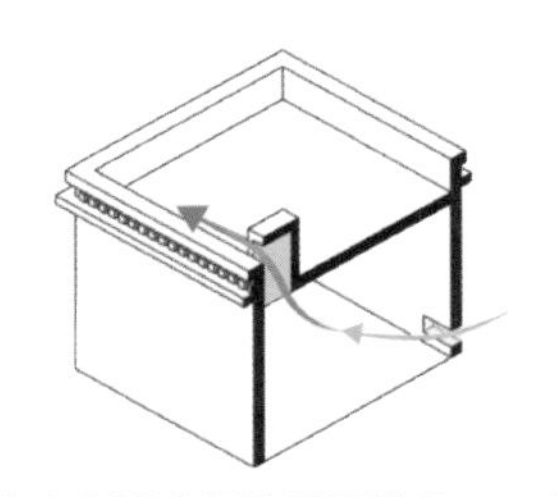

建筑宜在温度低处设置进风口，在温度高处设置出风口

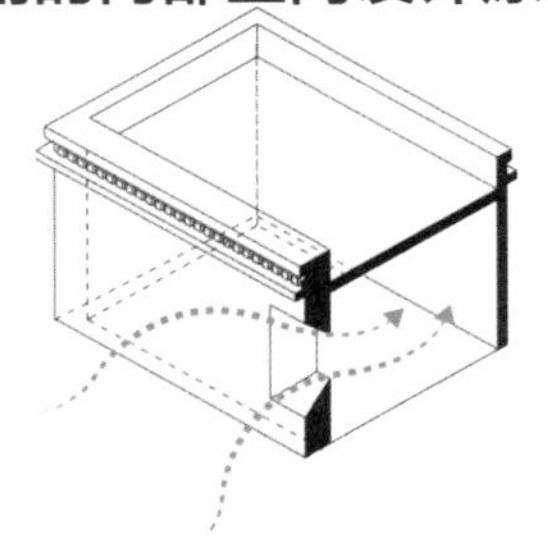

采用基于伯努利风压通风效应的喇叭口门窗开洞形式

在隔热效果良好的倾斜屋顶上设通风阁楼

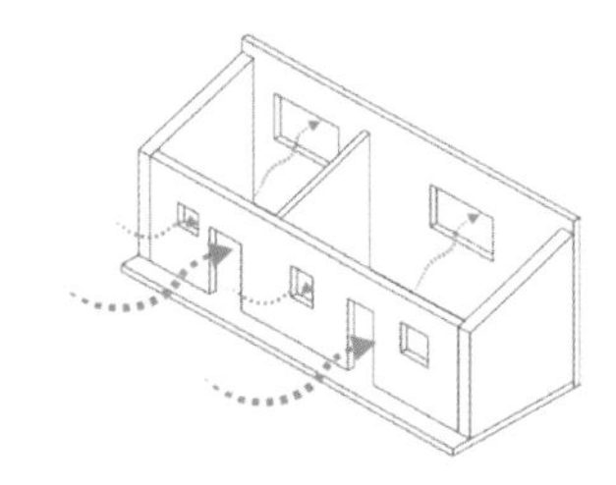

狭长的建筑平面可以最大限度地获得穿堂风

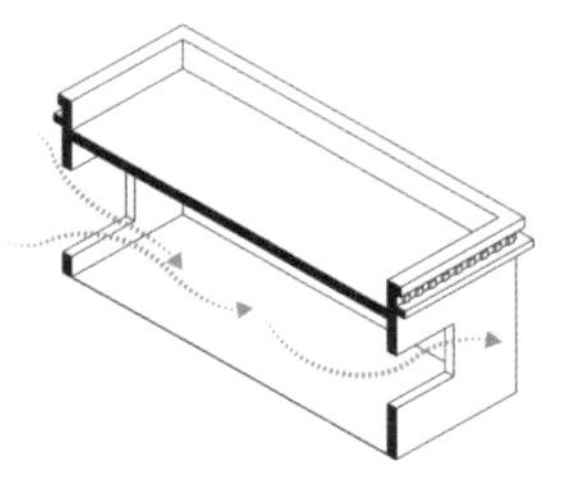

在炎热天气里，吊扇或自然通风可以降低空调能耗

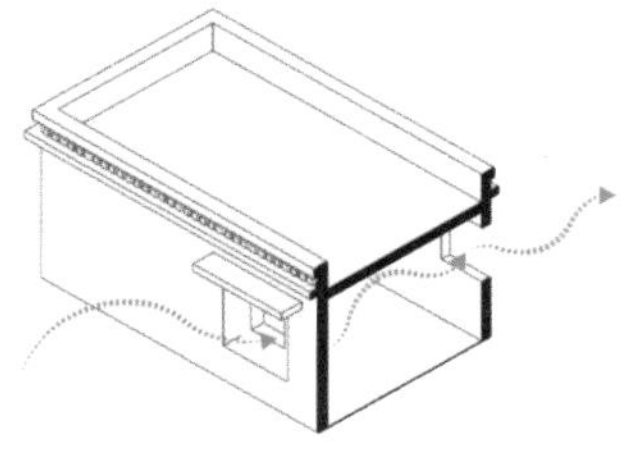

窗户有好的遮阳措施，能在温暖天气下有良好的自然通风，能够降低空调能耗

图 3–12　优先考虑热压通风与空间耦合利用的内部空间设计原理

太阳能利用的一体化设计原理（图 3–13）

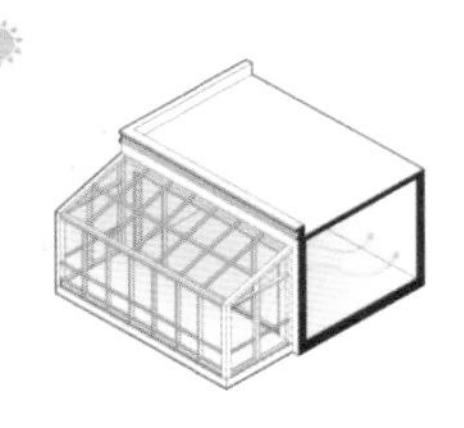

通过平面合理设置，在南向区域布置阳光间等能够有效利用被动式太阳能

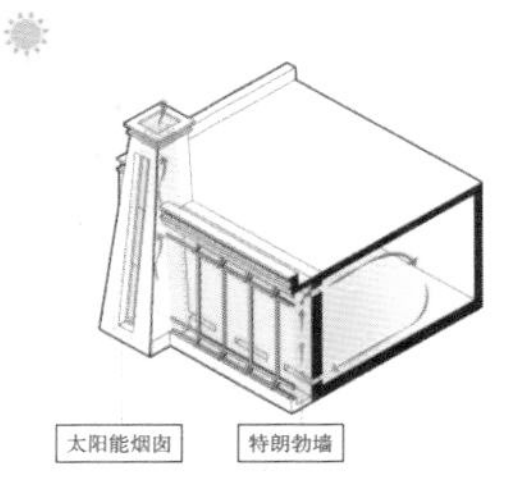

宜采用被动式太阳能利用技术，如太阳能烟囱、特朗勃墙等构造形式

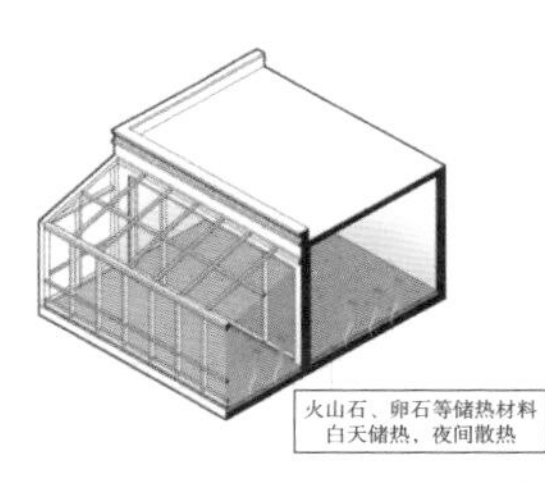

结合阳光间的作用，室内采用高性能的储热材料，如火山石、卵石等被用于调蓄昼夜温差

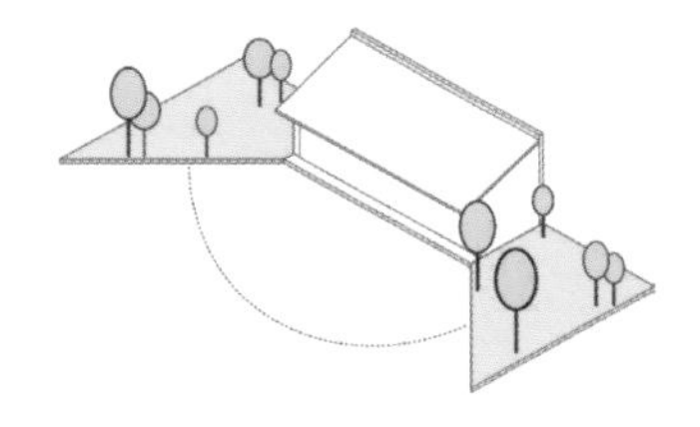

在被动式太阳能窗户前及左右 45°不应种植遮挡树木

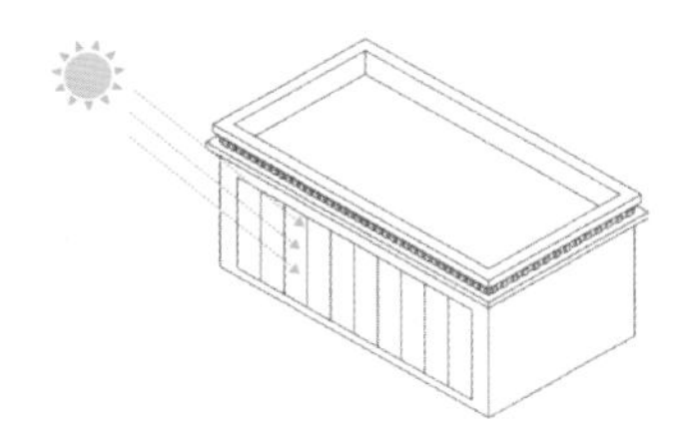

南向大面积玻璃开窗有利于冬季最大限度地利用被动式太阳能来采暖

图 3–13　寒冷地区太阳能利用的一体化设计原理

3.1.3　夏热冬冷地区

保温、隔热的维护结构设计原理（图 3-14）

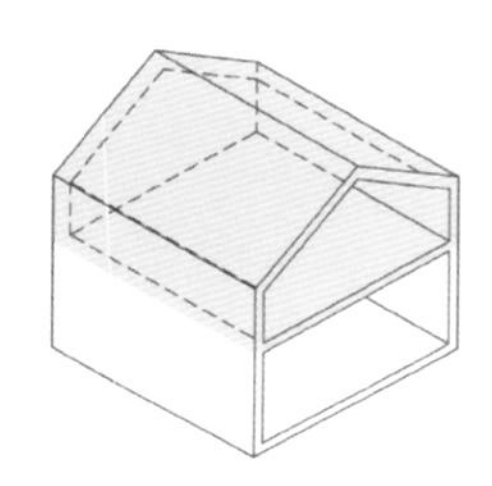

阁楼保温、隔热，传统民居建造二层阁楼，作为储藏空间的同时，起到热缓冲层的作用，将建筑内部和外界隔开

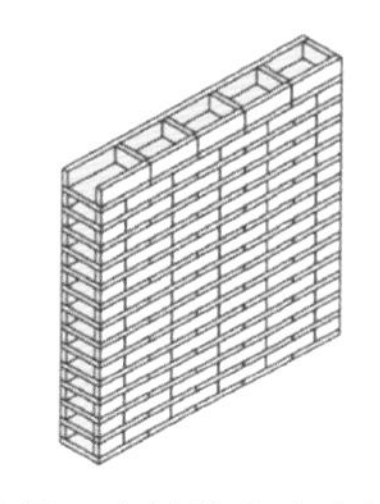

空斗砖墙，在墙体空斗内填充当地黄泥，作为保温层进行保温、隔热

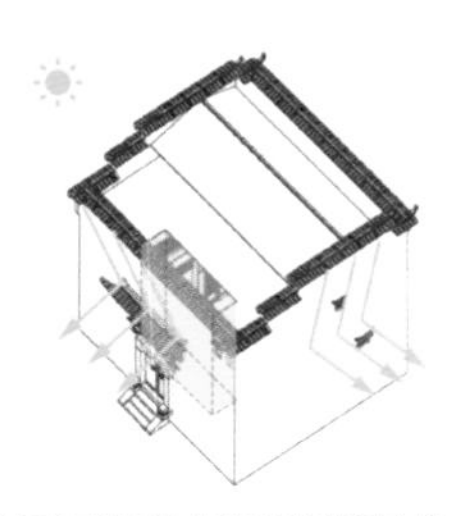

轩下空气层保温、隔热，传统民居在轩下空间封面板，轩下空间起到热缓冲层的作用，将建筑内部和外界隔开

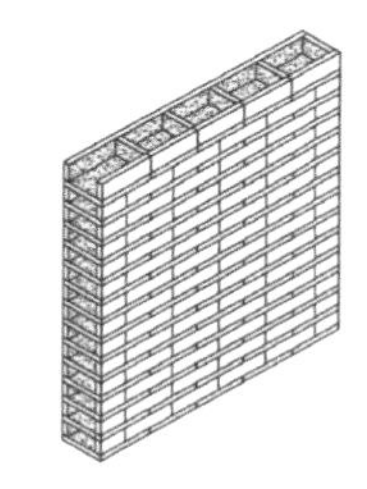

空斗砖墙，在墙体空斗内填充石沙，作为保温层进行保温、隔热

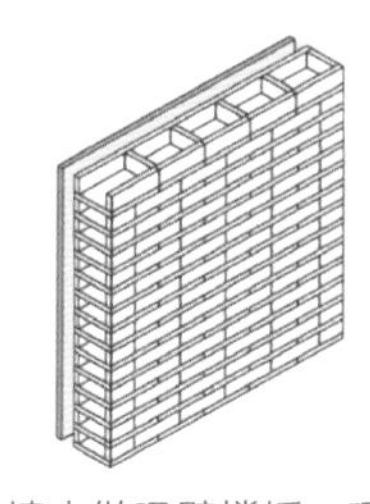

采用方正平面的紧凑建筑形式，尽量减少建筑维护结构的热量损失（尽量减小建筑体型系数）

在空斗墙内做吸壁樘板，吸壁樘板上刷桐油或者贴墙纸，吸壁樘板与空斗墙之间形成一层空气夹层作为热缓冲层保温、隔热

图 3-14　夏热冬冷地区保温、隔热的围护结构设计原理

防火的维护结构设计原理(图 3-15)

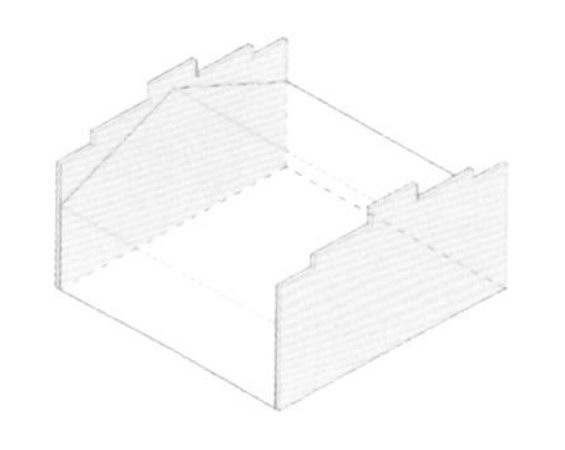

封火山墙防火，在传统民居中建造封火山墙，当临近民居发生火灾时，起到隔断火源的作用

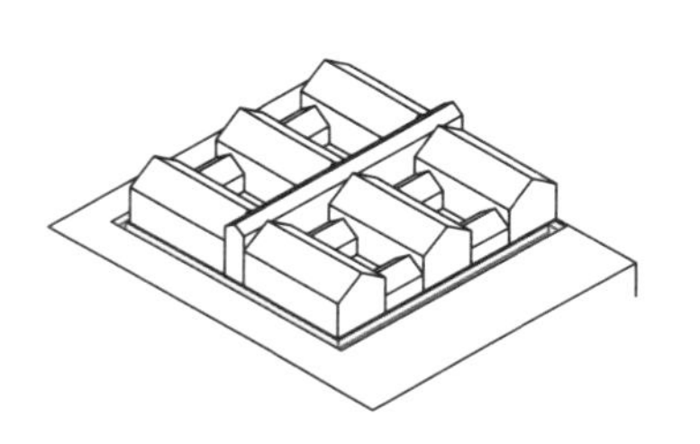

水圳防火，在传统民居中，水圳贯穿家家户户，火灾时作为救火的临近水源

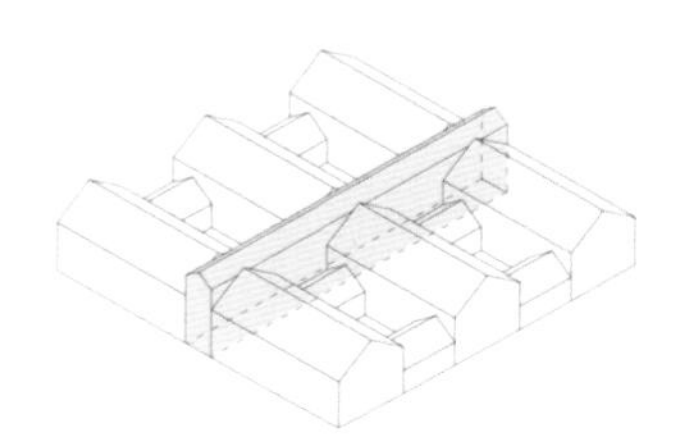

巷道防火，在传统民居中，一旦临近建筑发生火灾，将巷道上空的瓦片揭下，扑灭火源，防止火灾蔓延

图 3-15　防火的维护结构设计原理

防潮的维护结构设计原理(图 3-16)

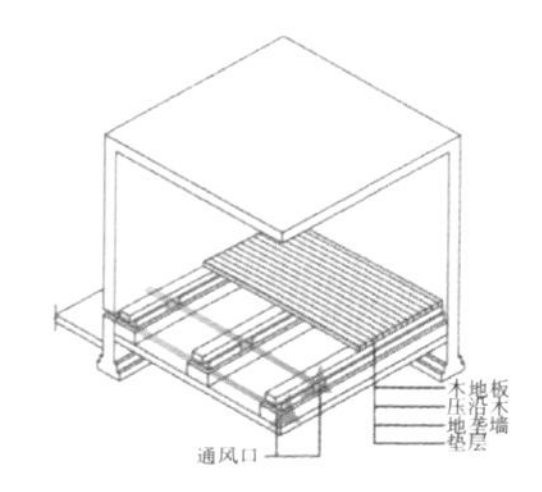

传统建筑中，架空木地板，朝向堂屋墙基设置通风口，加快地面气体流速，带走地面湿度，达到防潮的目的

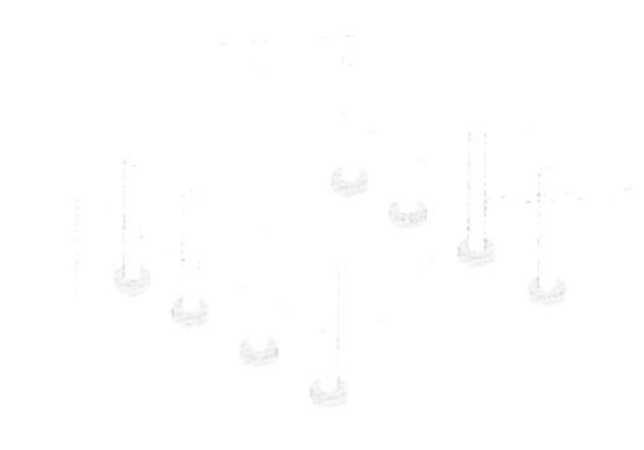

民居中，建筑柱础采用石质材料，隔绝木柱和地面的接触，防止木柱受潮损坏

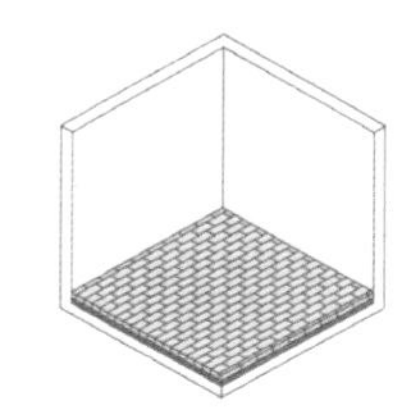

传统民居中，室内以青砖作为地面材料，防止潮气从地面渗入室内

图 3-16　防潮的维护结构设计原理

立体通风设计原理（图 3−17）

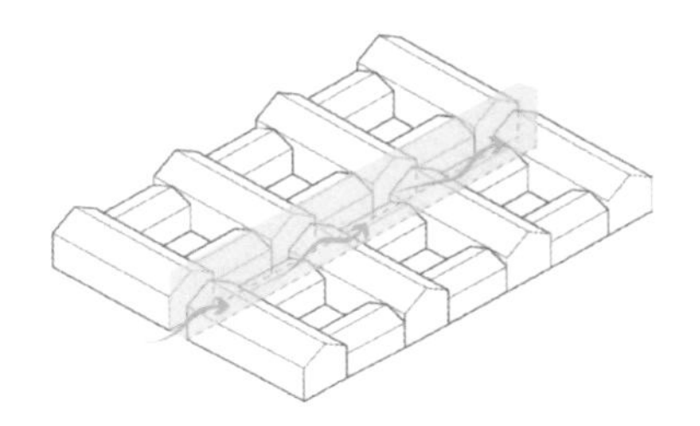

冷巷通风，各房屋之间形成尺度狭小的窄巷，加快空间的流动速度，快速带走热量

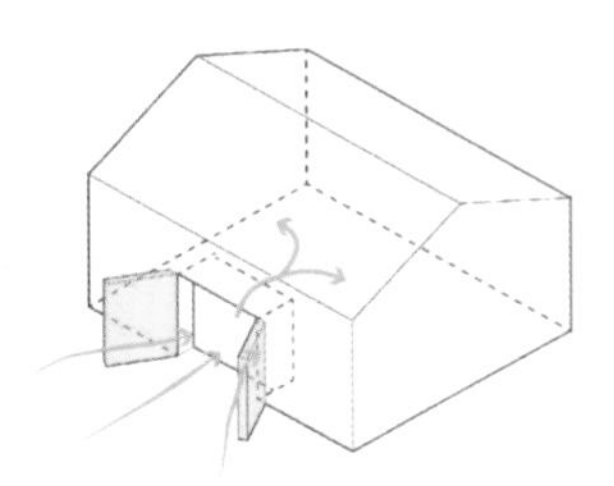

八字墙导风，建筑主入口设置八字墙，引导风进入室内，提高室内热舒适度

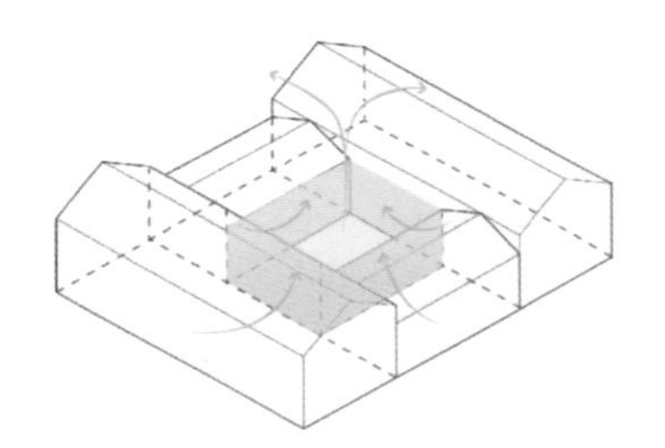

天井通风，平面形式采用院落布局，室内热空气汇聚天井通风散热

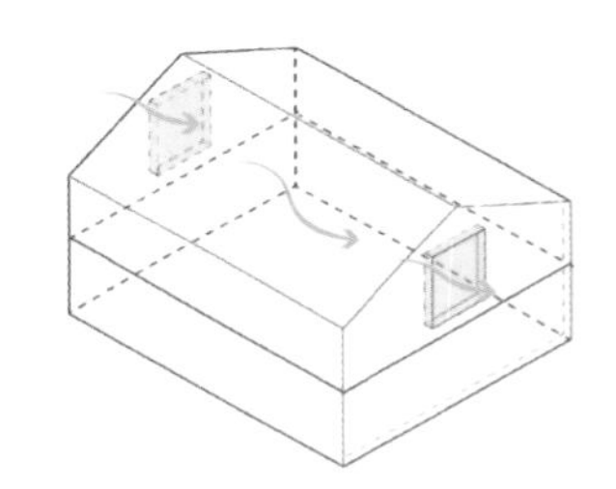

山墙高窗通风，两侧山墙开高窗，形成空气对流，促进室内外自然通风

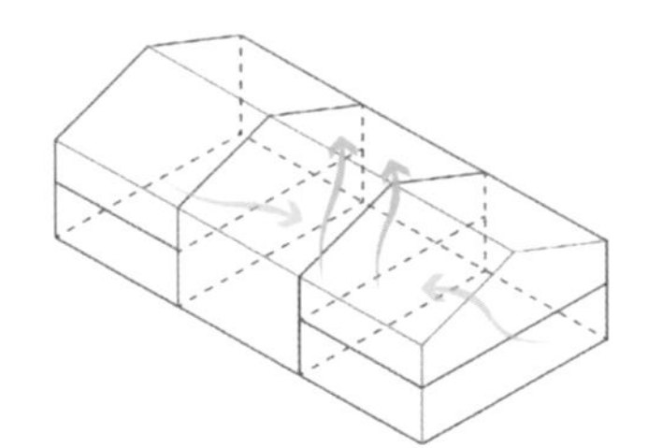

敞厅通风，在传统民居中，敞厅形成二层通高形式，高为 6~8 m，有利于建筑热压通风

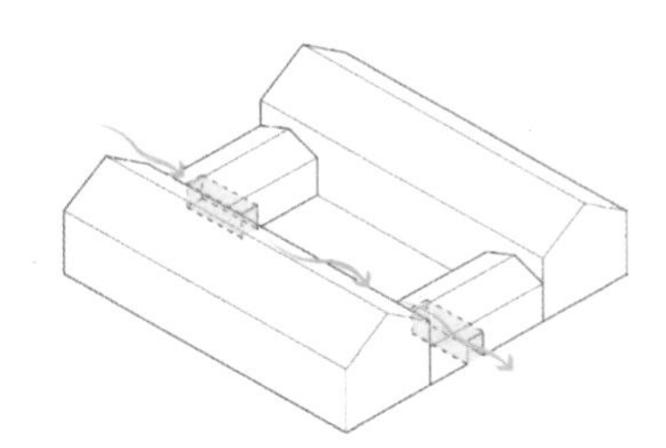

对门通风，庭院东西两侧相对开门，形成对流，快速带走热量

图 3−17　夏热冬冷地区立体通风设计原理

遮阳分区分类界面的设计原理（图 3−18）

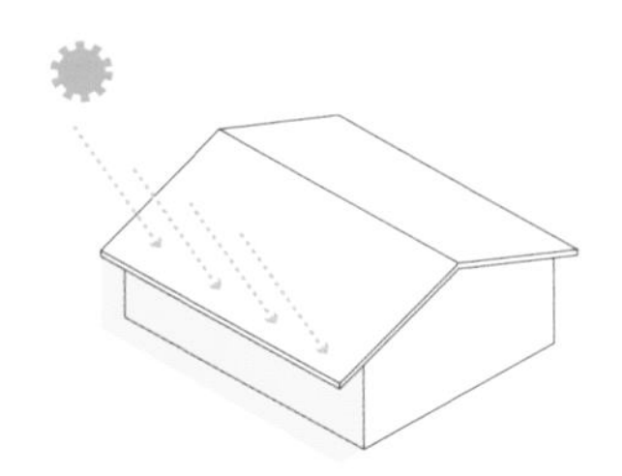

挑檐遮阳，传统民居中常见，挑檐深 0.8~1.5 m，在立面形成阴影区

活檐遮阳，在部分传统民居中，设置活檐，夏季形成挑檐遮阳

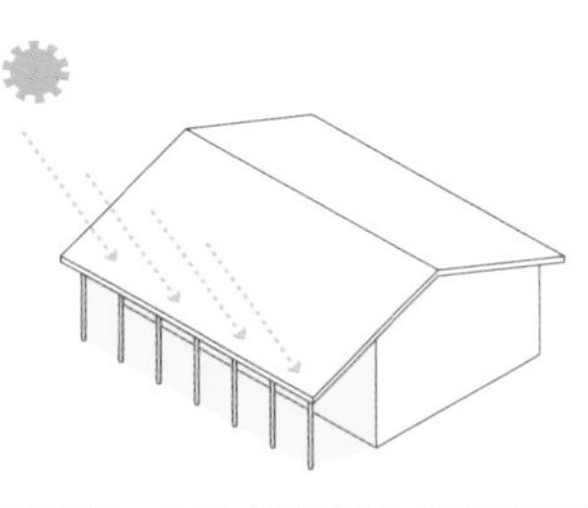

檐廊遮阳，在传统民居中建筑檐廊形成灰空间，在立面形成阴影区

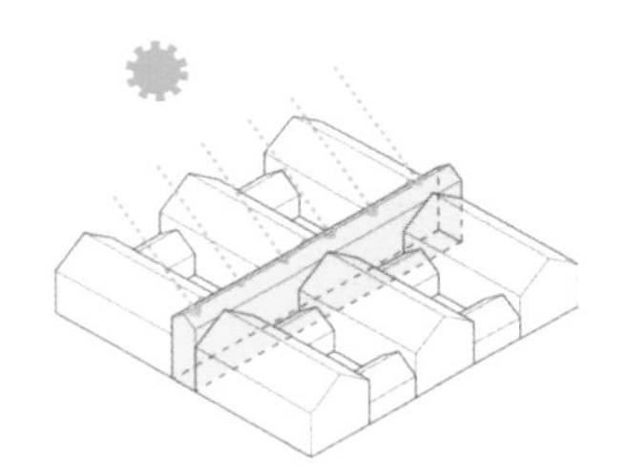

巷道空间遮阳，在传统建筑中，1 m 宽度的巷道空间形成灰空间起到遮阳作用

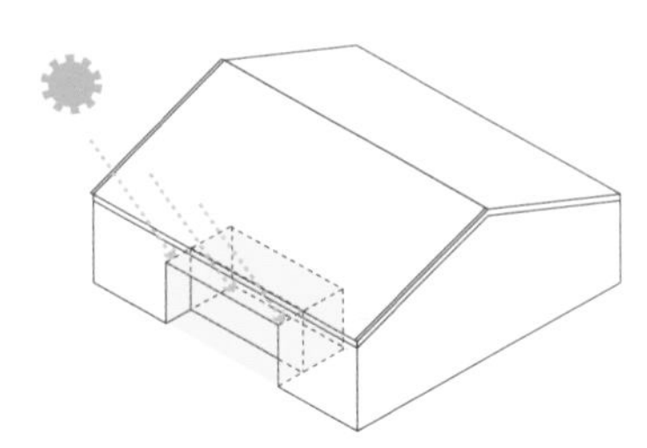

主入口内凹遮阳，在传统民居中，建筑主入口内凹，突出强调主入口的同时形成灰空间起到遮阳的作用

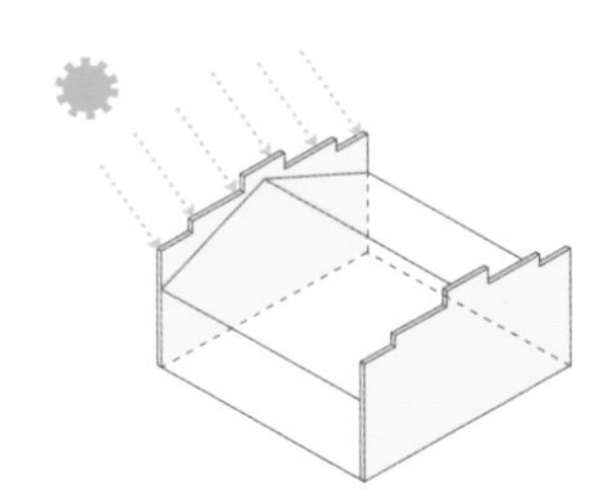

封火山墙遮阳，建筑封火山墙高于屋顶，对建筑起到一定遮阳作用

图 3−18　夏热冬冷地区遮阳分区分类界面的设计原理

3.1.4　温和地区

保温、蓄热的围护结构设计原理（图 3-19）

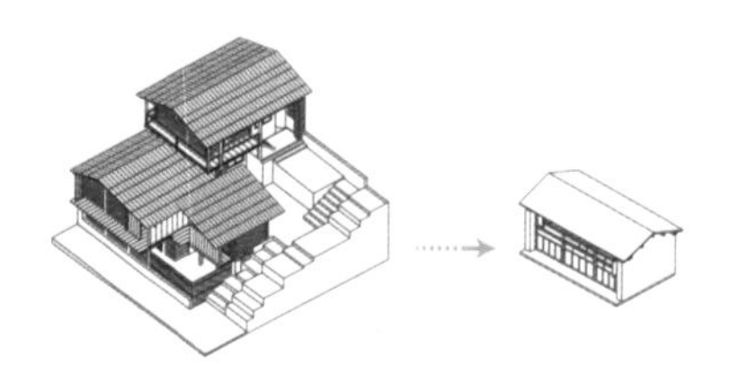

合理的建筑体形系数可以减少建筑围护结构的热量损失，从而节约能耗

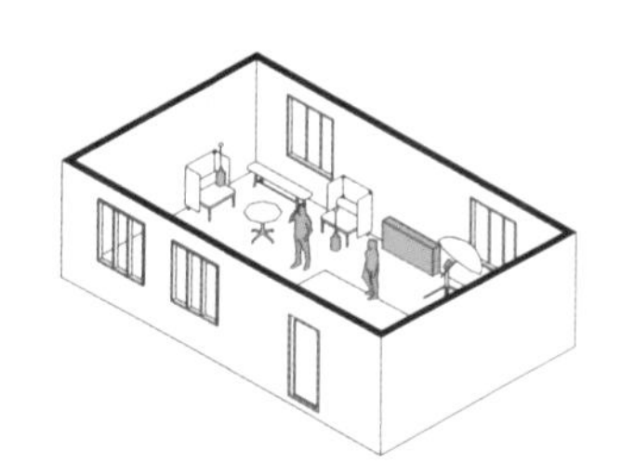

人和设备所产生的热量，可以很大程度上降低保温需求，但需保障围护结构隔热良好

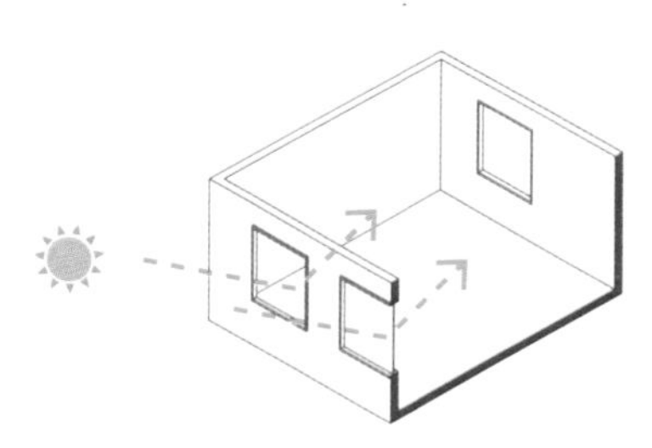

玻璃应尽量减小 u 系数，促进保温效果

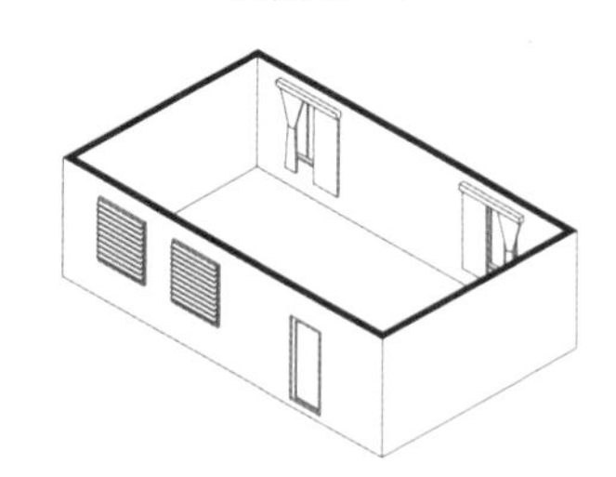

隔热百叶窗、厚重窗帘或可操作的百叶窗有助于减少冬季夜间的热量损失

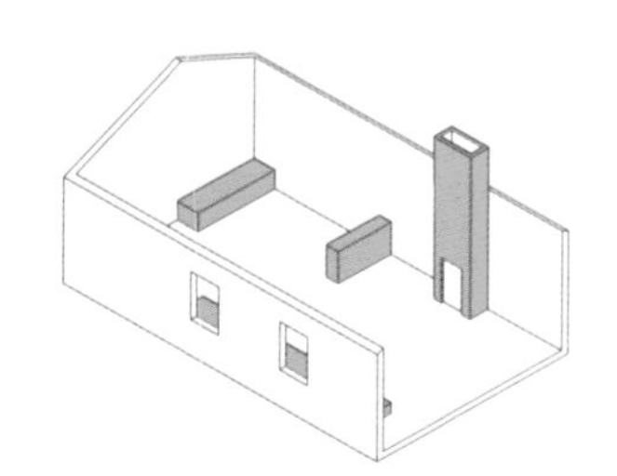

足够的蓄热体，在冬季储存的白天太阳带来的热量可用于夜晚供暖

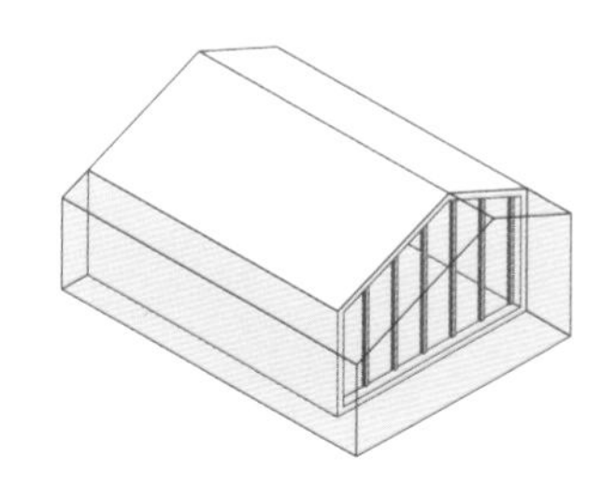

建筑物在寒流来向的区域设置辅助空间作为缓冲区域来保障核心使用空间的热舒适度

图 3-19　保温、蓄热的围护结构设计原理

通风、防风的被动式设计原理（图 3-20）

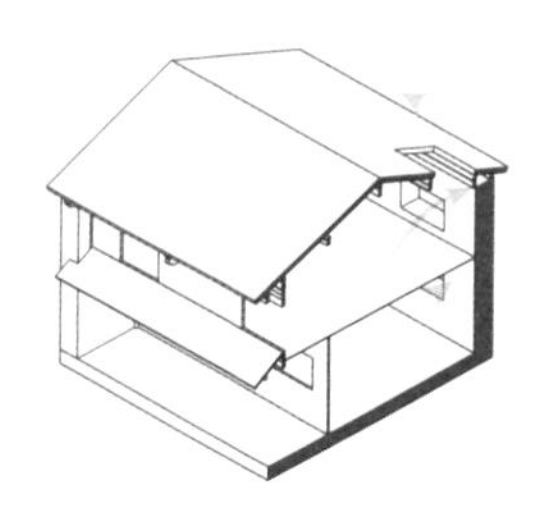

在炎热气候条件下，自然通风可以降低空调能耗

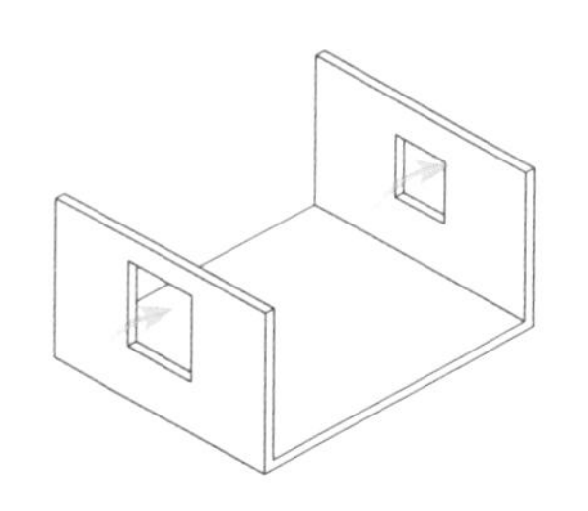

门窗开口设置在建筑的两侧，较大的开口朝向上风，能促进交叉通风

在隔热效果良好的倾斜屋顶上设计通风阁楼

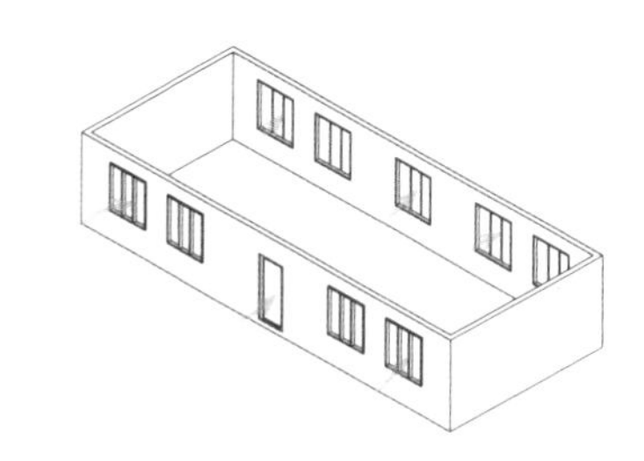

集中内向、外封内敞、应时而迁、适应热舒适需求的空间布局

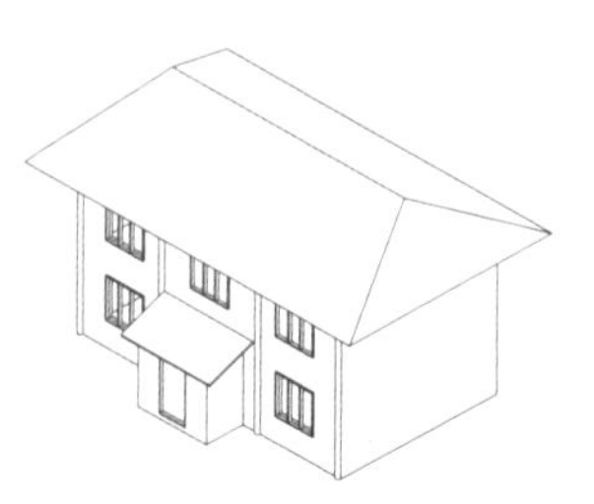

在寒冷多风的场所，使用前厅入口（气闸）可有效减弱寒风对室内热舒适度的影响

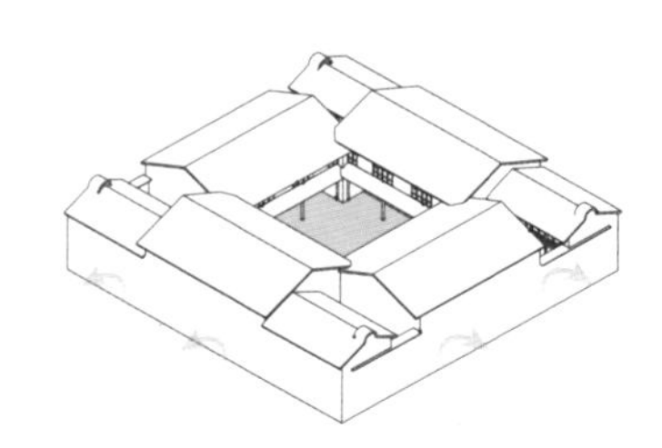

防风室外空间（季节性阳光房、庭院或走廊）可以在凉爽的天气里延伸居住生活空间

图 3-20　通风、防风的被动式设计原理

降温、隔热的围护结构设计原理（图 3-21）

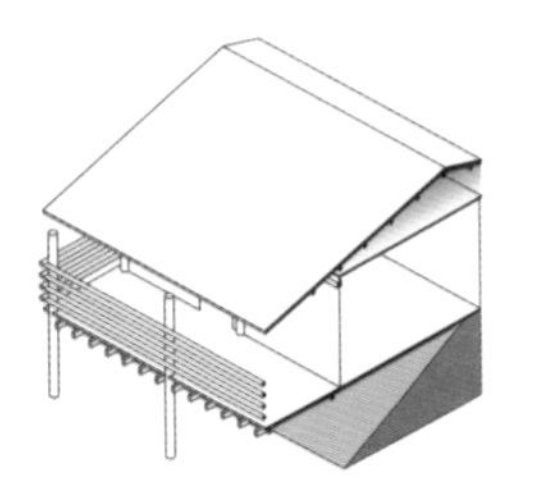

隔热屋顶通过保持室内温度更均匀来增加人的舒适度

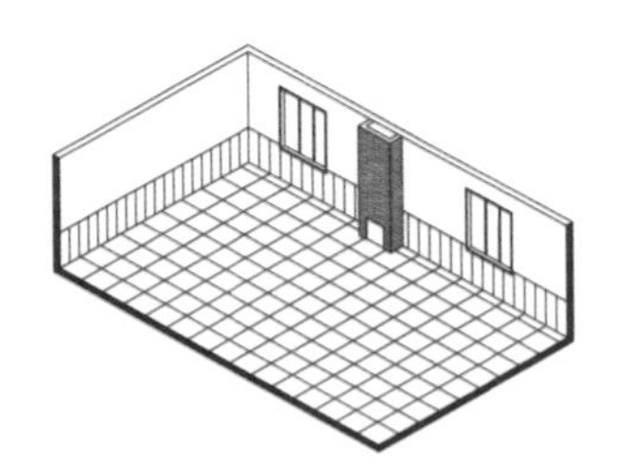

大面积的内表面（瓷砖、石板）有降温作用，可以减少昼夜温度波动

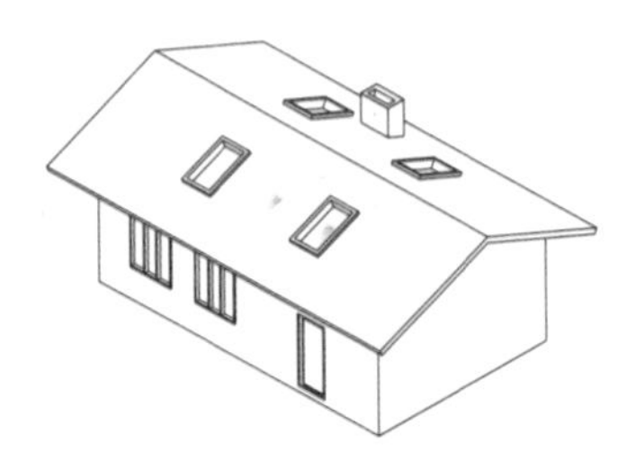

小型隔热天窗［3%~5%（指开窗面积占比）］可减少日间照明和降温能耗

图 3-21　降温、隔热的围护结构设计原理

太阳能利用一体化设计原理（图 3-22）

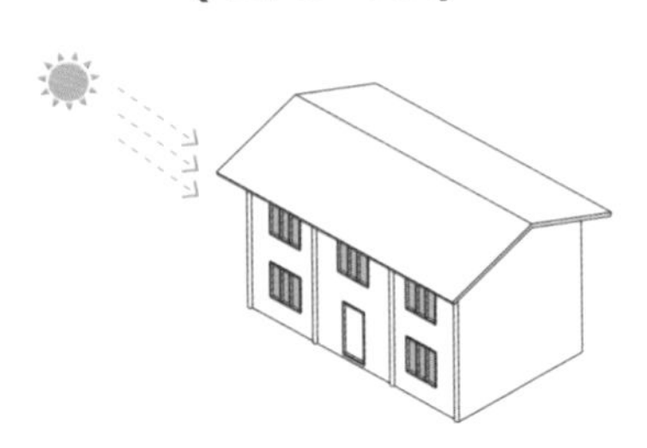

南向大面积玻璃开窗有利于冬季最大限度地利用被动式太阳能采暖，但在夏季需考虑遮阳设施

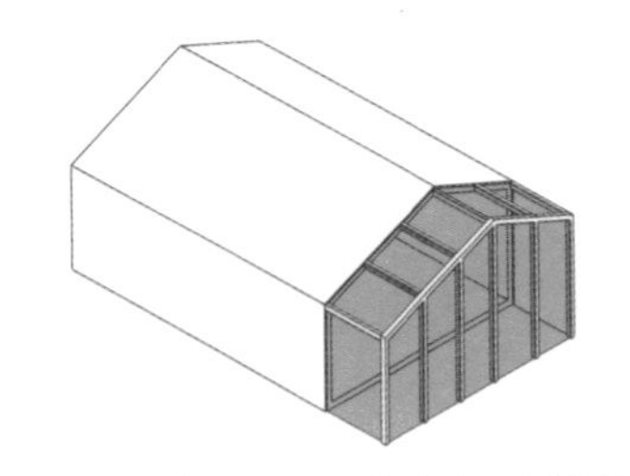

通过平面合理设置，在南向区域布置阳光间能够有效利用被动式太阳能

在被动式太阳能窗户前及左右 45°不应种植遮挡树木

图 3-22　温和地区太阳能利用的一体化设计原理

被动式遮阳设计原理（图 3-23）

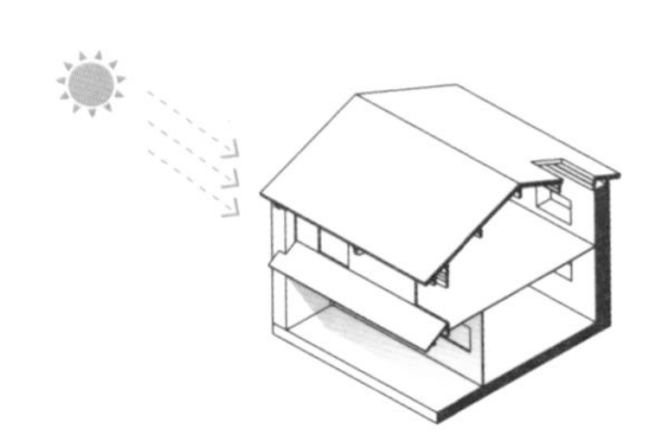

温带气候下的传统被动房屋采用轻质结构，可利用檐廊形成室外灰空间

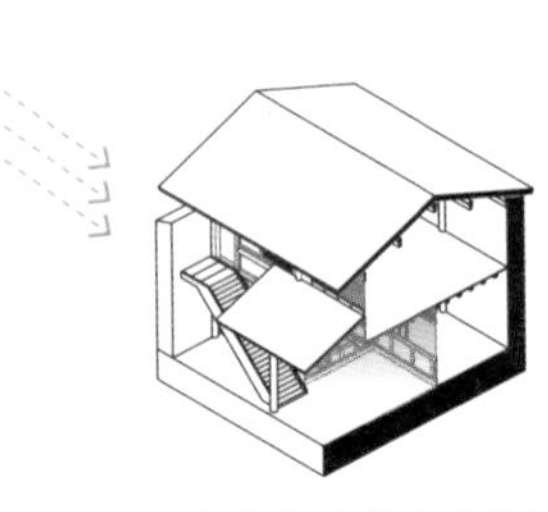

低倾斜的屋顶和宽大的悬挑在炎热气候下遮阳效果很好

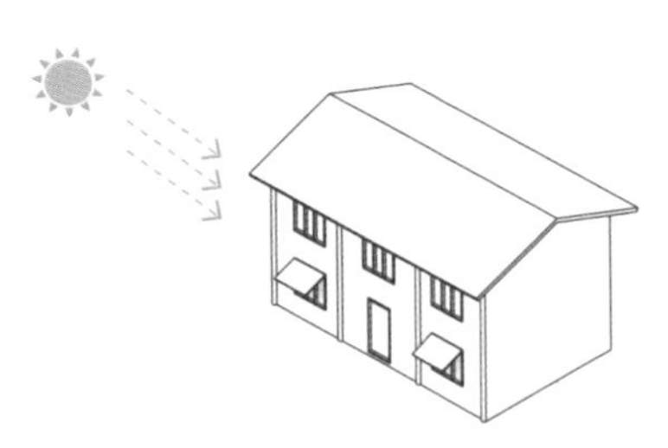

窗户遮阳或可操作的遮阳篷可降低空调能耗

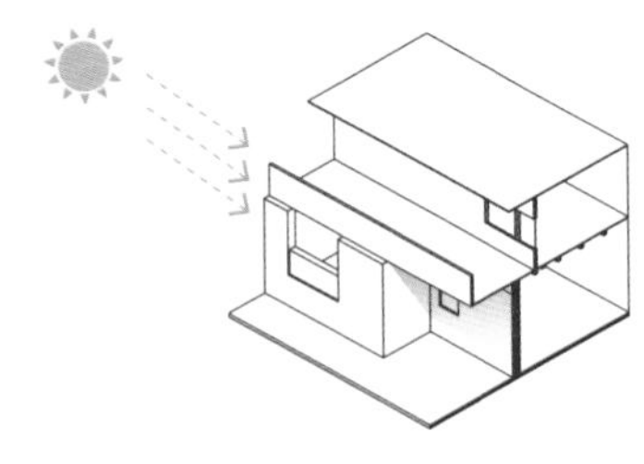

在炎热的天气里，灰空间的设置可以起到遮阳的作用，防止过热

图 3-23　被动式遮阳设计原理

3.1.5　夏热冬暖地区

立体通风设计原理（图 3-24）

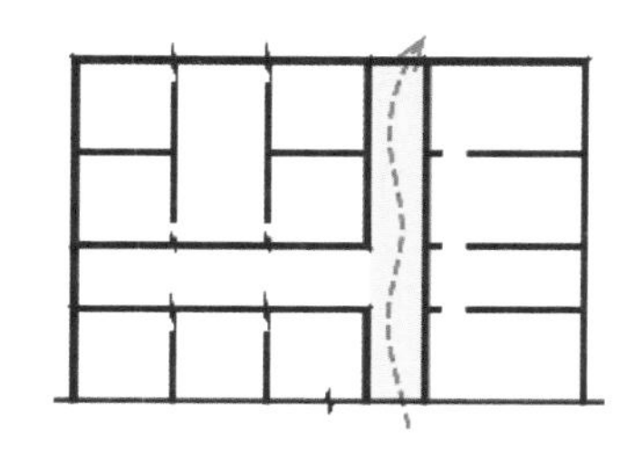

冷巷通风，各房屋之间形成尺度狭小的窄巷，加快空气的流动速度，快速带走热量

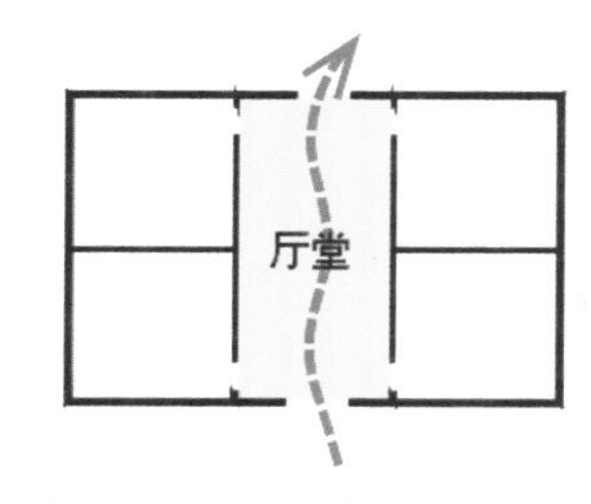

厅堂通风，厅堂作为交通组织空间，南北贯通，容易形成穿堂风

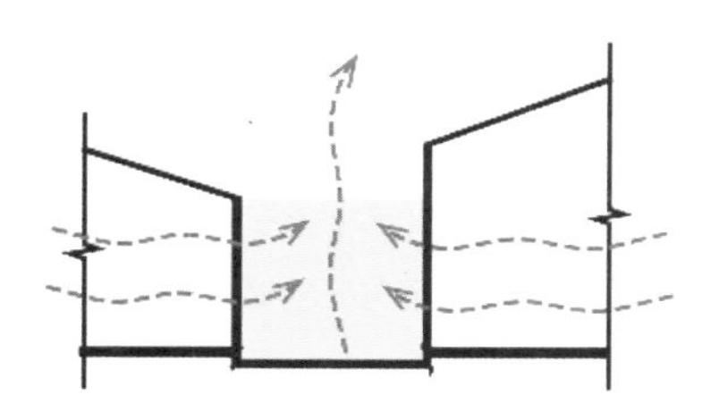

天井通风，平面形式采用院落式布局，室内热空气汇聚天井，带走热量

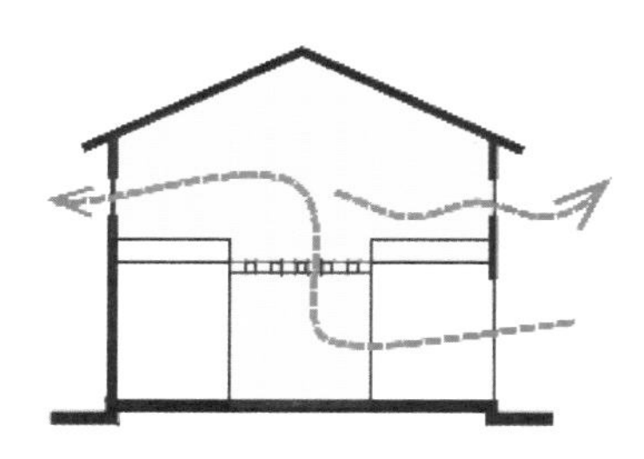

中庭通风，中部通高中庭，增强竖向空间的空气流动

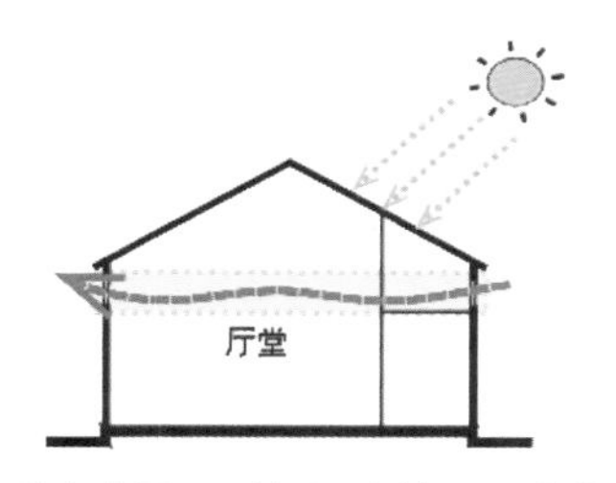

南北高窗通风，前后两侧立面开高窗，形成空气对流，促进室内外自然通风

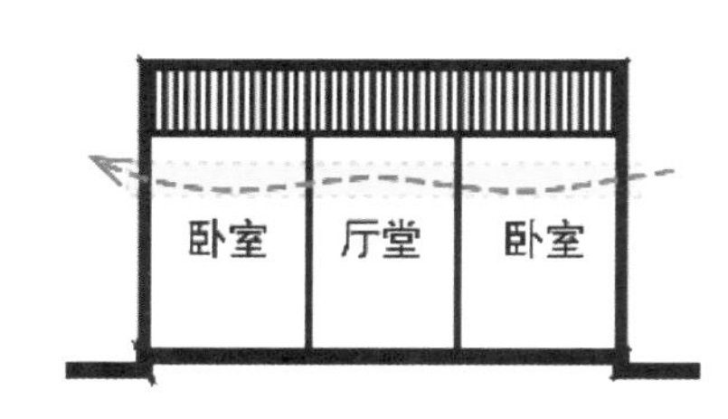

山墙高窗通风，两侧山墙开高窗，形成空气对流，促进室内外自然通风

图 3-24　夏热冬暖地区立体通风设计原理

遮阳分区分类界面的设计原理（图 3-25）

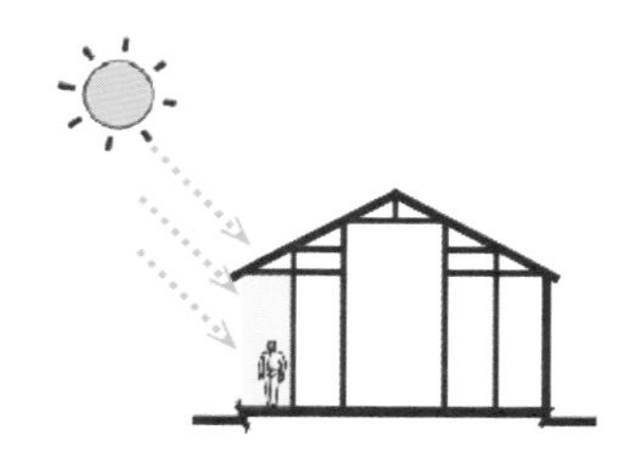

挑檐遮阳，传统民居中常见，挑檐深 0.3~0.8 m，在立面形成阴影区

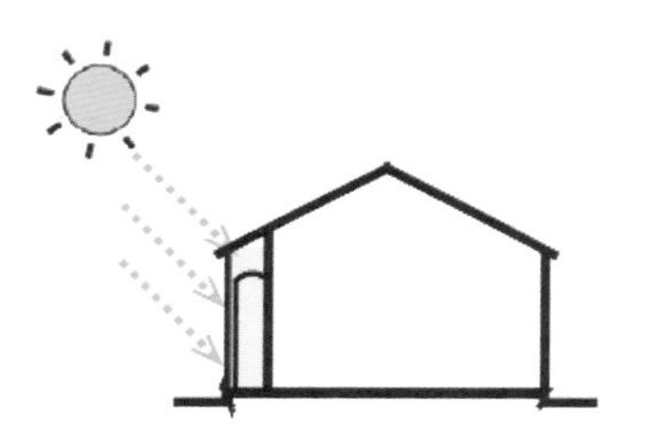

檐廊遮阳，深度为 0.8~1.5 m，作为交通空间的同时，在立面形成阴影区

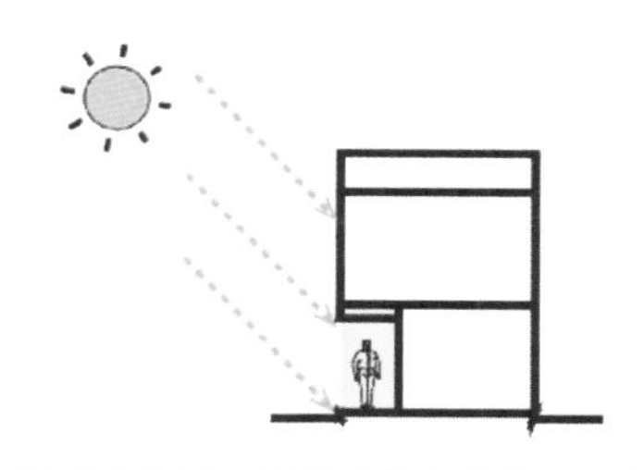

底层局部架空，骑楼建筑中常见，一般尺度为 2.6~3.6 m，也作为交通空间

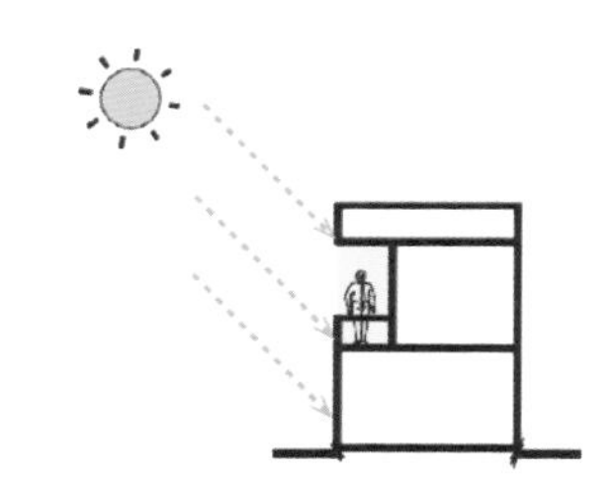

二层局部架空，一般作为阳台空间，尺度为 1.2~1.8 m，在二层形成阴影空间

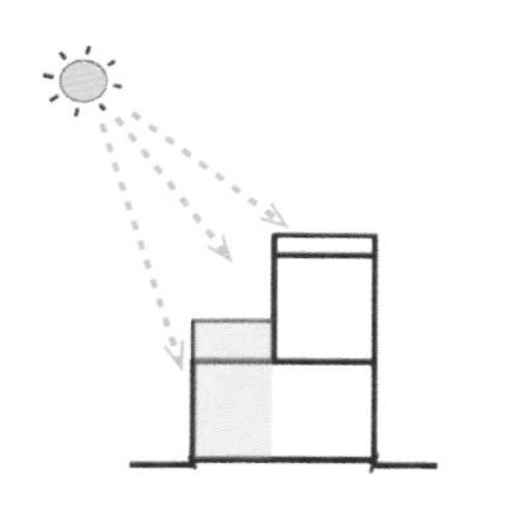

阳台出挑，增加二层使用面积，深度为 2~3 m，在立面形成阴影空间

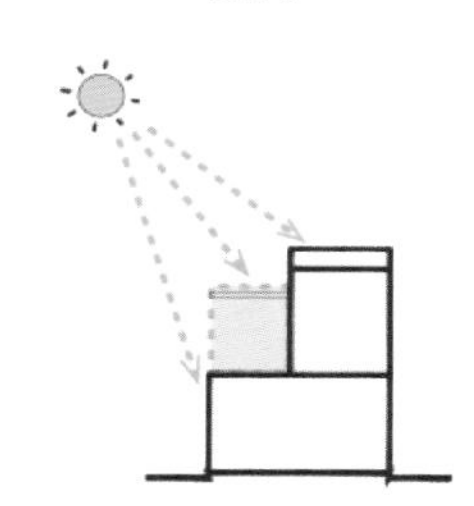

露台遮阳棚，提供晾晒等功能空间，同时为一层屋顶提供遮阳

图 3-25　夏热冬暖地区遮阳分区分类界面的设计原理

不同材料的保温、隔热设计原理（图 3-26）

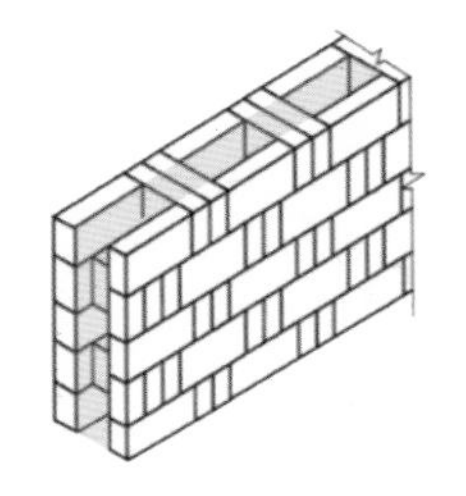

青砖空斗墙，中间形成“空气层”对室外的空气温度起到缓冲作用

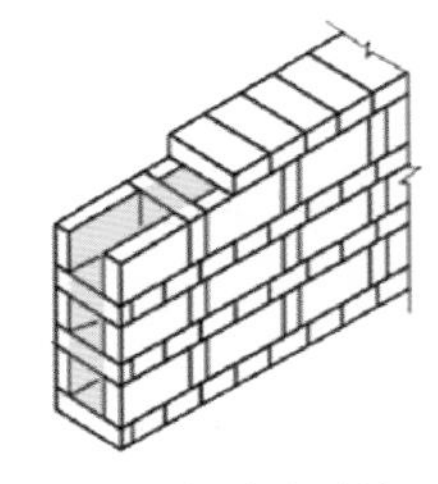

青砖一斗一平，相比空斗墙更加稳固，对室外的空气温度起到缓冲作用

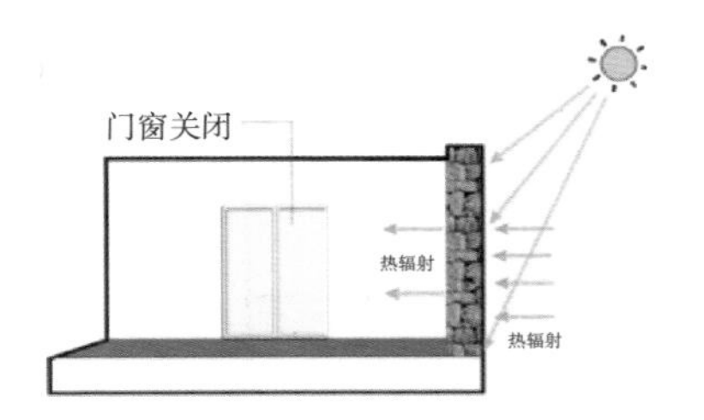

火山石墙体，布满密密麻麻的空隙，夏季白天可以起到隔热作用

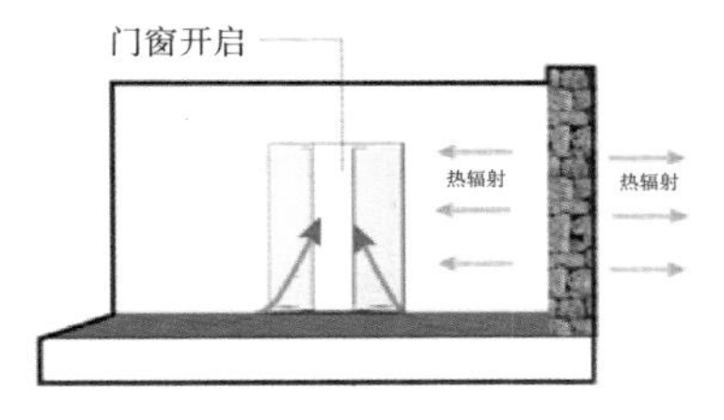

火山石墙体，夏季夜晚向外辐射热量

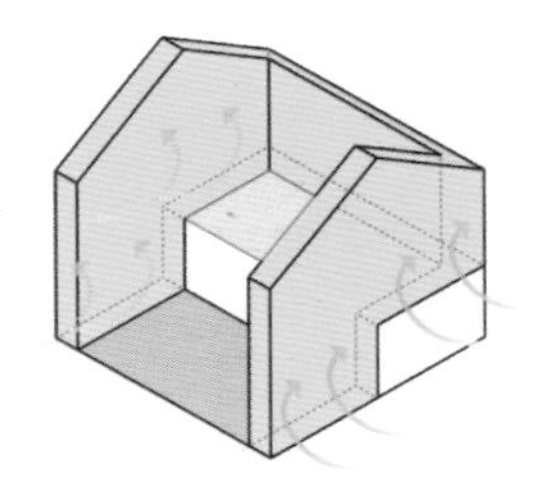

夯土墙体，厚 0.5~0.8 m，不仅可以保温隔热，还能防火防潮

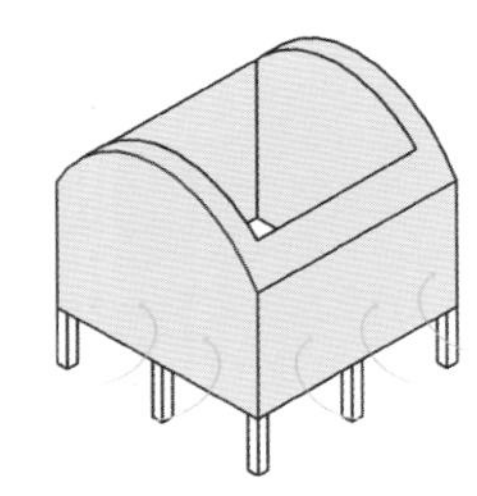

木骨泥墙墙体，起到保温、隔热作用

图 3-26　不同材料的保温、隔热设计原理

3.2 严寒地区乡土民居技术措施

3.2.1 满族民居（图 3-27 至图 3-29）

图 3-27　辽宁新宾满族肇宅

满族民居主要分布于我国辽宁抚顺满族自治县地区。该类型民居主要采用了以下策略来应对当地特殊的气候条件：

规划层面（图 3-28）

1. 正房位于中心，坐北朝南
2. 院落尺度大，利于采光
3. 院墙低矮，保证阳光直射
4. 厚重墙体，支摘窗防风

单体层面（图 3-29）

1. 满族民居运用万字炕，加强室内保温
2. 烟道底部深坑，设置挡板，防止从烟囱进入的冷风倒灌
3. 柱子埋在墙内，防止产生冷桥
4. 加厚墙体，北墙最厚
5. 南向开满窗，北向不开窗
6. 支摘窗上部可开启，便于遮阳通风
7. 窗户纸糊在窗外，防风雪
8. 山墙外设置烟囱，减少屋顶荷载，防止冷风倒灌

整体规划

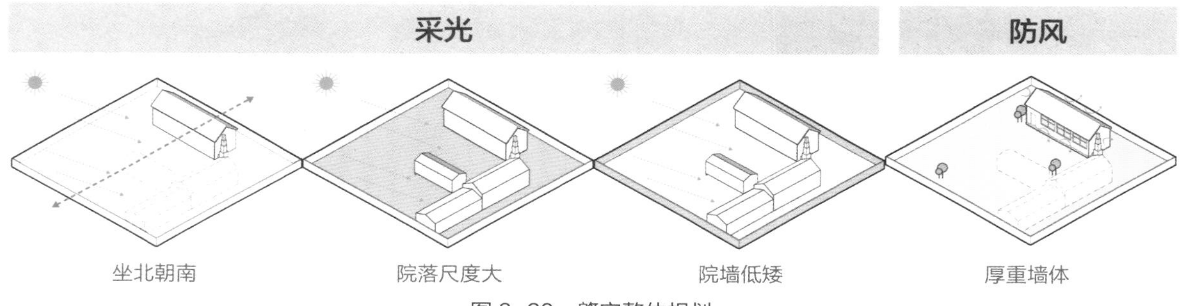

图 3-28　肇宅整体规划

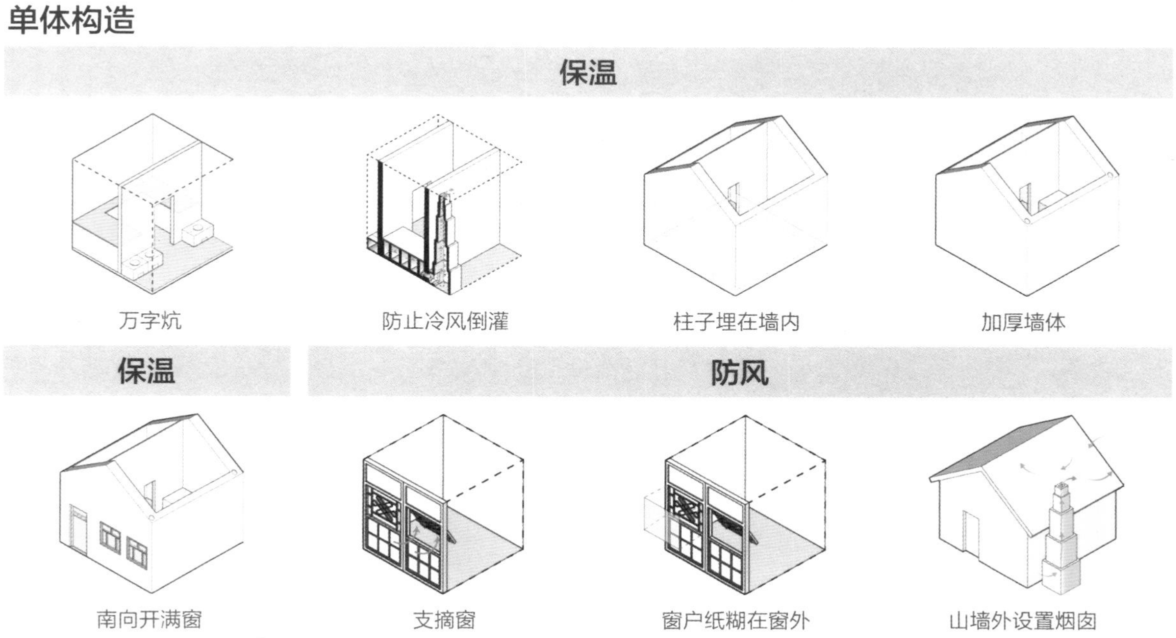

单体构造

保温

万字炕　防止冷风倒灌　柱子埋在墙内　加厚墙体

保温　防风

南向开满窗　支摘窗　窗户纸糊在窗外　山墙外设置烟囱

图 3-29　满族民居单体构造

3.2.2 朝鲜族民居（图 3-30 至图 3-32）

图 3-30 吉林龙井市三合镇梁宅

朝鲜族民居主要分布于我国吉林延边地区。该类型民居主要采用了以下策略来应对当地特殊的气候条件：

规划层面（图 3-31）

1. 正房位于中心，坐北朝南
2. 院落布局松散，便于采光
3. 院墙低矮，保证阳光直射
4. 偏廊及厚重墙体，抵挡寒风

单体层面（图 3-32）

1. 采用满地炕，加强室内保温
2. 地面保温，散热面积大
3. 偏廊及厚重墙体防风，山墙外设置烟囱
4. 单扇门上贴白色窗纸，防风雪

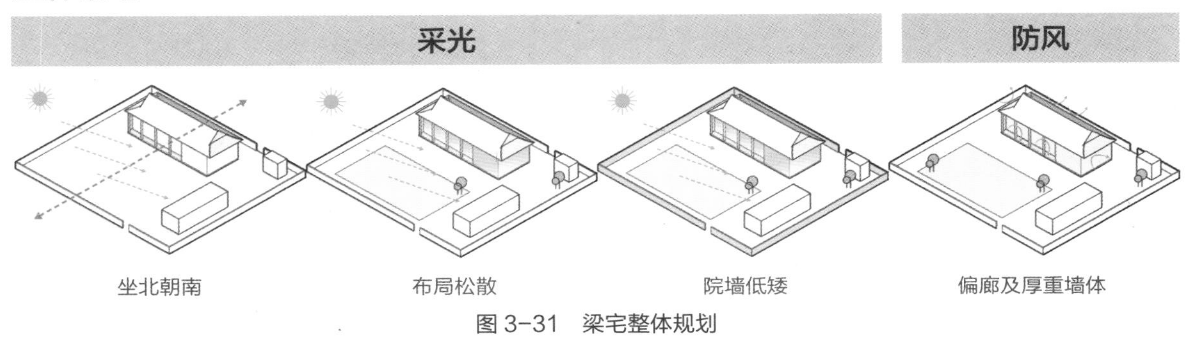

图 3-31 梁宅整体规划

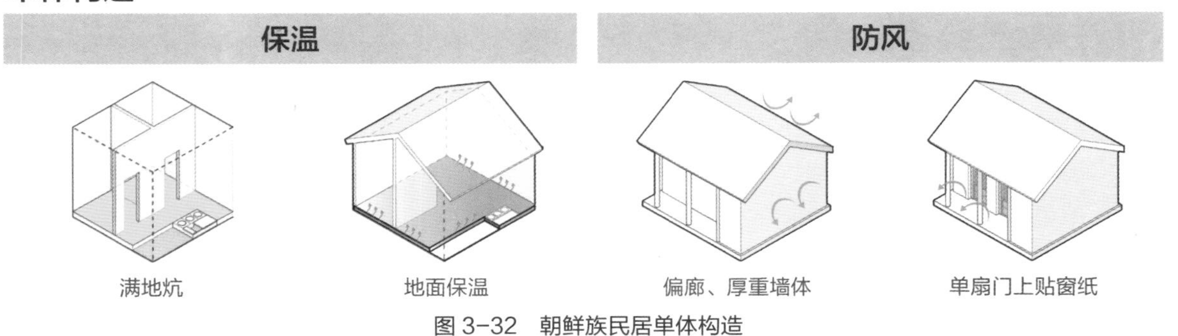

图 3-32 朝鲜族民居单体构造

3.2.3　井干式民居（图 3-33 至图 3-35）

图 3-33　黑龙江长白山地区张凤宪宅

长白山井干式民居主要分布于我国长白山地区。该类型民居主要采用了以下策略来应对当地特殊的气候条件：

规划层面（图 3-34）

1. 正房位于中心，坐北朝南
2. 院落尺度大，便于采光
3. 院墙低矮，保证阳光直射
4. 厚重墙体及屋顶阁楼，抵挡寒风

单体层面（图 3-35）

1. 采用汉族传统火炕，加强室内保温
2. 火墙，中空墙体与火炕、灶台相连，保证室内持续保温
3. 屋尖顶部形成小阁楼，防风雪
4. 屋顶构造复杂，覆草泥，加厚屋顶

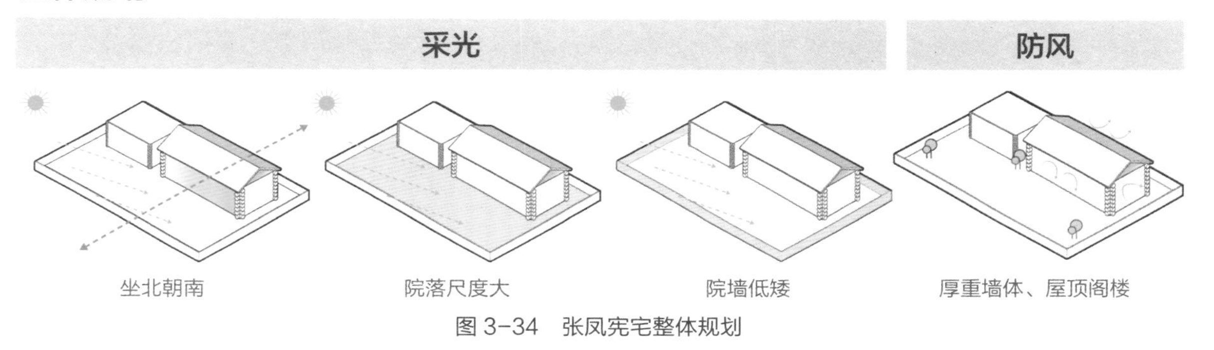

图 3-34　张凤宪宅整体规划

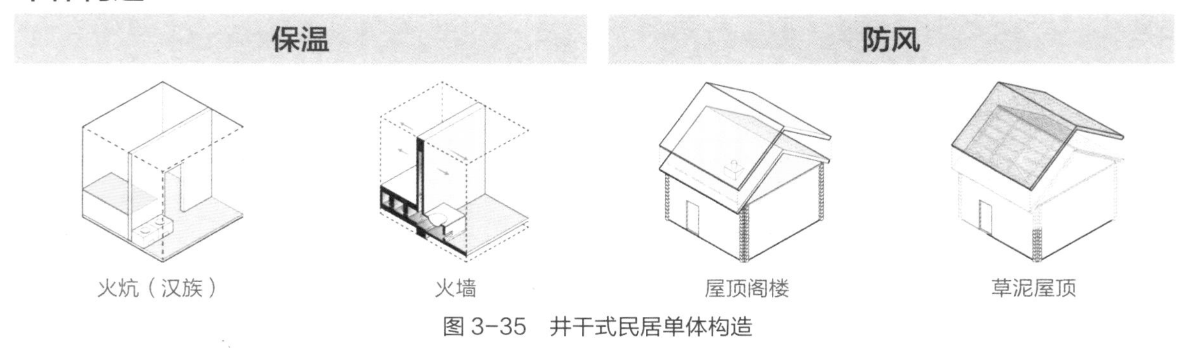

图 3-35　井干式民居单体构造

3.2.4 “地窨子”民居（图 3-36 至图 3-38）

图 3-36 黑龙江松花江下游“地窨子”

“地窨子”民居主要分布于我国黑龙江省松花江下游地区。该类型民居主要采用了以下策略来应对当地特殊的气候条件：

规划层面（图 3-37）

1. 近水源、坐北朝南，体型系数小
2. 半地下空间及厚重墙体，防风

单体层面（图 3-38）

1. 采用火炕，保持室内温度，散热慢
2. 地下土壤恒温恒湿，达到保温效果
3. 烟囱设置在山墙内，防止冷风倒灌
4. 建筑置于半地下，防止风雪侵袭

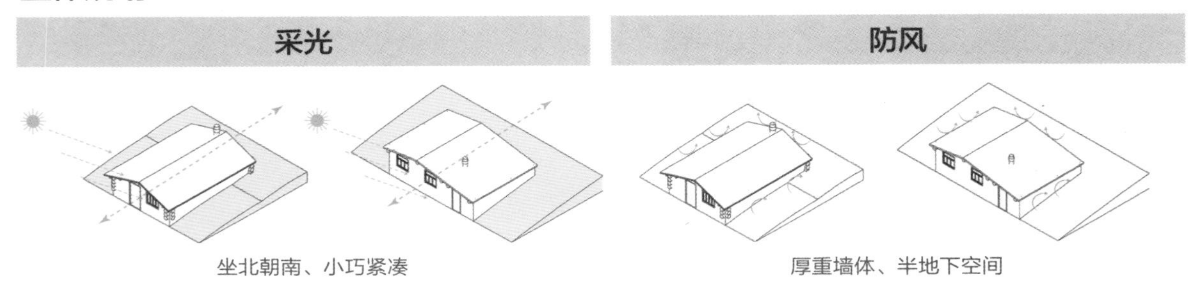

图 3-37 松花江下游“地窨子”整体规划

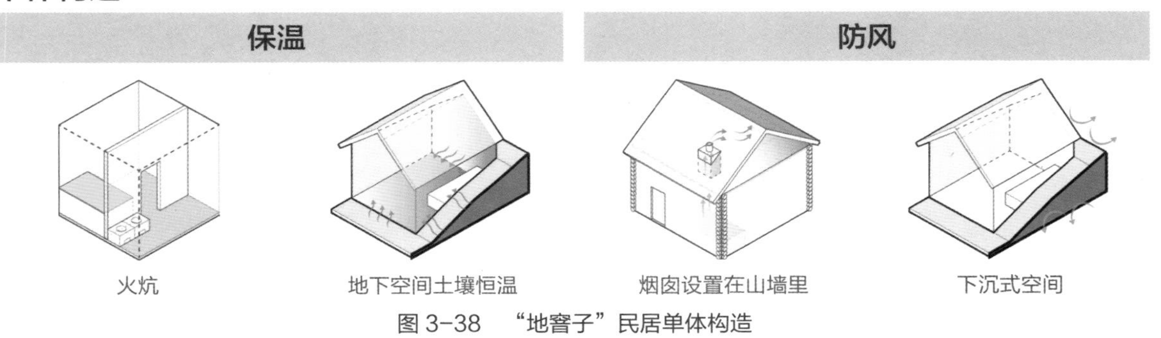

图 3-38 “地窨子”民居单体构造

3.2.5　蒙古包民居（图 3-39 至图 3-40）

图 3-39　内蒙古地区蒙古包

蒙古包民居主要分布于我国内蒙古地区。该类型民居主要采用了以下策略来应对当地特殊的气候条件：

单体层面（图 3-40）

1. 利用蒙古包上部开天窗，便于室内采光
2. 门上部也可开窗，采光
3. 冬季门上挂毛毡，取暖
4. 围毡可厚可薄，保暖或散热
5. 夏季围毡掀起通风，带走热量
6. 蒙古包顶部低压区，有利于排烟
7. 利用天窗通风
8. 中间高、四周低，减少与寒风的接触面积
9. 绳子放开，屋顶变缓，防风
10. 绳子收紧，蒙古包变高瘦，有利于排雨雪
11. 构件之间非刚性连接，具有变形能力
12. 曲面活络网架木构具有高阻尼的特性

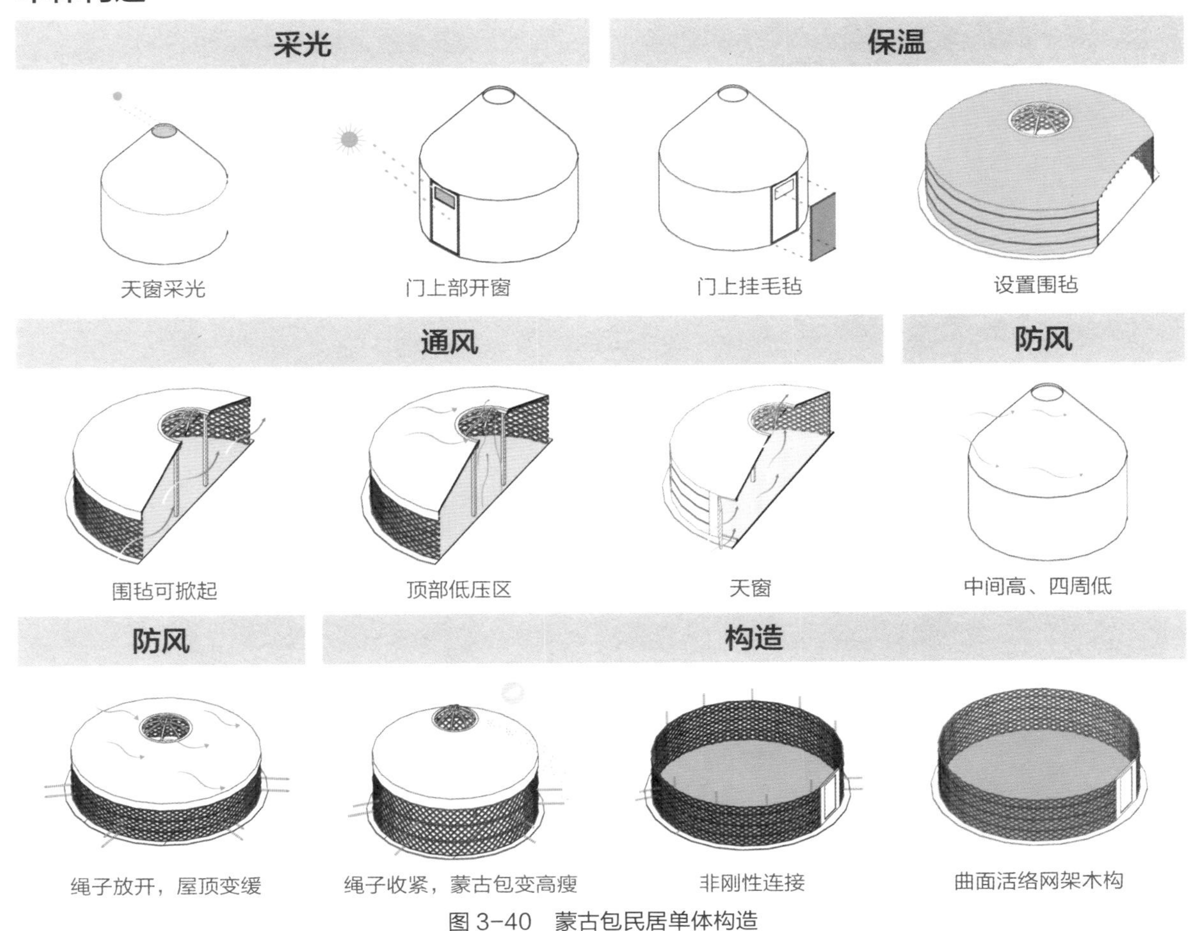

图 3-40　蒙古包民居单体构造

3.3 寒冷地区乡土民居技术措施

3.3.1 藏族民居（图 3-41 至图 3-42）

图 3-41 西藏林芝塔杰家住宅

该类型民居主要采用了以下策略来应对当地特殊的气候条件：

单体层面（图 3-42）

1. 厚实墙体保温
2. 屋顶蓄热
3. 深窗洞口利于遮阳
4. 底层砖砌结构防潮
5. 木制楼地面利于吸湿蒸发
6. 收分墙身，斜坡屋顶防雨

单体构造

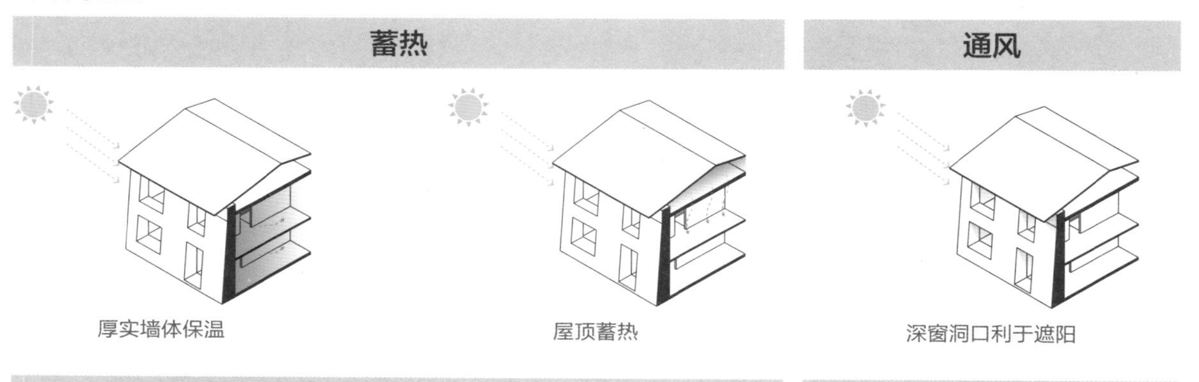

遮阳　　防潮

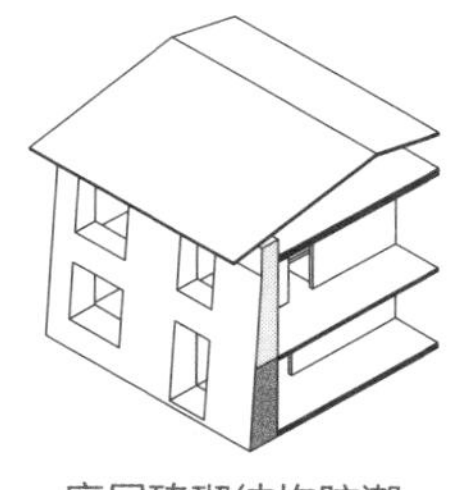

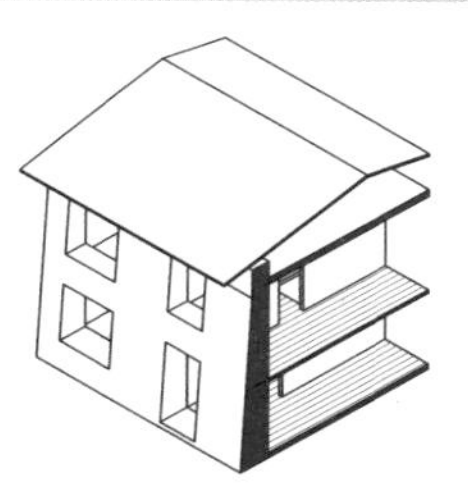

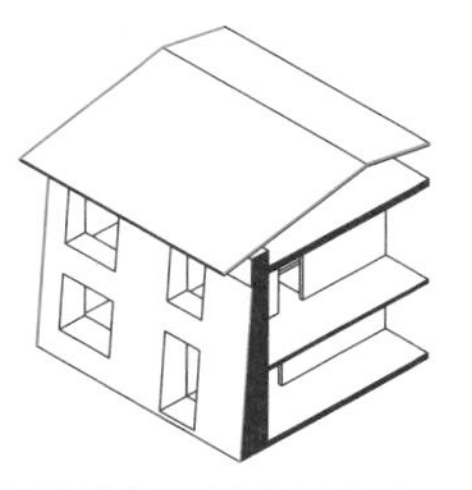

图 3-42 塔杰家住宅单体构造

3.3.2　四合院民居（图 3-43 至图 3-45）

图 3-43　北京四合院

四合院民居主要分布于我国华北地区。该类型民居主要采用了以下策略来应对当地特殊的气候条件：

规划层面（图 3-44）

1. 庭院采光
2. 坐北朝南
3. 厢房退让
4. 台基升高
5. 入口东南角
6. 耳房挡风
7. 围墙防风
8. 群体建筑互相遮挡

单体层面（图 3-45）

1. 夏季支摘窗通风
2. 坡屋顶减少寒风与屋顶接触的面
3. 空气间层，冬季保温
4. 空气间层，夏季隔热

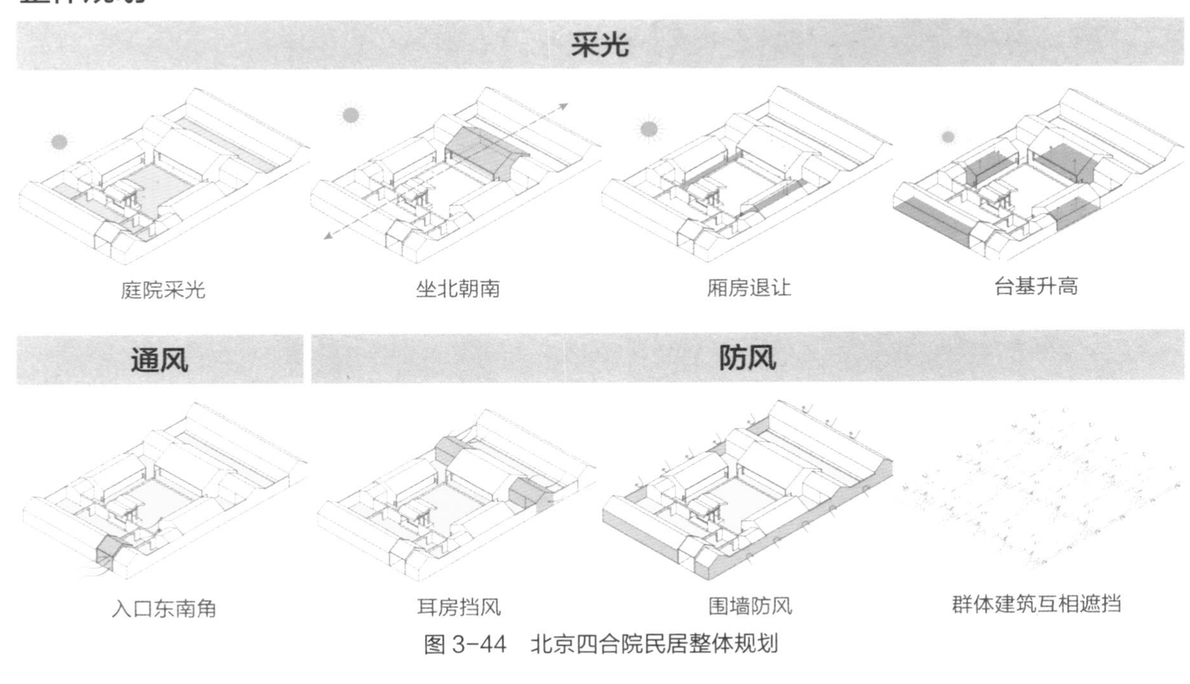

图 3-44　北京四合院民居整体规划

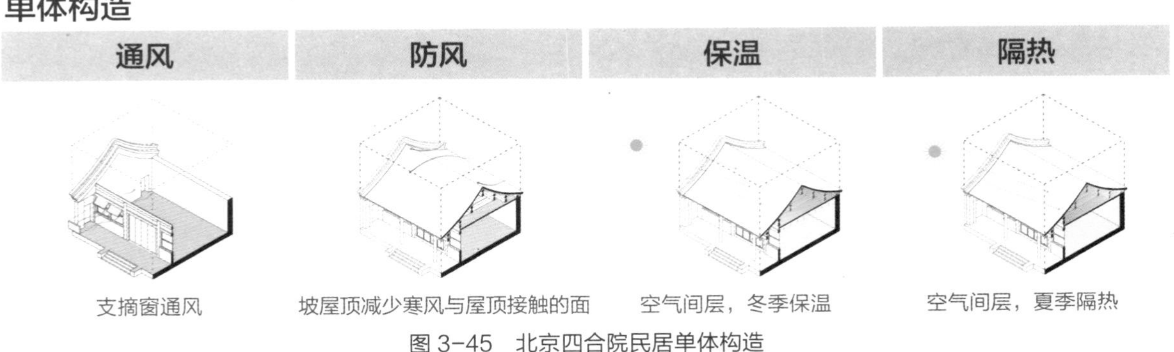

图 3-45　北京四合院民居单体构造

3.3.3 里五外三穿心院民居（图 3-46 至图 3-48）

图 3-46 山西里五外三穿心院

里五外三穿心院民居主要分布于我国华北地区。该类型民居主要采用了以下策略来应对当地特殊的气候条件：

规划层面（图 3-47）

1. 坐北朝南
2. 庭院采光
3. 台基升高
4. 两进狭长内院利于通风
5. 入口南向
6. 冷巷通风
7. 四面围合屏蔽不利环境
8. 西墙高大遮挡寒风
9. 西墙高大遮挡西晒
10. 狭长内院，夏季遮挡西晒

整体规划

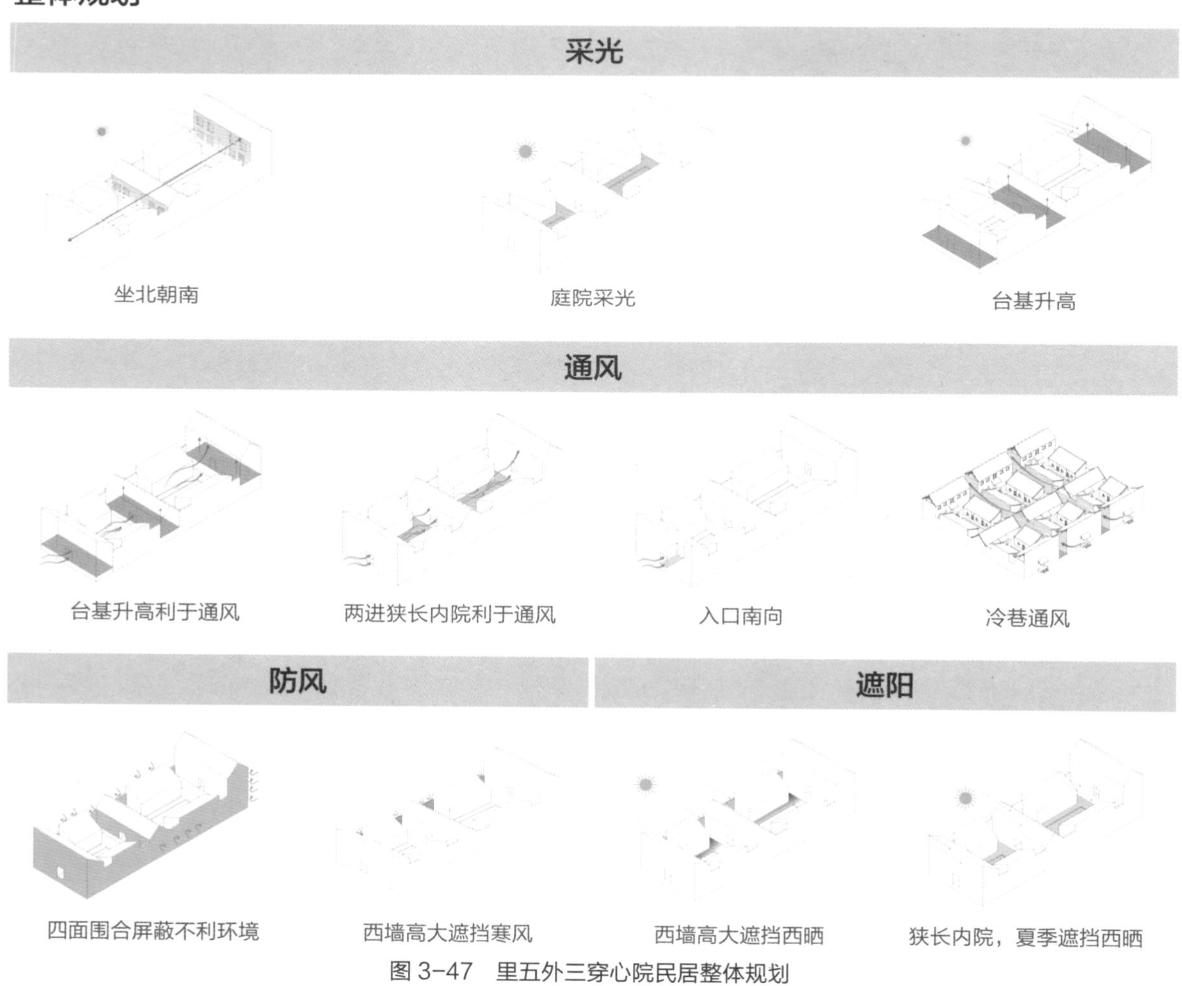

图 3-47 里五外三穿心院民居整体规划

单体层面（图 3-48）

1. 空气间层，夏季夜晚散热
2. 空气间层，冬季夜晚保暖
3. 窗户隔板，冬季封住保温
4. 北墙厚实，遮挡寒风
5. 台基抬高，减缓地面热环境影响
6. 窗户隔板，夏季拆开通风
7. 挑檐不影响夏季遮阳
8. 挑檐不影响冬季采光

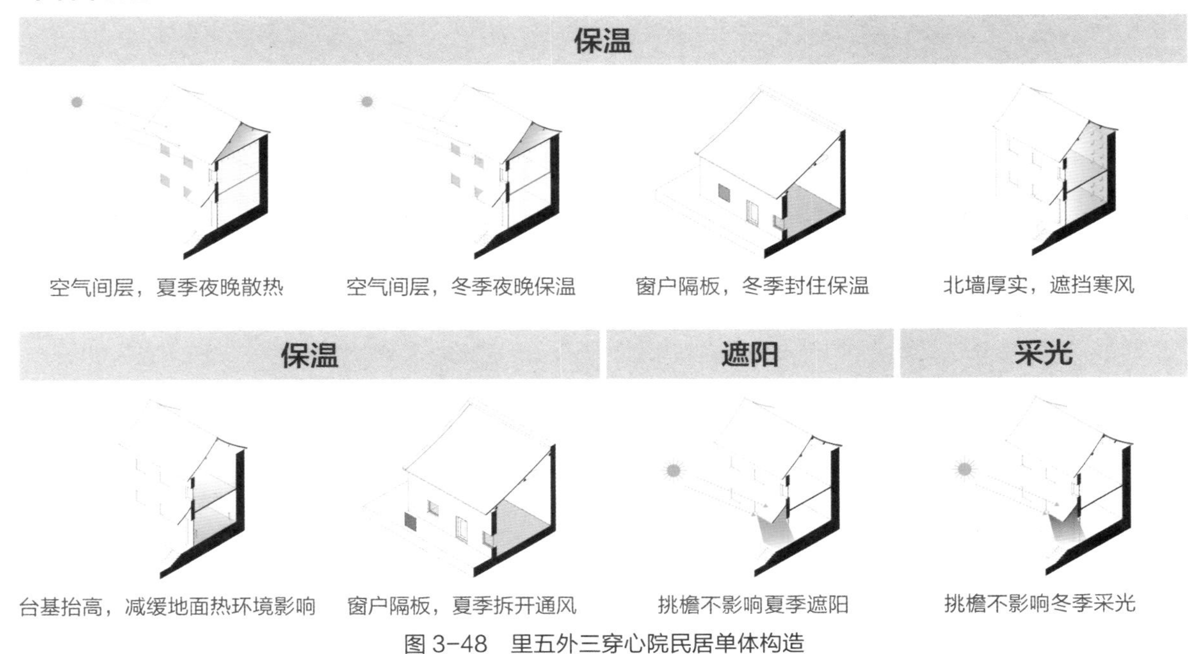

图 3-48　里五外三穿心院民居单体构造

3.3.4 阿以旺民居（图 3-49 至图 3-51）

图 3-49 和田市墨玉县普恰克其乡某民居

阿以旺民居主要分布于我国西北地区。该类型民居主要采用了以下策略来应对当地特殊的气候条件：

规划层面（图 3-50）

1. 高侧窗 2 m 左右，自然采光
2. 全封闭的手法围合严实
3. 阿以旺厅高侧窗通风
4. 庭院种植

单体层面（图 3-51）

1. 阿以旺厅屋顶遮阳
2. 少量门窗朝外开，门窗较小，离地面高
3. 筑土墙 、编笆墙
4. 屋顶木框架为支撑，生土加干草填充

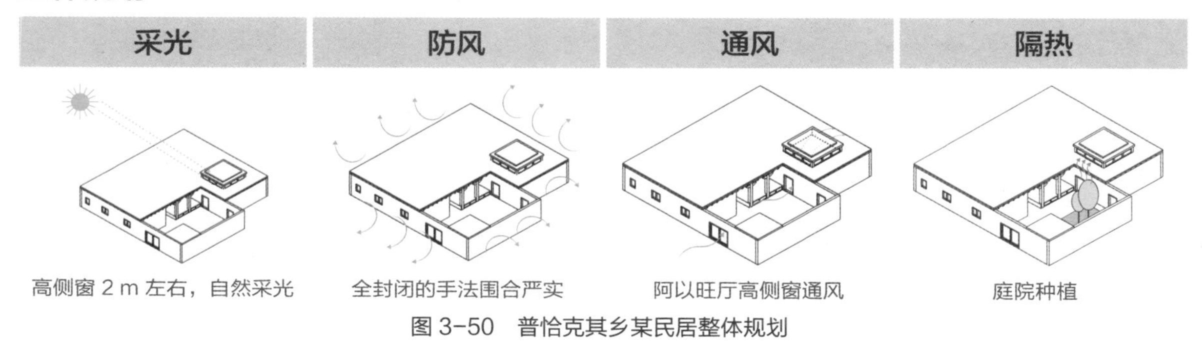

图 3-50 普恰克其乡某民居整体规划

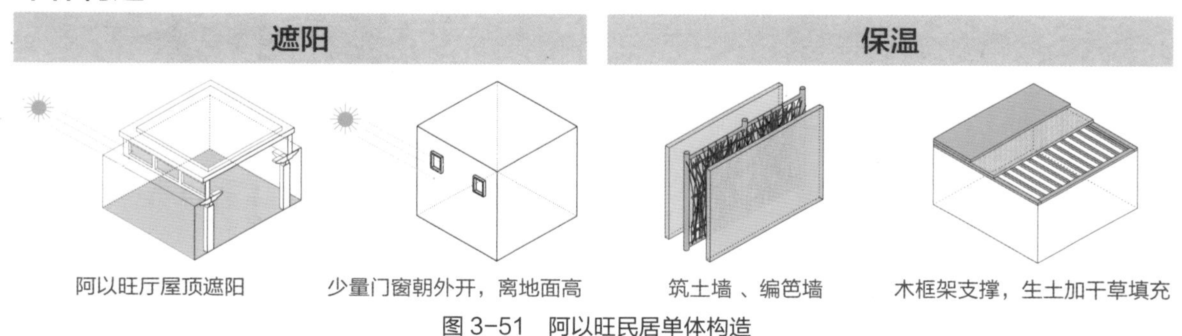

图 3-51 阿以旺民居单体构造

3.3.5 高台民居（图 3-52 至图 3-54）

图 3-52　喀什高台民居 156 号

高台民居主要分布于我国西北地区。该类型民居主要采用了以下策略来应对当地特殊的气候条件：

规划层面（图 3-53）

1. 庭院种植
2. 向垂直空间进行延展（过街楼）
3. 庭院在东向，西北方向做高墙围合成院
4. 封闭式院落

单体层面（图 3-54）

1. 庭院通风
2. 挑檐遮阳
3. 厚墙小窗的单体立面形态
4. 生土厚重墙体，表面抹草泥

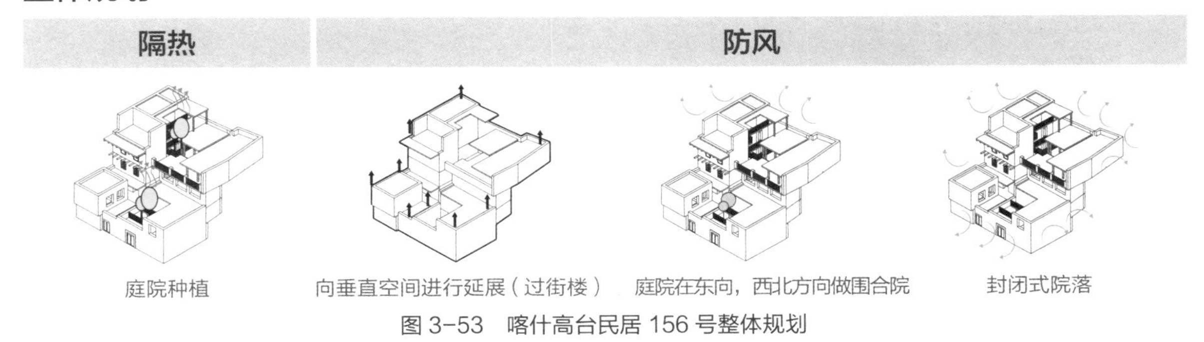

图 3-53　喀什高台民居 156 号整体规划

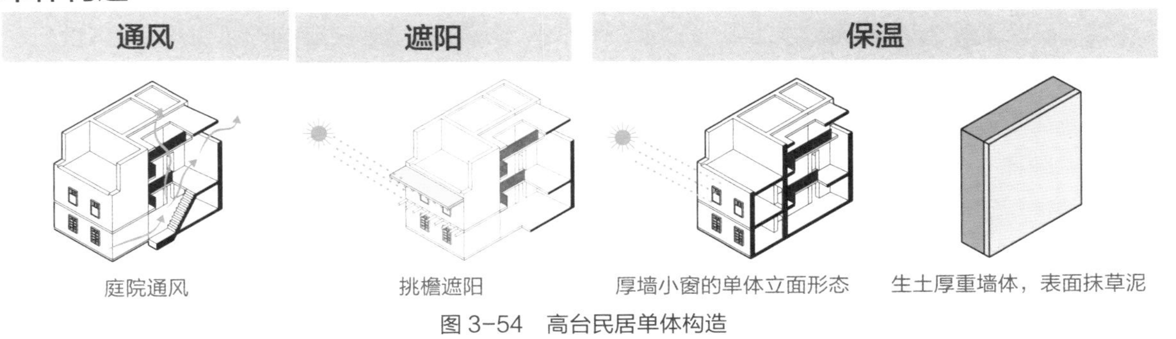

图 3-54　高台民居单体构造

3.3.6 合院民居（图 3-55 至图 3-57）

图 3-55 宁夏固原市红崖村某民居

合院民居主要分布于我国西北地区。该类型民居主要采用了以下策略来应对当地特殊的气候条件：

规划层面（图 3-56）

1. 大而松散的横向院落布局
2. 正房高于两侧厢房
3. 庭院种植
4. 高墙封闭型院落

单体层面（图 3-57）

1. 挑檐遮阳
2. 综合性的室内布局
3. 门窗洞口少而小
4. 厚重生土墙

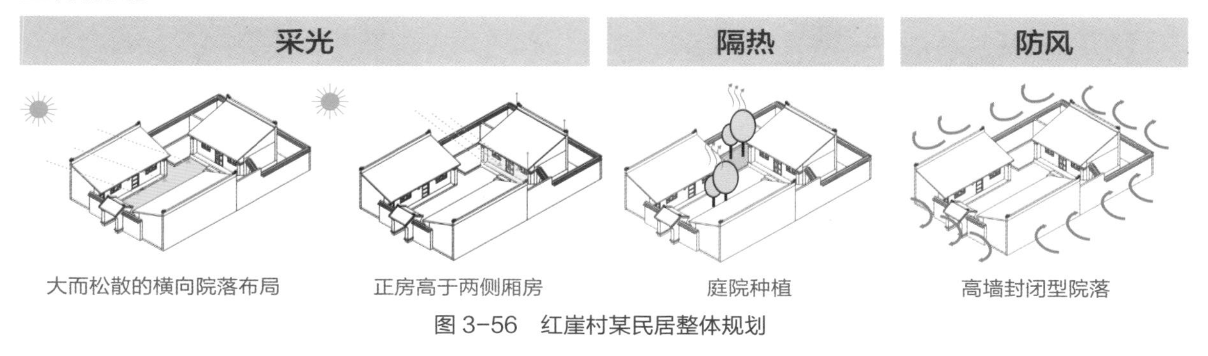

图 3-56 红崖村某民居整体规划

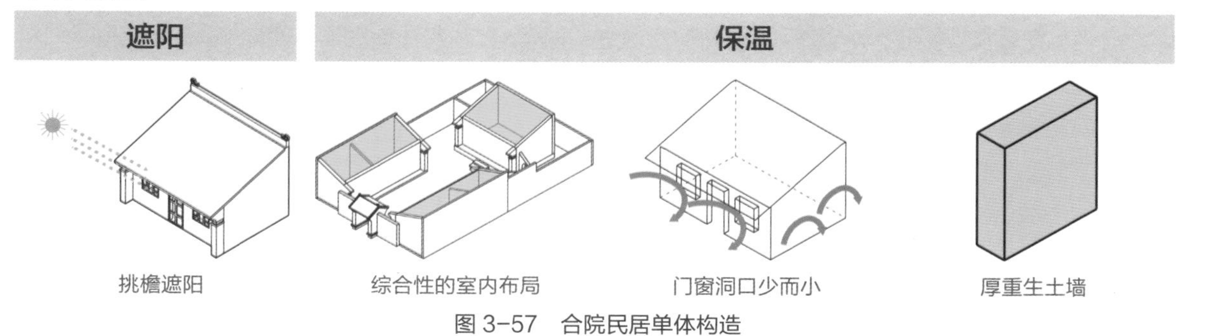

图 3-57 合院民居单体构造

3.3.7　堡寨式民居（图 3-58 至图 3-60）

图 3-58　甘肃堡寨式民居武威瑞安堡

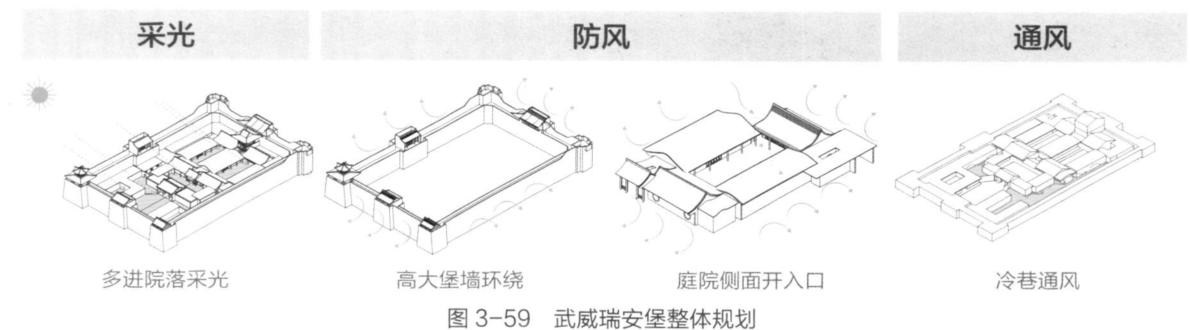

图 3-59　武威瑞安堡整体规划

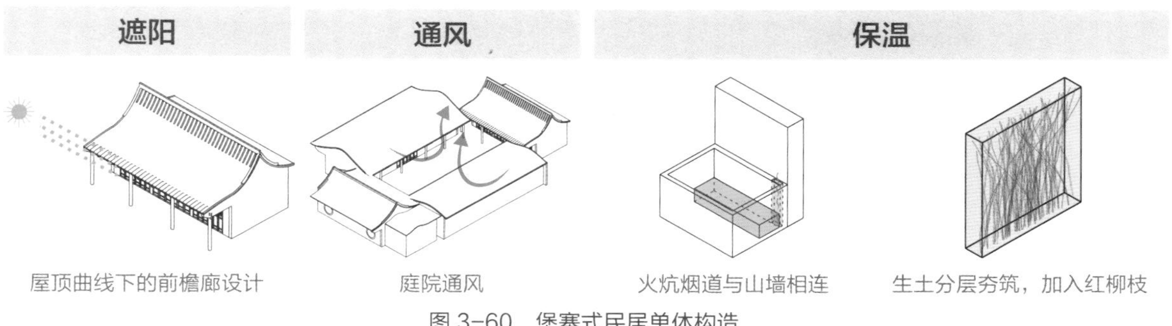

图 3-60　堡寨式民居单体构造

堡寨式民居主要分布于我国西北地区。该类型民居主要采用了以下策略来应对当地特殊的气候条件：

规划层面（图 3-59）

1. 多进院落采光
2. 高大堡墙环绕
3. 庭院侧面开入口
4. 冷巷通风

单体层面（图 3-60）

1. 屋顶曲线下的前檐廊设计
2. 庭院通风
3. 火炕烟道与山墙相连
4. 生土分层夯筑，加入红柳枝增强稳固

3.3.8 窑洞民居（图 3-61 至图 3-63）

图 3-61 榆林市米脂古城高家大院

窑洞民居主要分布于我国西北地区。该类型民居主要采用了以下策略来应对当地特殊的气候条件：

规划层面（图 3-62）

1. 正房居于中心位置
2. 正房高于两侧厢房
3. 后墙增设高窗
4. 南面设置大门，夏季有风

单体层面（图 3-63）

1. 利用中间通道，改善采光
2. 厨房、火炕有机结合
3. 火炕烟道顶部片岩吸热升温快
4. 窑顶、窑腿和山墙夯土或砌筑砖石

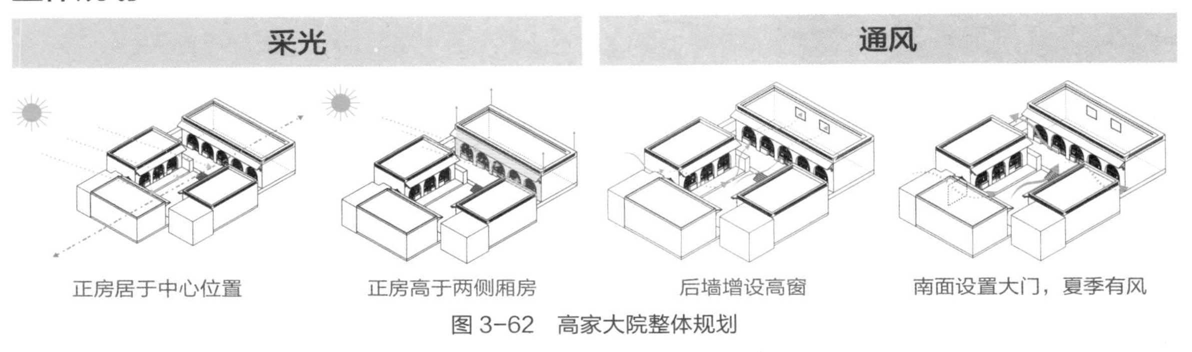

图 3-62 高家大院整体规划

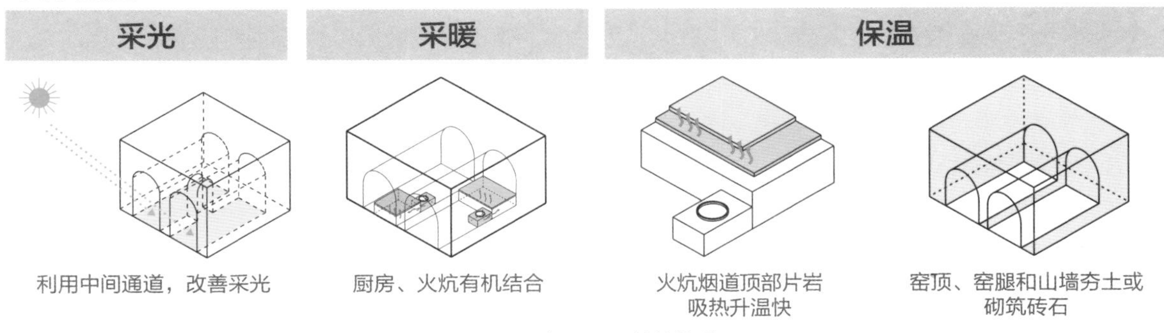

3-63 窑洞民居单体构造

3.3.9　关中民居（图 3-64 至图 3-66）

图 3-64　关中民居

关中民居主要分布于我国关中地区。该类型民居主要采用了以下策略来应对当地特殊的气候条件：

规划层面（图 3-65）

1. 坐北朝南
2. 长宽比接近 3∶1 的狭长庭院
3. 整体挑檐遮阳
4. 南面布置植物遮阳
5. 四面坡向庭院汇水
6. 地下设置暗沟相连接排水
7. 外墙厚实，少开窗，防风
8. 狭长庭院利于通风

单体层面（图 3-66）

1. 院墙底部砖砌勒脚防潮
2. 土坯墙外草泥抹灰防潮
3. 庭院地面低于其他室外地坪
4. 庭院四面窗小隔热

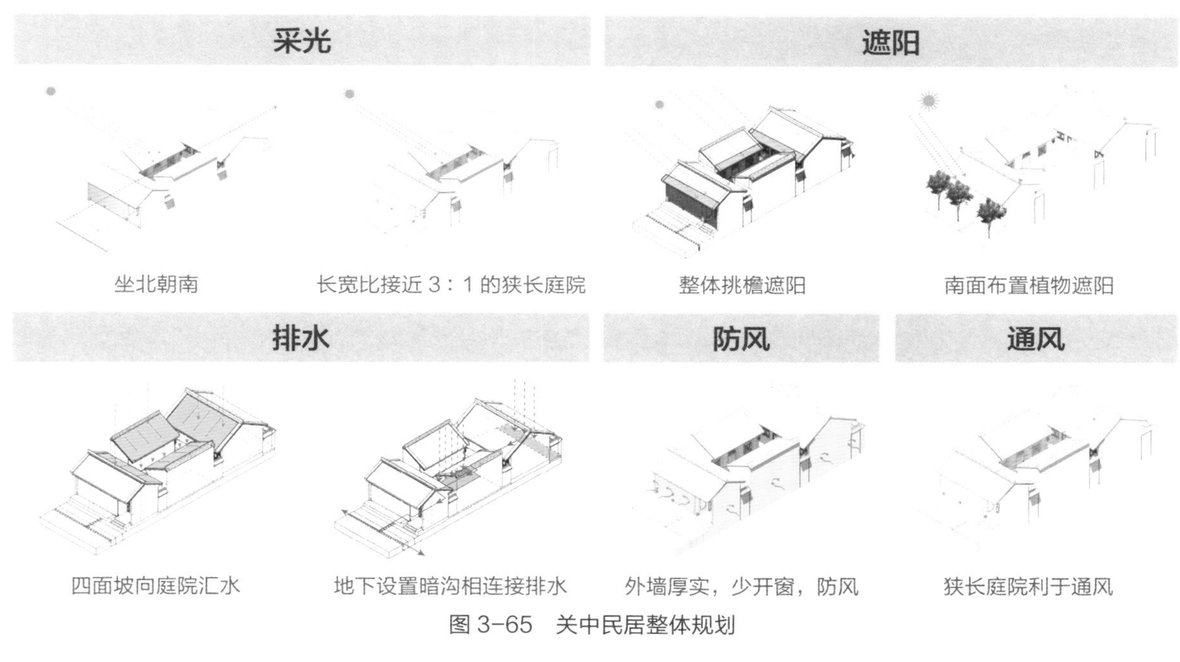

图 3-65　关中民居整体规划

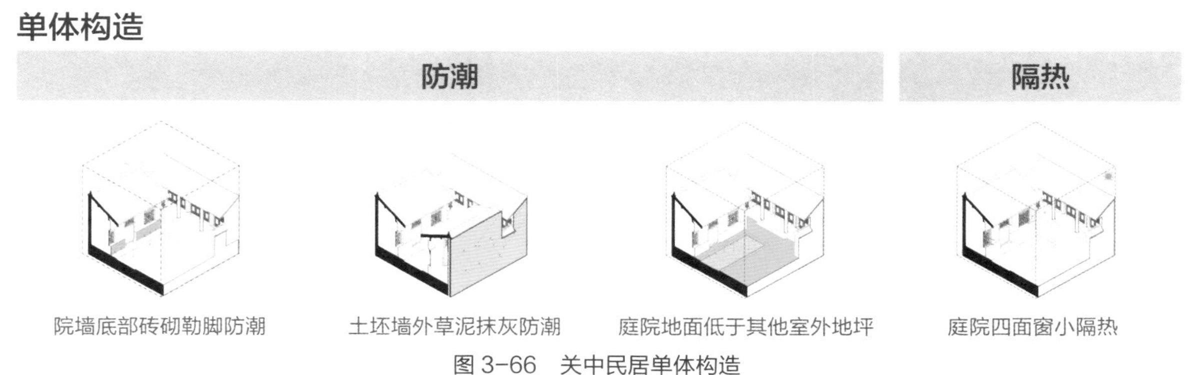

图 3-66　关中民居单体构造

3.3.10 庄廓民居（图 3-67 至图 3-69）

图 3-67 青海庄廓民居

庄廓民居主要分布于我国青海省内。该类型民居主要采用了以下策略来应对当地特殊的气候条件：

规划层面（图 3-68）

1. 坐北朝南
2. 开敞庭院采光
3. 面向南面设置玻璃房采光
4. 房间进深小，利于整体采光
5. 西侧布置辅助房间，利于冬季保温
6. 形体规整有利于冬季保温
7. 夯土墙厚达 1 m 左右，防风
8. 深挑檐利于夏季遮阳

单体层面（图 3-69）

1. 利用做饭炉灶余热加热炕床
2. 房间内外墙间建有空气缓冲区
3. 屋面黄土泥，黄泥、麦草保温
4. 庭院高差 500 mm, 用石材防水

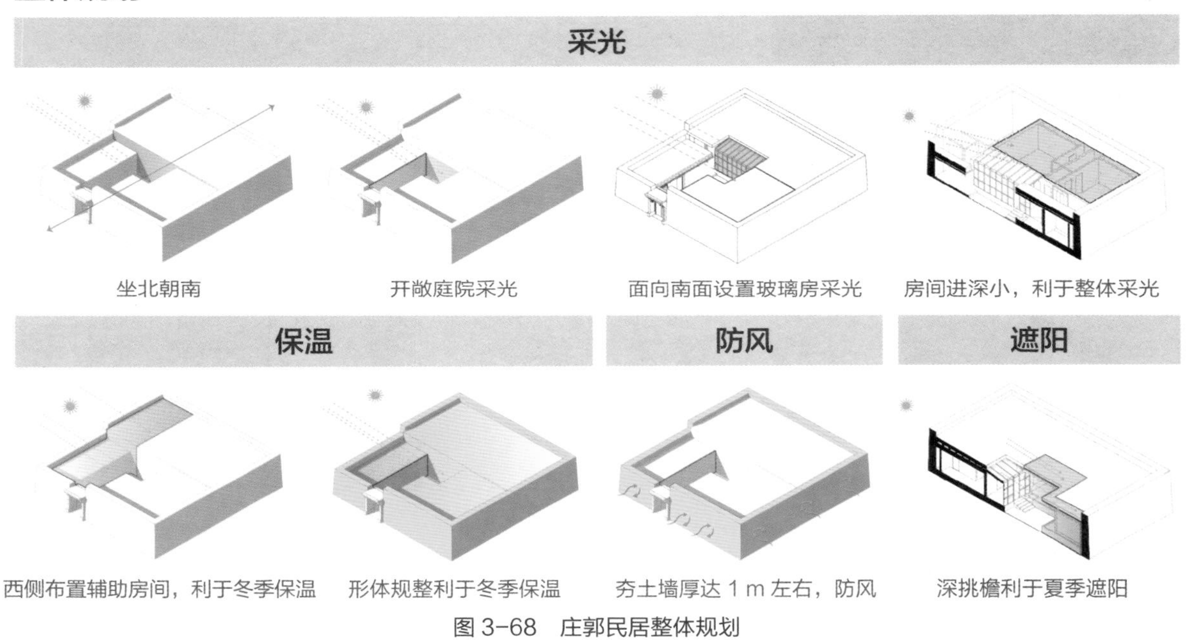

图 3-68 庄郭民居整体规划

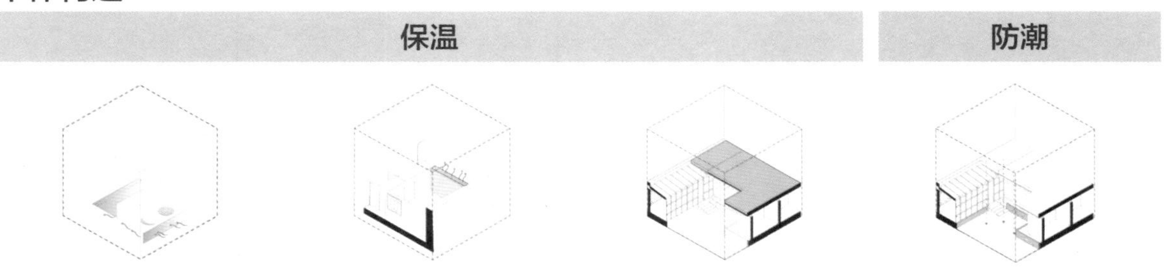

图 3-69 庄廓民居单体构造

3.3.11　海草房民居（图 3-70 至图 3-72）

图 3-70　海草房

海草房民居主要分布于我国威海、青岛等沿海地区。该类型民居主要采用了以下策略来应对当地特殊的气候条件：

规划层面（图 3-71）

1. 植物种植（夏季）

2. 植物种植（冬季）

单体层面（图 3-72）

1. 增大开窗面积

2. 亮子

3. 采用海草层防潮

4. 采用海草层保温

5. 吊顶

6. 使用火炕（利用灶火余热）

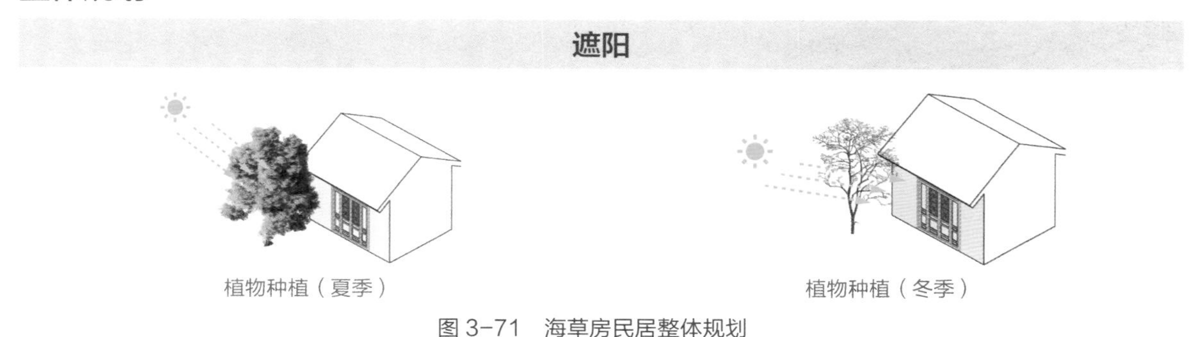

图 3-71　海草房民居整体规划

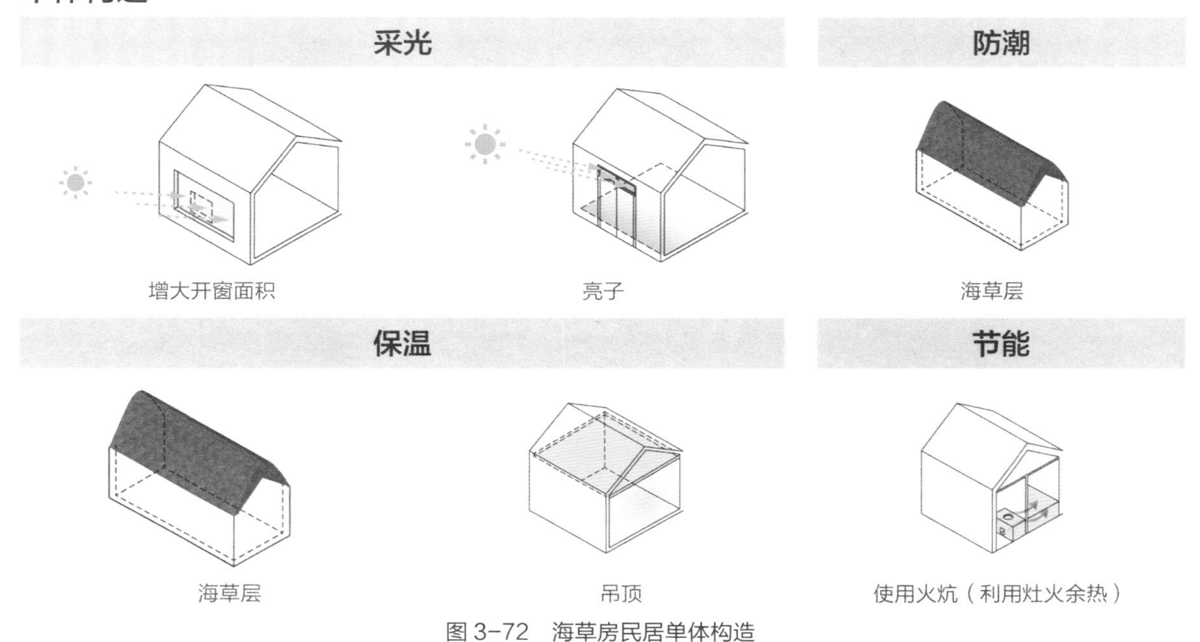

图 3-72　海草房民居单体构造

3.3.12　青山村民居（图 3-73 至图 3-75）

图 3-73　青山村民居

青山村民居位于我国青岛地区。该类型民居主要采用了以下策略来应对当地特殊的气候条件：

规划层面（图 3-74）

1. 后排建筑高
2. 院落开阔
3. 朝内开窗
4. 减小开窗面积
5. 石砌墙
6. 倒座挡风
7. 后院阻隔寒风
8. 正屋坡度大

单构层面（图 3-75）

1. 木柱埋于石材之间
2. 干草
3. 室内饰面粉刷

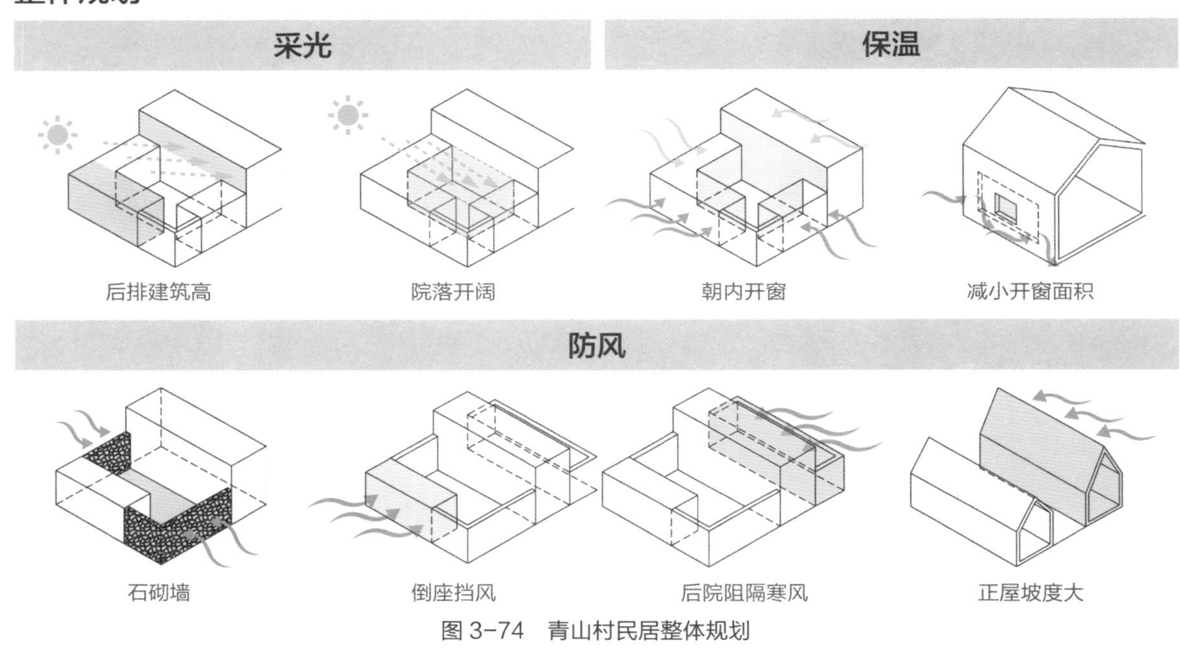

图 3-74　青山村民居整体规划

单体构造

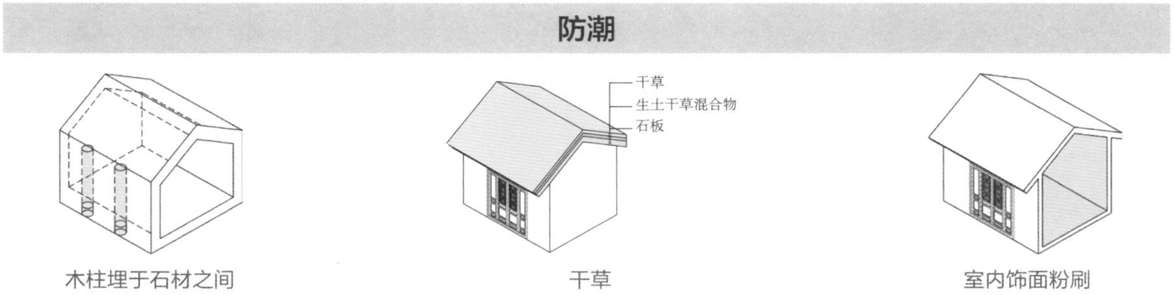

防潮

干草
生土干草混合物
石板

木柱埋于石材之间　　干草　　室内饰面粉刷

图 3-75　青山村民居单体构造

3.4　夏热冬冷地区乡土民居技术措施

3.4.1　安徽舒炜光住宅（图 3-76 至图 3-79）

图 3-76　安徽舒炜光住宅

舒炜光住宅位于我国安徽省黄山市黟县屏山村。该类型民居主要采用了以下策略来应对当地特殊的气候条件：

规划层面（图 3-77）

1. 建筑自遮阳
2. 水圳
3. 高墙深院
4. 水池绿化

单体层面（图 3-78、图 3-79）

1. 檐廊（夏季）
2. 明间凹进
3. 敞厅
4. 石窖井
5. 封火山墙
6. 地板埋沙
7. 空斗墙内填充红土
8. 隔板两侧抹红泥和石灰

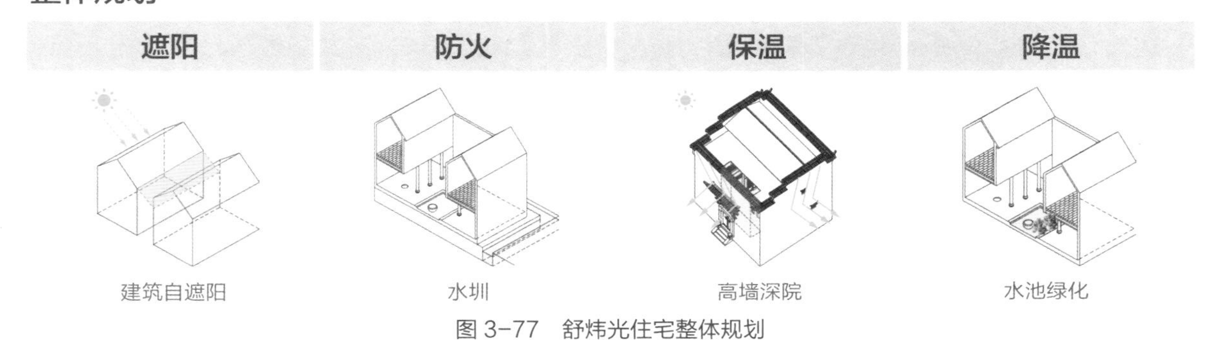

图 3-77　舒炜光住宅整体规划

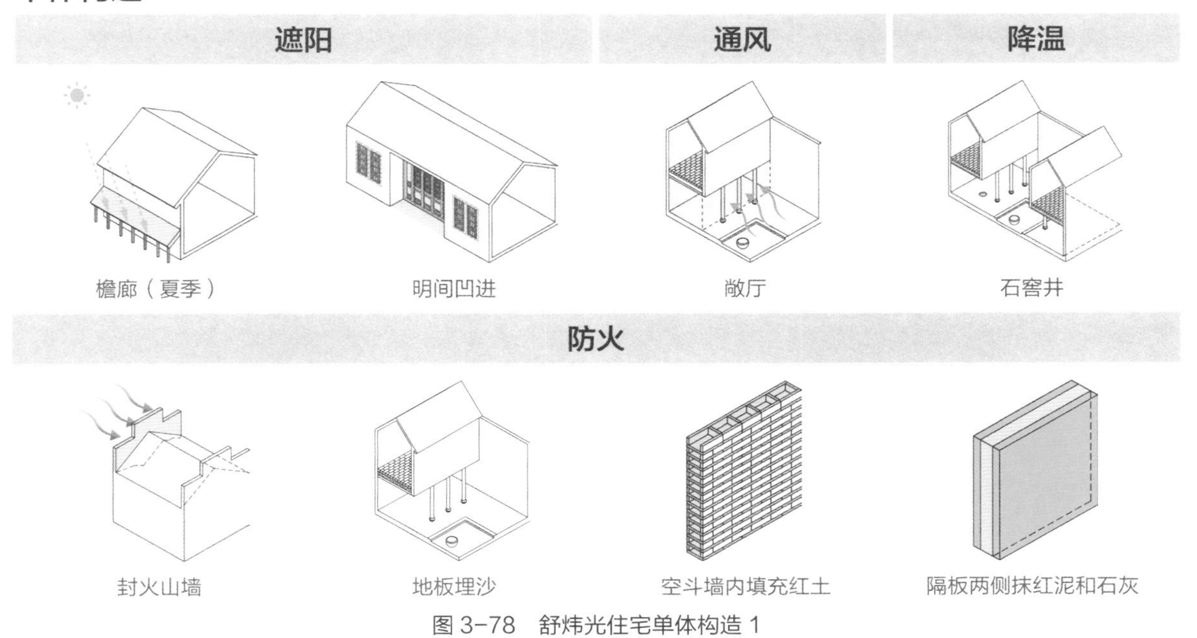

图 3-78　舒炜光住宅单体构造 1

9. 镶贴方形水磨砖
10. 白灰刷饰
11. 三角形窗棂
12. 空气夹层
13. 空斗砖墙（可填充黄泥）
14. 注入沙石
15. 吸壁樘板
16. 沉积缸
17. 石灰、细沙、地砖
18. 架空木地板
19. 设横木或腰铁等与主体木柱相连
20. 收水

单体构造

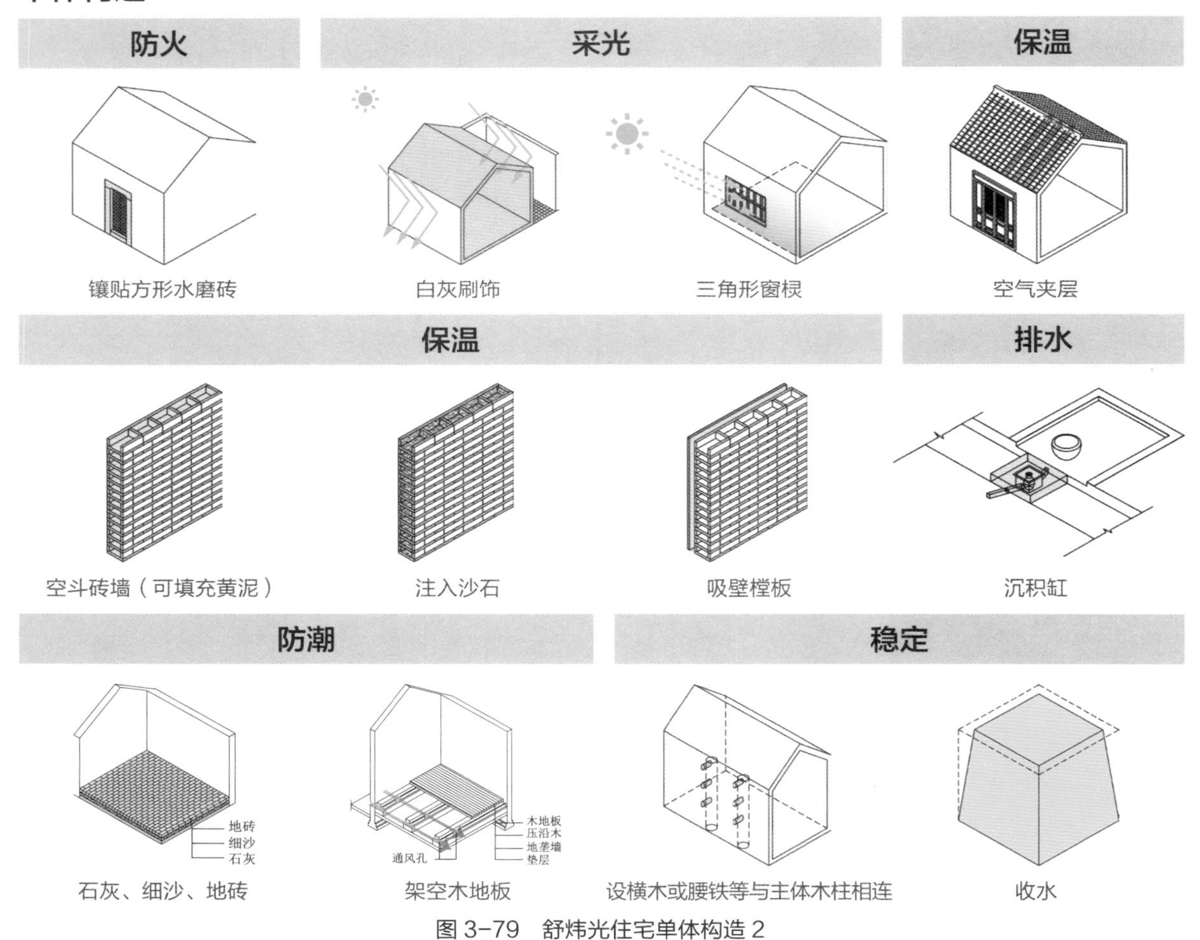

图 3-79　舒纬光住宅单体构造 2

3.4.2　江苏苏州卫道观前潘宅（图 3-80 至图 3-82）

图 3-80　苏州卫道观前潘宅

卫道观前潘宅位于我国江苏苏州。该类型民居主要采用了以下策略来应对当地特殊的气候条件：

规划层面（图 3-81）

1. 冷巷
2. 备弄
3. 蟹眼天井

单体层面（图 3-82）

1. 高位通风孔
2. 隔扇门
3. 开启面积逐渐减小
4. 支摘窗
5. 八字墙
6. 双层长窗
7. 轩上部空气层
8. 纱槅分隔空间

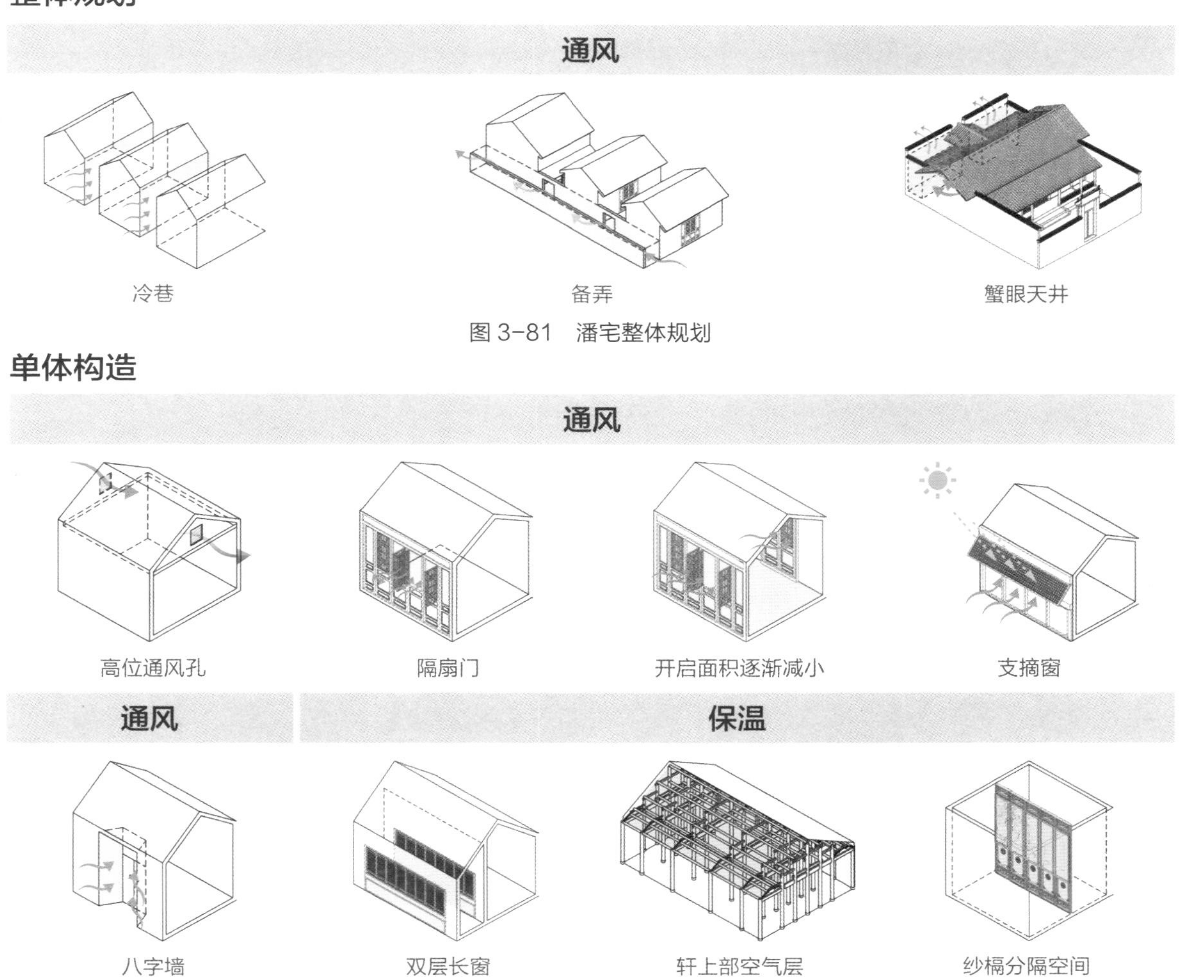

图 3-81　潘宅整体规划

图 3-82　潘宅单体构造

3.4.3 江西康九生宅（图 3-83 至图 3-85）

图 3-83 江西康九生宅

康九生宅位于我国江西地区。该类型民居主要采用了以下策略来应对当地特殊的气候条件：

规划层面（图 3-84）

1. 天井
2. 过白
3. 腰门

单体层面（图 3-85）

1. 天门
2. 天眼
3. 天窗
4. 活檐（夏季）
5. 活檐（冬季）
6. 封火山墙

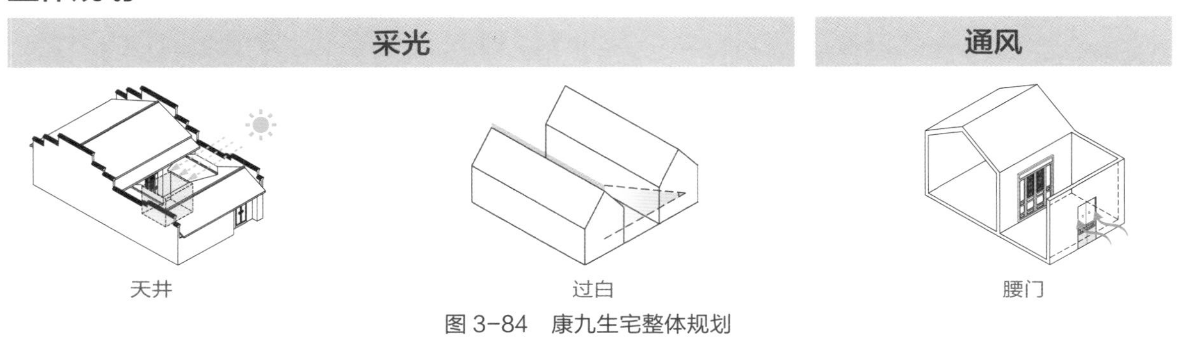

图 3-84 康九生宅整体规划

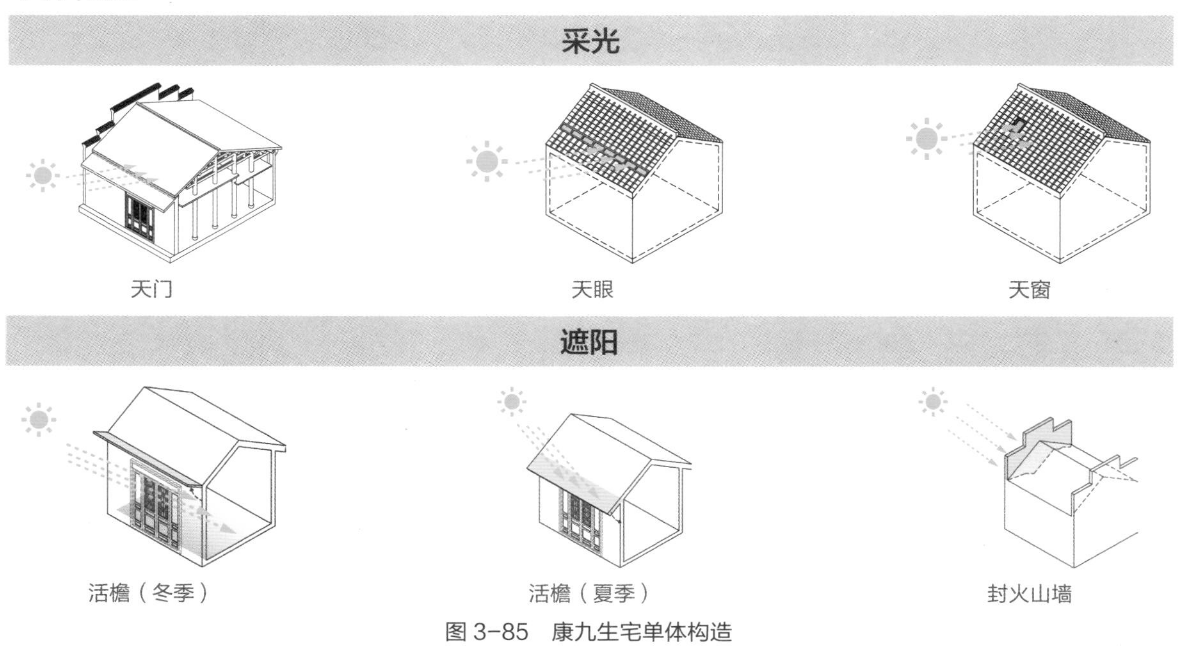

图 3-85 康九生宅单体构造

3.4.4　湖南张谷英大屋（图 3-86 至图 3-89）

图 3-86　湖南张谷英大屋

湖南张谷英大屋位于我国夏热冬冷地区。该类型民居主要采用了以下策略来应对当地特殊的气候条件：

规划层面（图 3-87）

1. 大小天井有利于采光
2. 暗巷道有利于遮阳
3. 暗巷道形成的冷巷有利于通风
4. 天井有利于通风
5. 烟火塘有利于防火
6. 着火时揭下暗巷道屋瓦有利于阻断火势蔓延
7. 建筑整体北高南低有利于建筑排水

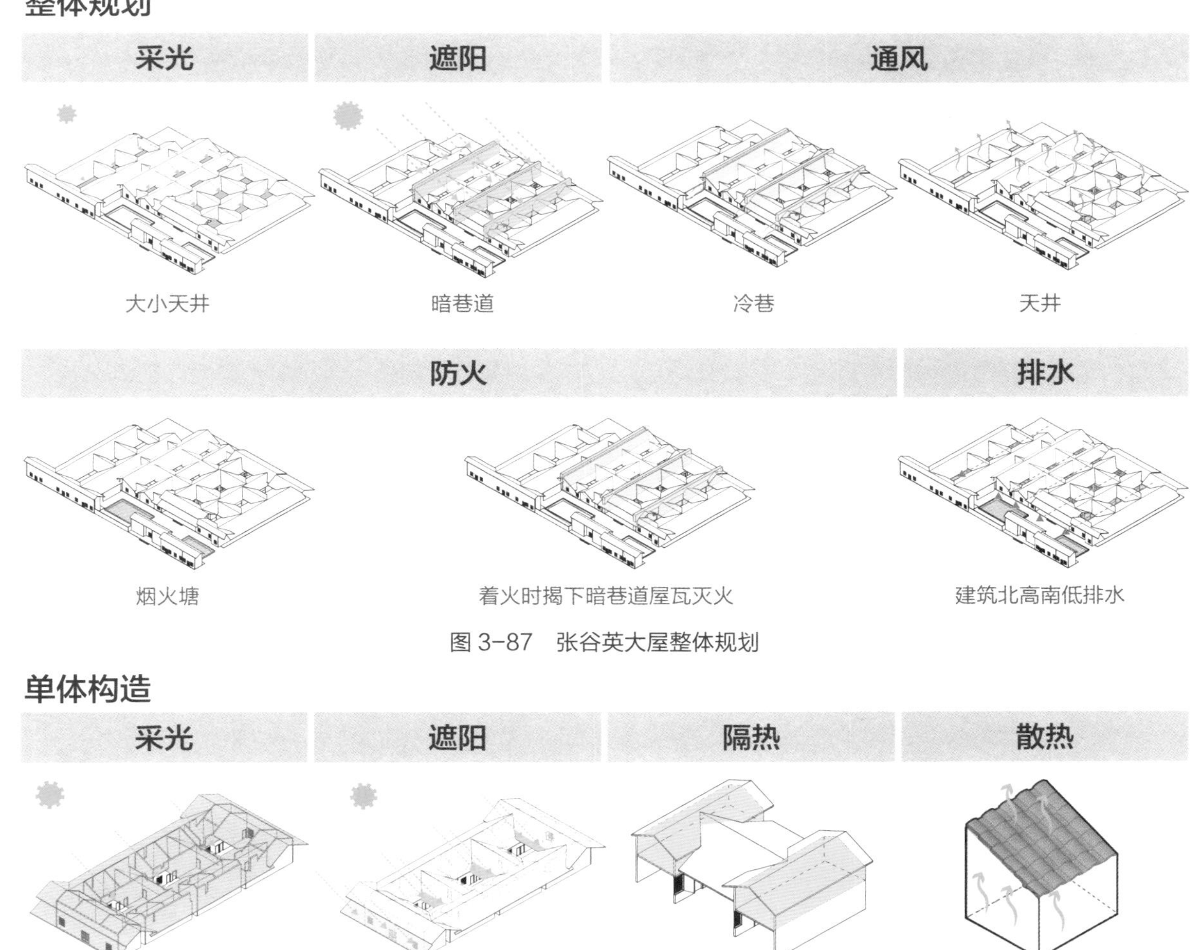

图 3-87　张谷英大屋整体规划

图 3-88　张谷英大屋单体构造 1

单体层面（图 3-88、图 3-89）

1. 多进庭院有利于采光
2. 深远的挑檐有利于遮阳
3. 部分阁楼作为热缓冲空间有利于隔热
4. 冷摊瓦屋面有利于散热
5. 堂屋层高达 7 m 有利于通风
6. 堂屋和多进天井形成穿堂风有利于通风
7. 建筑封火山墙有利于防火
8. 双层青瓦屋面有利于防水
9. 青砖墙面有利于墙面防水
10. 庭院内设置明沟暗道有利于排水
11. 地面铺设青砖有利于防潮
12. 地面为三合土有利于防潮
13. 建筑柱础为石柱墩，有利于防潮

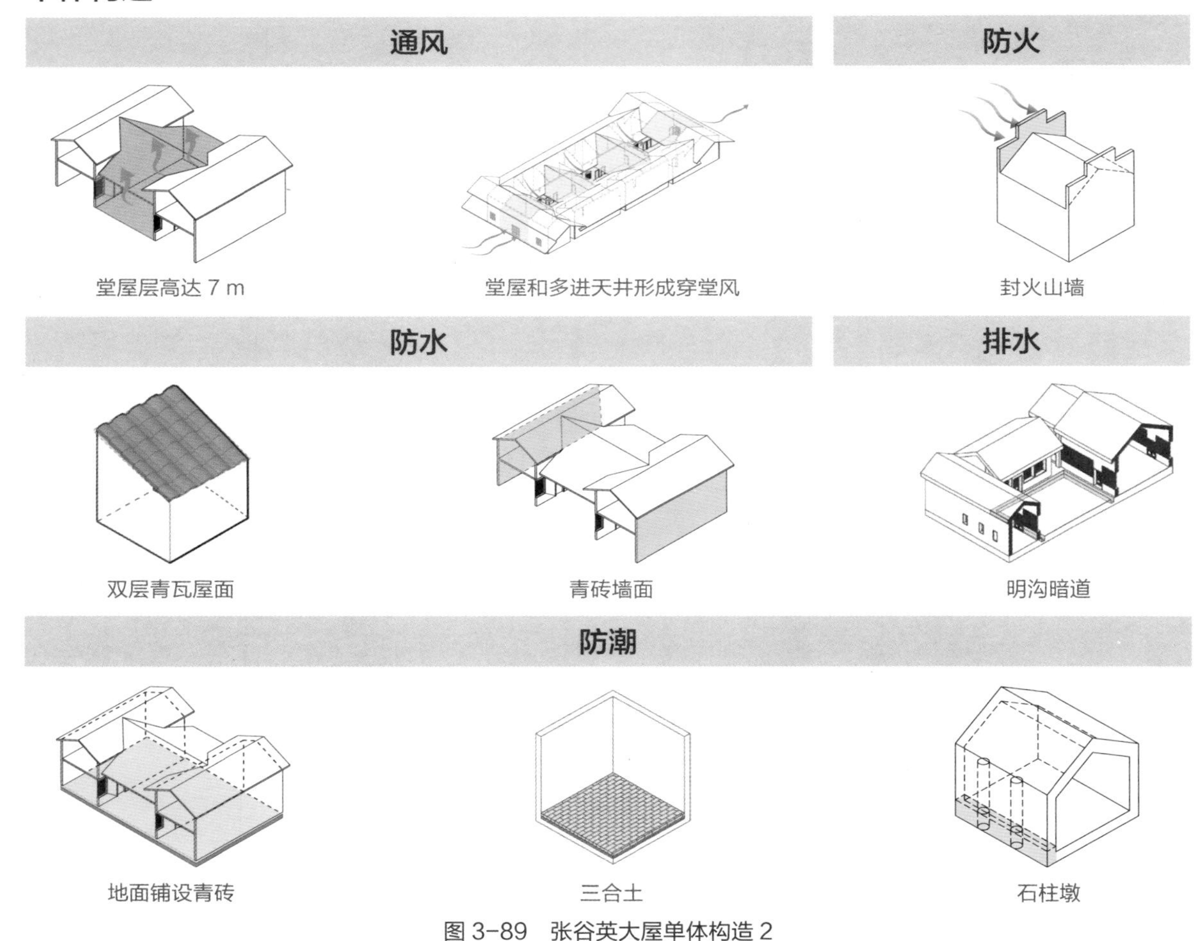

图 3-89　张谷英大屋单体构造 2

3.4.5　湖北裕禄大夫宅（图 3-90 至图 3-92）

图 3-90　湖北裕禄大夫宅

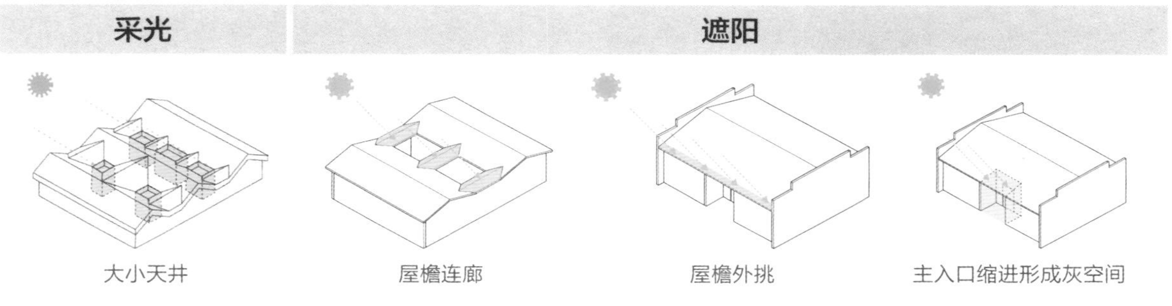

图 3-91　裕禄大夫宅整体规划

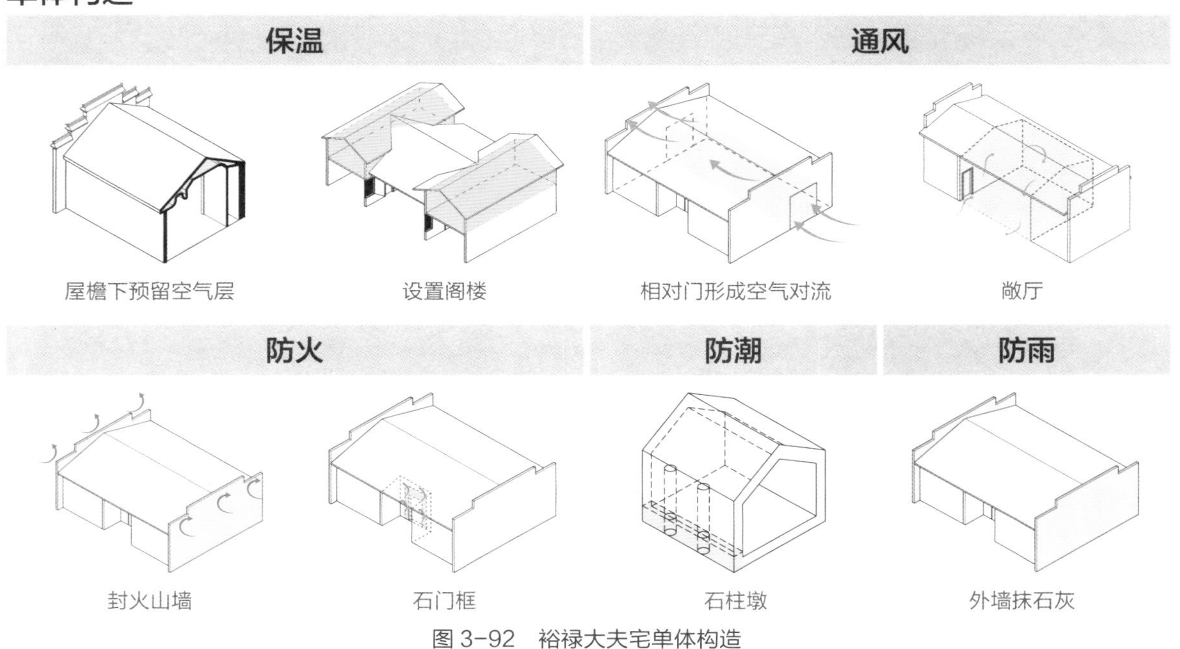

图 3-92　裕禄大夫宅单体构造

湖北裕禄大夫宅位于我国夏热冬冷地区。该类型民居主要采用了以下策略来应对当地特殊的气候条件：

规划层面（图 3-91）

1. 大小天井有利于采光
2. 屋檐连廊有利于遮阳
3. 屋檐外挑有利于遮阳
4. 主入口缩进形成灰空间有利于遮阳

单体层面（图 3-92）

1. 屋檐下预留空气层有利于保温
2. 设置阁楼有利于保温
3. 开启相对门形成对流有利于通风
4. 设置敞厅有利于通风
5. 建造封火山墙有利于防火
6. 建筑主入口设置石门框有利于防火
7. 建筑内部柱子设置石柱墩有利于防潮
8. 建筑外墙抹石灰有利于防雨

3.4.6 苗族民居（图 3-93 至图 3-94）

图 3-93 贵州黔东南丰登村苗族民居

苗族民居主要分布于我国贵州黔东南地区。该类型民居主要采用了以下策略来应对当地特殊的气候条件：

单体层面（图 3-94）

1. 蓄热屋顶
2. 深色屋顶吸热
3. 通风屋顶
4. 灰空间遮阳
5. 出檐屋顶利于遮阳
6. 底层砖砌结构防潮

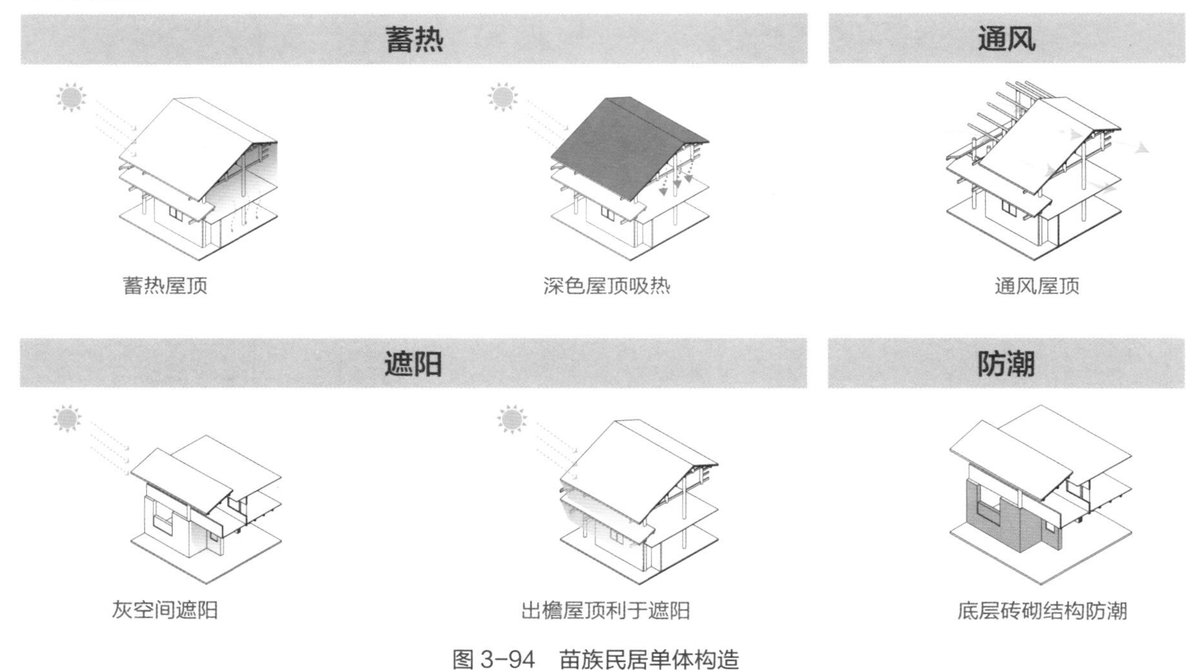

图 3-94 苗族民居单体构造

3.4.7　穿斗式民居（图 3-95 至图 3-97）

图 3-95　四川黑水村穿斗式民居

穿斗式民居主要分布于我国西南地区。该类型民居主要采用了以下策略来应对当地特殊的气候条件：

规划层面（图 3-96）

1. 底层架空通风防潮
2. 架空屋面通风隔热
3. 大面积屋顶蓄热
4. 灰空间遮阳

单体层面（图 3-97）

1. 出挑屋檐利于遮阳
2. 山墙面镂空利于通风
3. 空气间层保温蓄热
4. 底层架空通风防潮

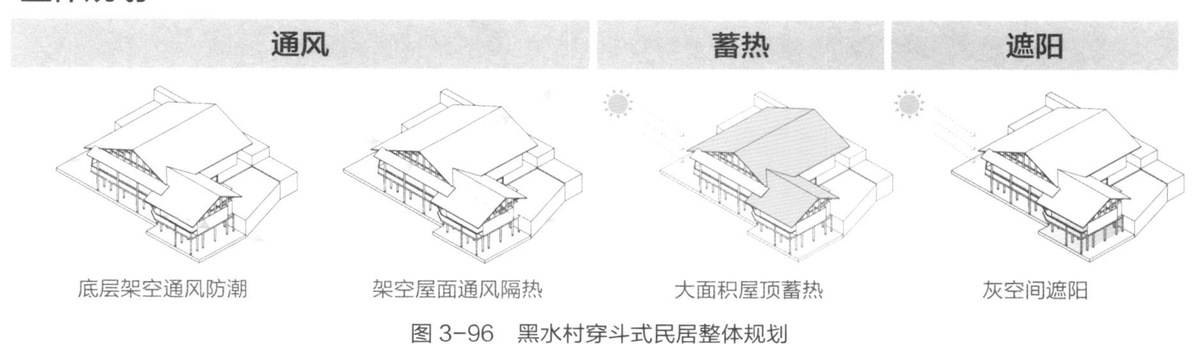

图 3-96　黑水村穿斗式民居整体规划

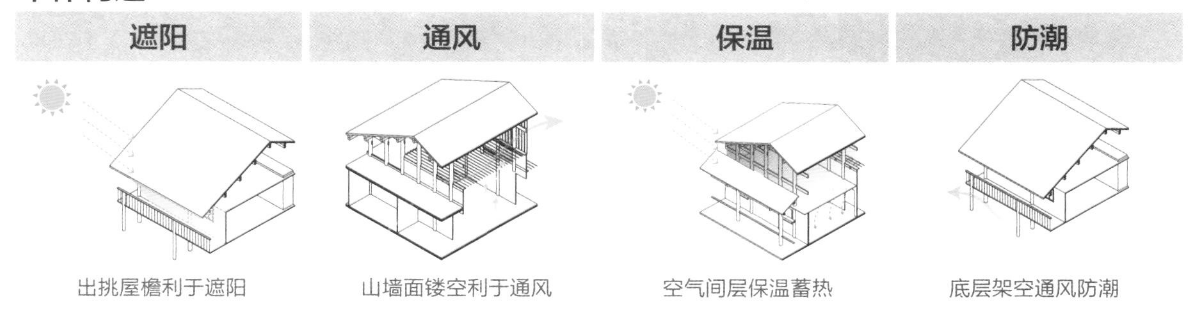

图 3-97　穿斗式民居单体构造

3.5 温和地区乡土民居技术措施

3.5.1 一颗印民居（图 3-98 至图 3-100）

图 3-98　云南诺邓村一颗印民居

一颗印民居主要分布于我国云南、陕西等地区。该类型民居主要采用了以下策略来应对当地特殊的气候条件：

规划层面（图 3-99）

1. 开敞庭院采光
2. 台基升高补充采光
3. 垂直天井通风换气
4. 四面围合挡风

单体层面（图 3-100）

1. 出挑屋檐利于遮阳
2. 木格栅墙体利于通风
3. 厚实墙体保温蓄热
4. 石材墙基防止墙体受潮

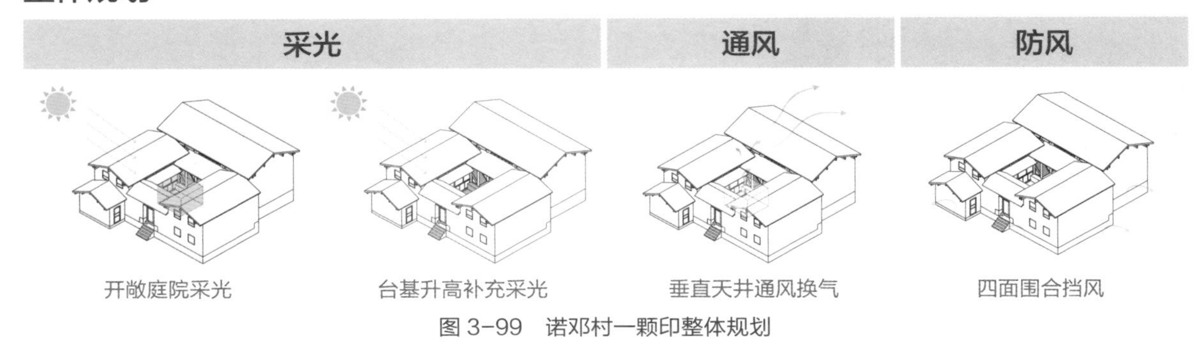

图 3-99　诺邓村一颗印整体规划

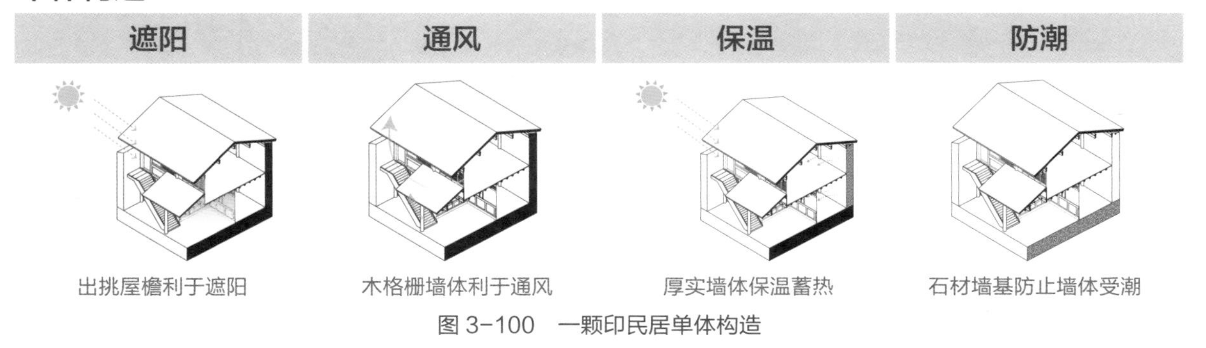

图 3-100　一颗印民居单体构造

3.5.2　四合五天井民居（图 3-101 至图 3-103）

图 3-101　大理州喜洲镇四合五天井民居

四合五天井民居主要分布于我国云南大理。该类型民居主要采用了以下策略来应对当地特殊的气候条件：

规划层面（图 3-102）

1. 开敞庭院采光
2. 小天井补充采光
3. 垂直天井通风换气
4. 四面围合挡风

单体层面（图 3-103）

1. 出挑屋檐利于遮阳
2. 木格栅墙体利于通风
3. 厚实墙体保温蓄热
4. 石材墙基防止墙体受潮

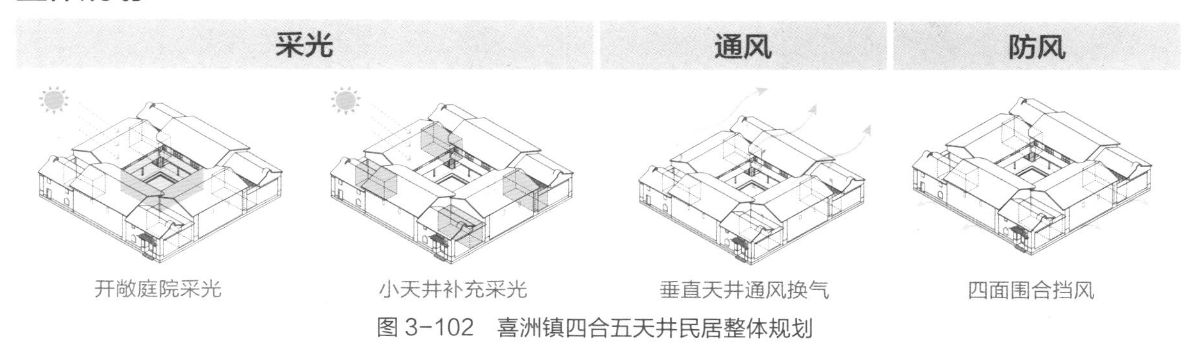

图 3-102　喜洲镇四合五天井民居整体规划

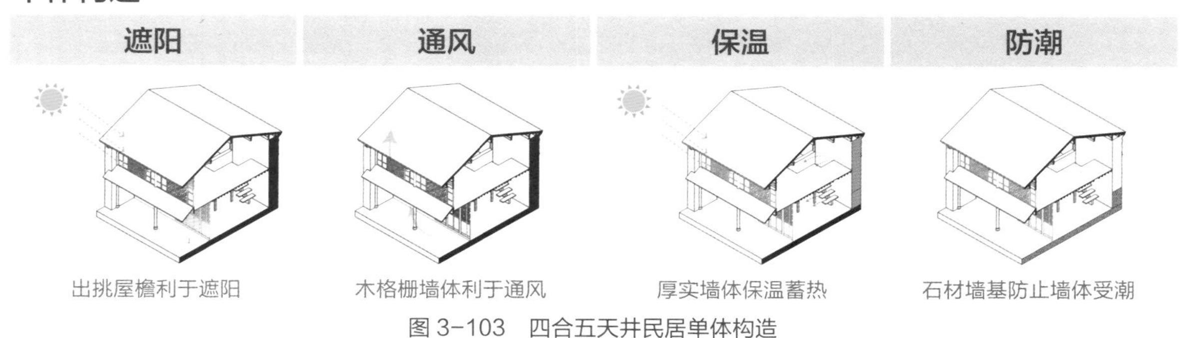

图 3-103　四合五天井民居单体构造

3.5.3 竹篾房（图 3-104 至图 3-105）

图 3-104 干脚落地式竹篾房

竹篾房主要分布于我国云南怒江地区。该类型民居主要采用了以下策略来应对当地特殊的气候条件：

单体层面（图 3-105）

1. 蓄热屋顶
2. 覆土蓄热
3. 出檐屋顶利于遮阳
4. 微风渗漏竹篾墙
5. 架空通风防潮
6. 通风屋顶

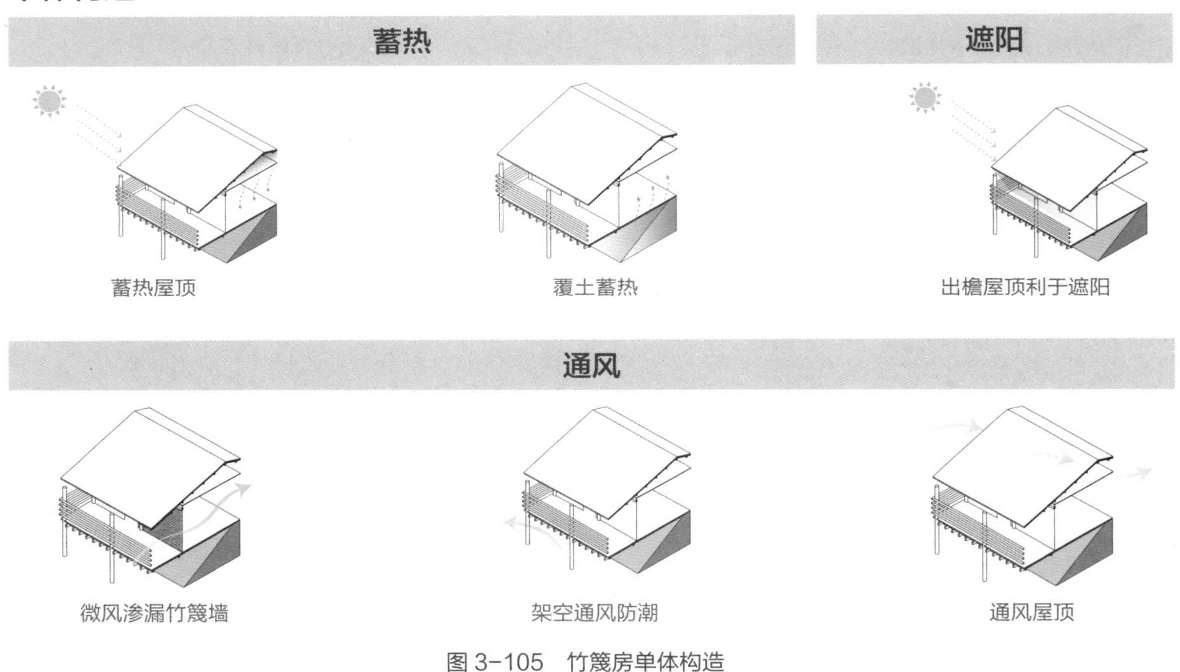

图 3-105 竹篾房单体构造

3.6 夏热冬暖地区乡土民居技术措施

3.6.1 土楼（图 3-106 至图 3-108）

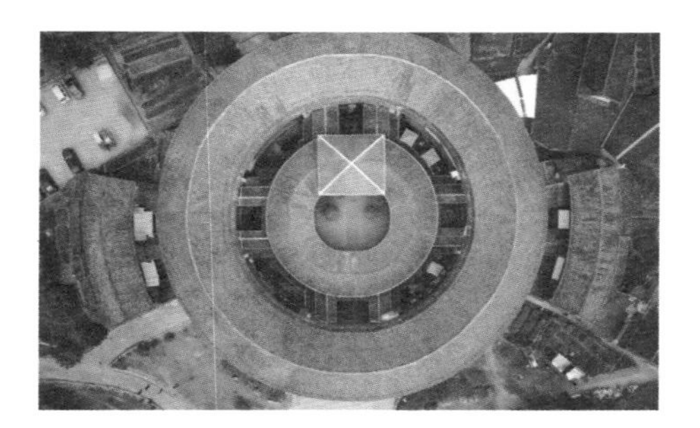

图 3-106　福建振成楼

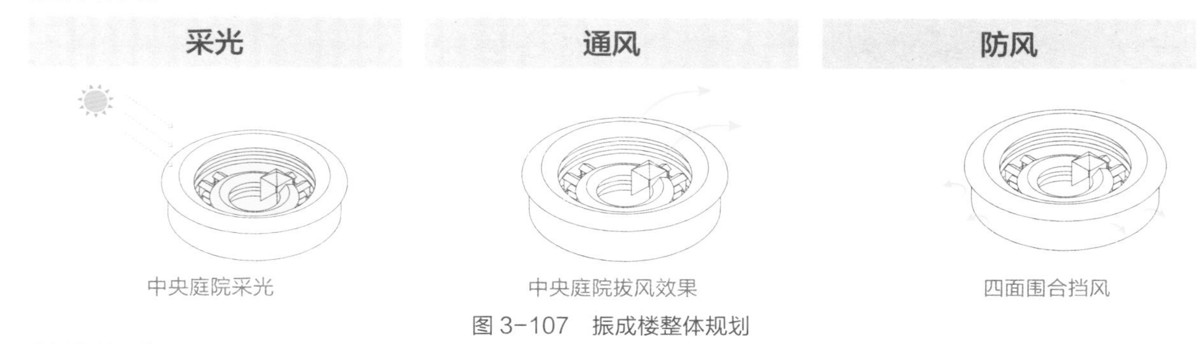

图 3-107　振成楼整体规划

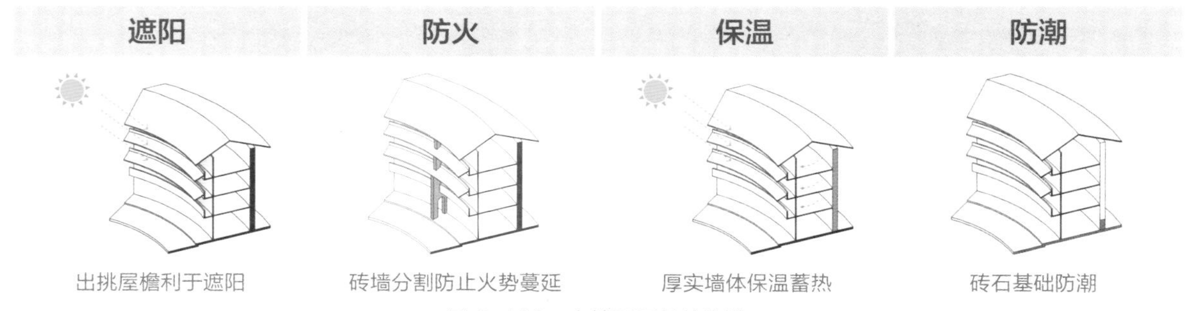

图 3-108　土楼民居单体构造

土楼主要分布于我国福建。该类型民居主要采用了以下策略来应对当地特殊的气候条件：

规划层面（图 3-107）

1. 中央庭院采光
2. 中央庭院拔风
3. 四面围合挡风

单体层面（图 3-108）

1. 出挑屋檐利于遮阳
2. 砖墙分割防止火势蔓延
3. 厚实墙体保温蓄热
4. 砖石基础防潮

3.6.2 西关大屋民居（图 3–109 至图 3–111）

图 3–109 西关大屋民居

西关大屋民居主要分布于我国广府地区。该类型民居主要采用了以下策略来应对当地特殊的气候条件：

规划层面（图 3–110）

1. 坐北朝南
2. 天井采光
3. 天窗采光
4. 天窗通风
5. 墙体不通顶，有利于整体通风
6. 北部窗户镂空，促进整体通风
7. 冷巷通风
8. 整体挑檐遮阳

单体层面（图 3–111）

1. 趟栊门开启通风
2. 空斗砖墙隔热
3. 地面用陶质白泥大阶砖
4. 室外墙体底部用水磨石

整体规划

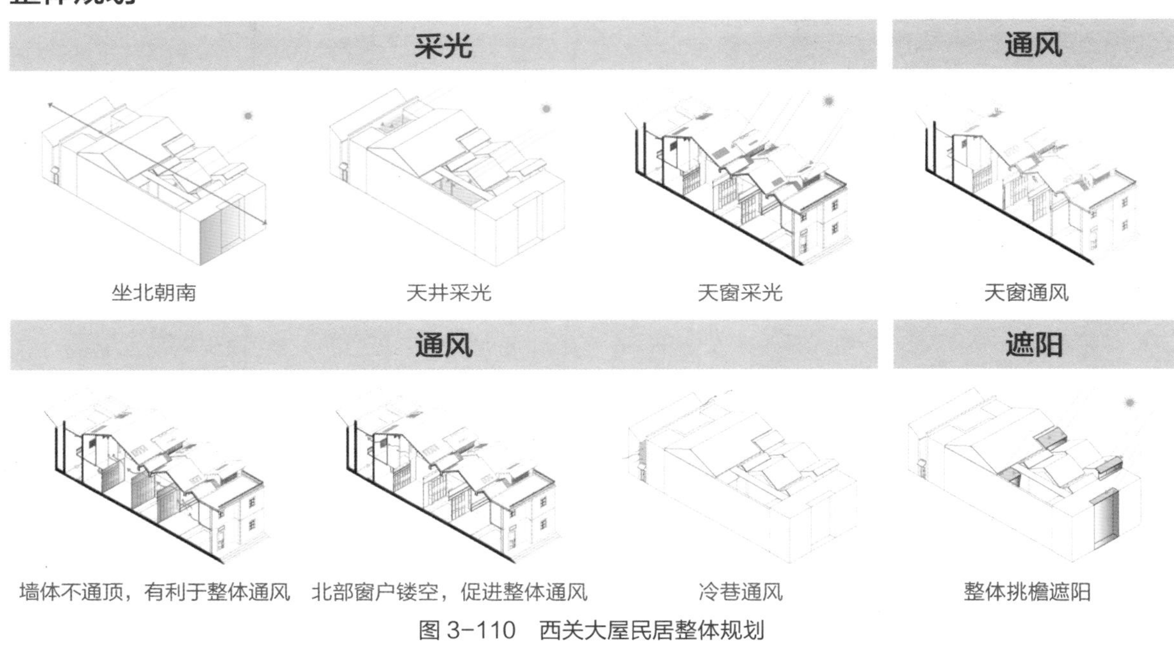

图 3–110 西关大屋民居整体规划

单体构造

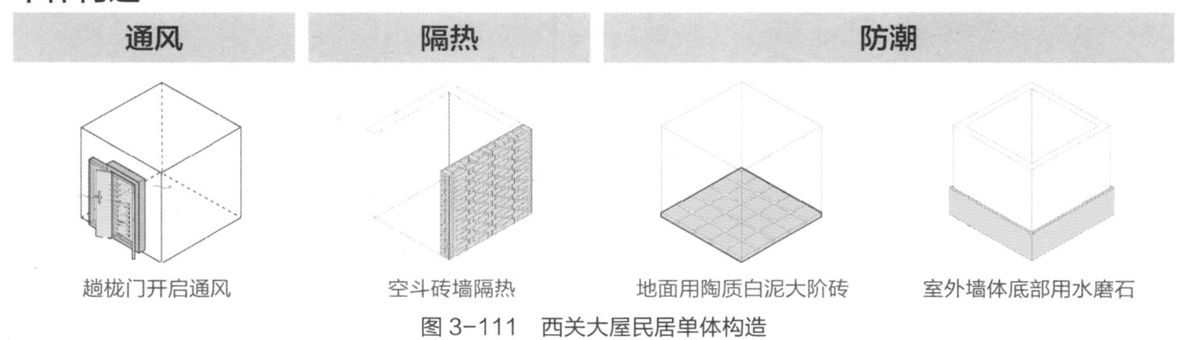

图 3–111 西关大屋民居单体构造

3.6.3　开平碉楼民居（图 3-112 至图 3-114）

图 3-112　开平碉楼民居

开平碉楼民居主要分布于我国广东省江门市的开平一带。该类型民居主要采用了以下策略来应对当地特殊的气候条件：

规划层面（图 3-113）

1. 四面透空廊道利于采光
2. 四面亭子形体遮阳
3. 挑檐尺寸合适，形成遮阳
4. 植物布置在建筑四周形成遮阳
5. 四面小窗采光利于隔热
6. 辅助功能布置在东西侧隔热
7. 檐下灰空间促进风的贯通
8. 台基比周边地坪高 0.9 m

单体层面（图 3-114）

1. 蚝壳墙体隔热
2. 铁质构件形成挡板式遮阳
3. 墙厚 900 mm，外表采用浅色调
4. 采用镂空窗促进通风

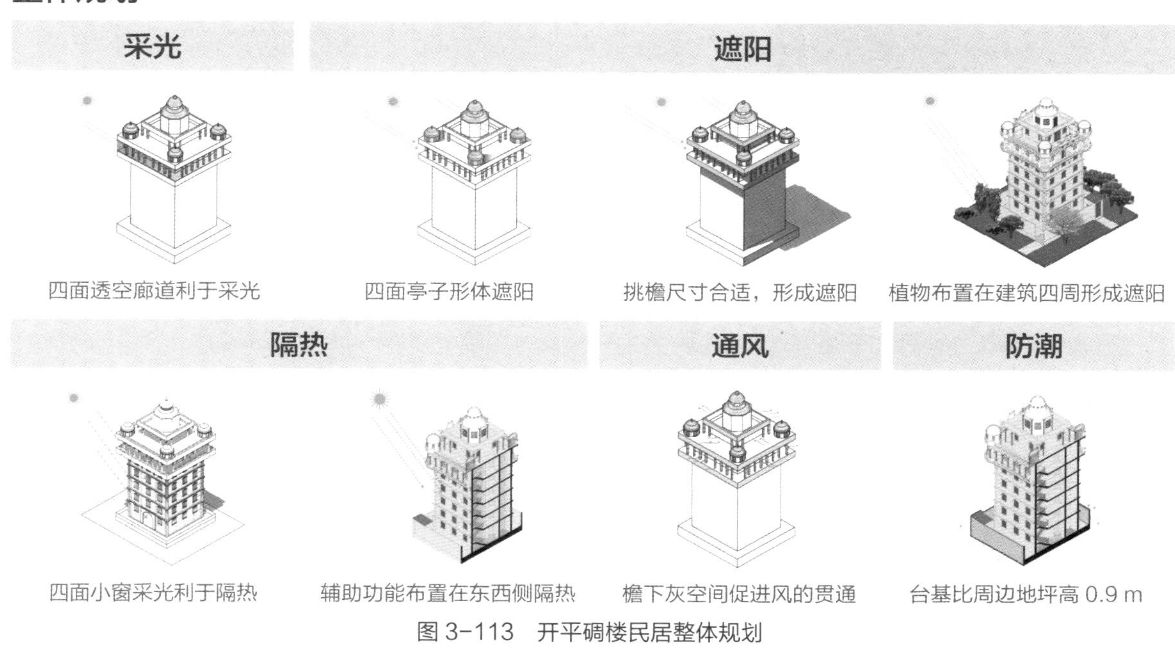

图 3-113　开平碉楼民居整体规划

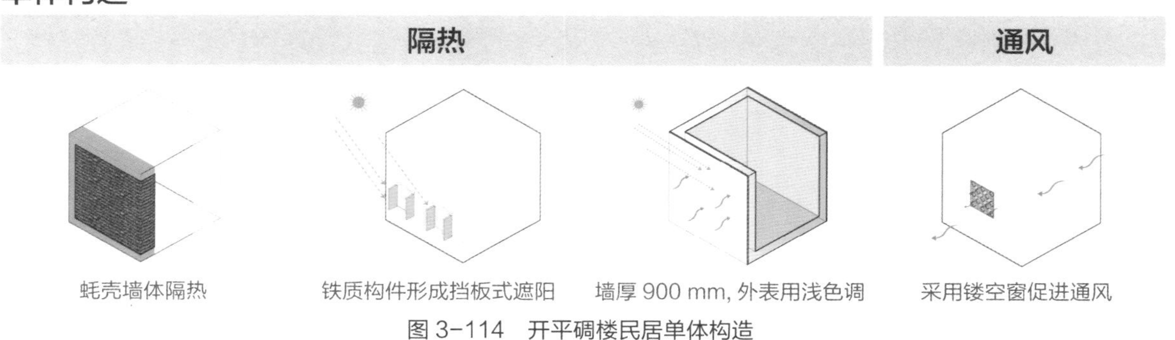

图 3-114　开平碉楼民居单体构造

3.6.4 客家围拢屋（图 3-115 至图 3-117）

图 3-115 客家围拢屋

客家围拢屋主要分布于我国广东省内的梅州一带。该类型民居主要采用了以下策略来应对当地特殊的气候条件：

规划层面（图 3-116）

1. 庭院采光
2. 墙体开小窗
3. 北面体块较高，利于冬季挡风
4. 挑檐利于夏季遮阳
5. 北高南低，明沟排水
6. 南面池塘汇聚雨水
7. 天井地面比室内地面低 0.5 m
8. 厅堂开敞通风

单体层面（图 3-117）

1. 双层瓦屋顶空气层促进通风
2. 未装吊顶彻上明造促进通风
3. 走马廊遮阳
4. 石质柱础防潮

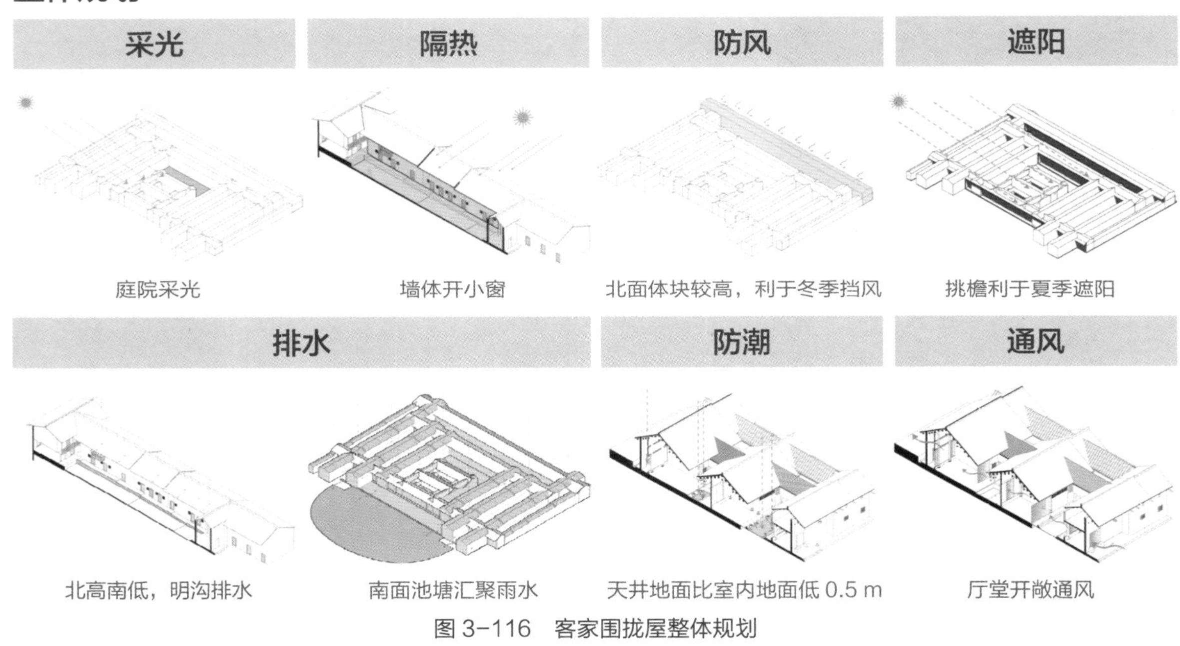

图 3-116 客家围拢屋整体规划

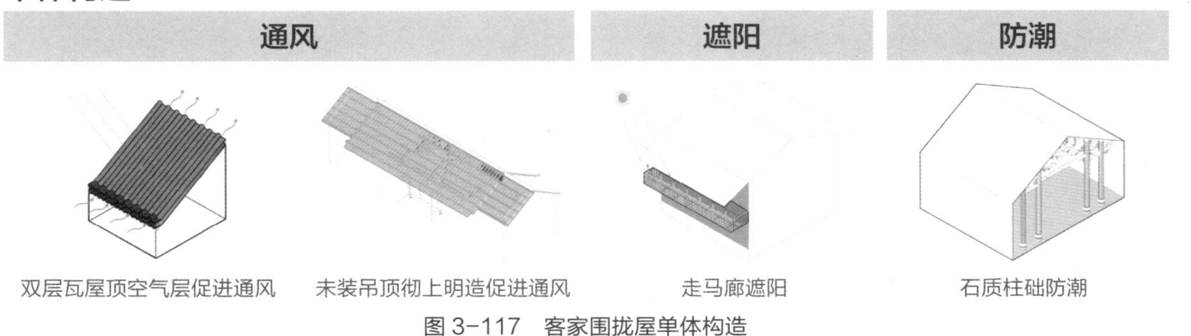

图 3-117 客家围拢屋单体构造

3.6.5　四点金民居（图 3-118 至图 3-120）

图 3-118　洋岗村四点金民居

四点金民居主要分布于我国广东地区。该类型民居主要采用了以下策略来应对当地特殊的气候条件：

规划层面（图 3-119）

1. 坐北朝南
2. 天井采光
3. 过白
4. 天井通风
5. 冷巷通风
6. 主侧厅开敞通风

单体层面（图 3-120）

1. 檐廊遮阳
2. 门廊凹入遮阳
3. 山墙高侧窗通风

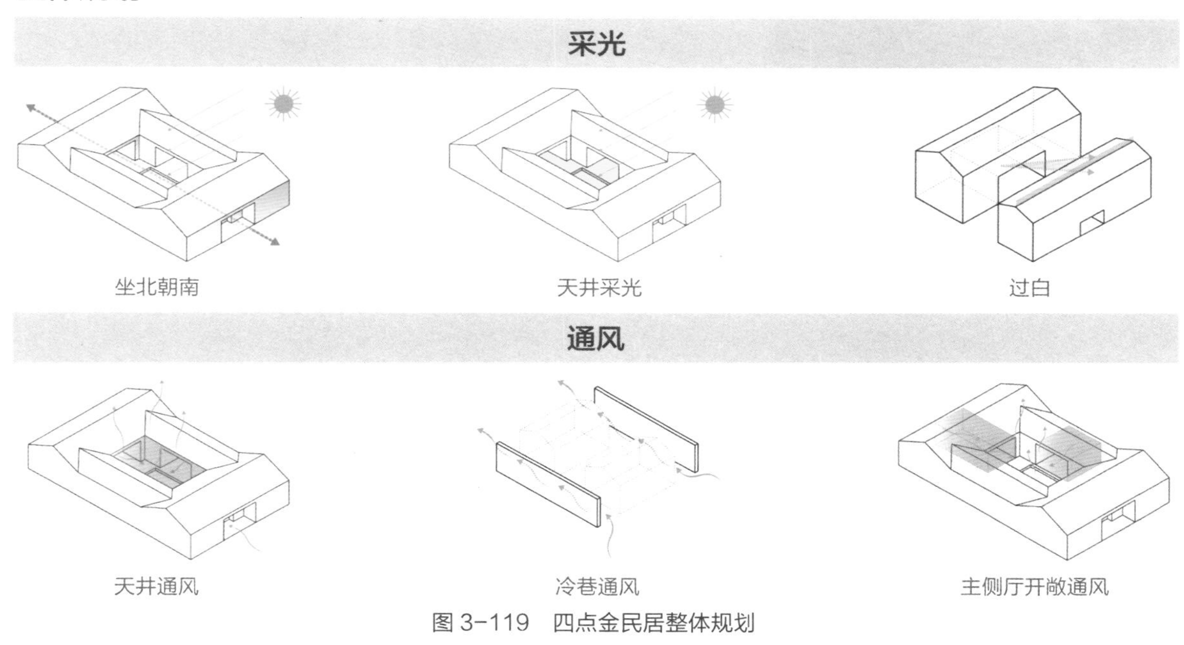

图 3-119　四点金民居整体规划

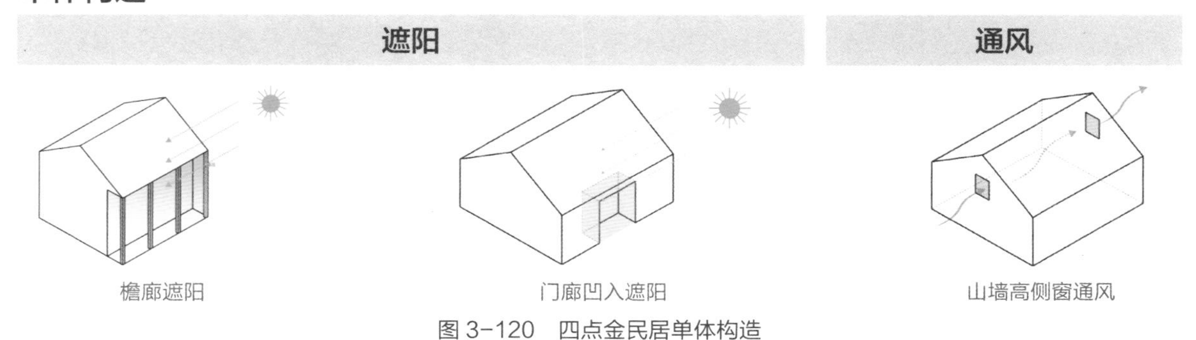

图 3-120　四点金民居单体构造

3.6.6 火山石民居（图 3–121 至图 3–123）

图 3–121 冯阿公家火山石民居

火山石民居主要分布于我国海南北部地区。该类型民居主要采用了以下策略来应对当地特殊的气候条件：

规划层面（图 3–122）

1. 坐北朝南
2. 庭院采光
3. 侧房遮阳
4. 冷巷通风

单体层面（图 3–123）

1. 厅堂南北贯通穿堂风
2. 瓦片缝隙通风
3. 立面小窗通风
4. 火山石墙体缝隙通风
5. 火山石墙体隔热
6. 屋檐遮阳

整体规划

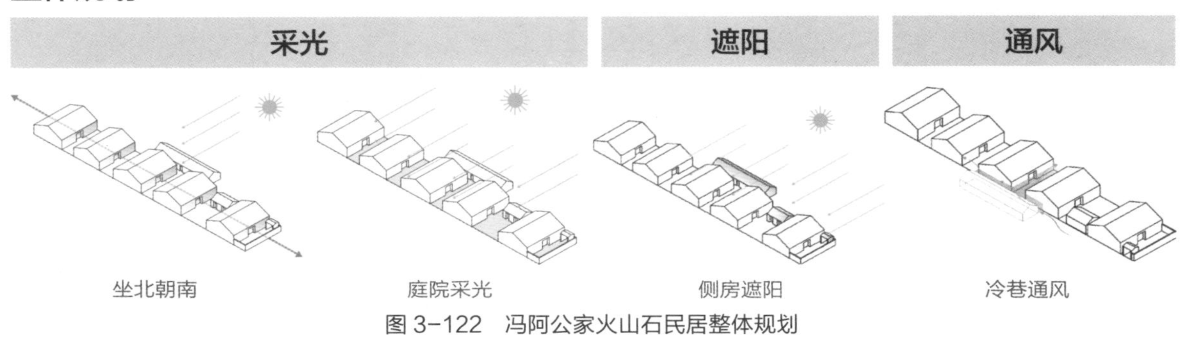

图 3–122 冯阿公家火山石民居整体规划

单体构造

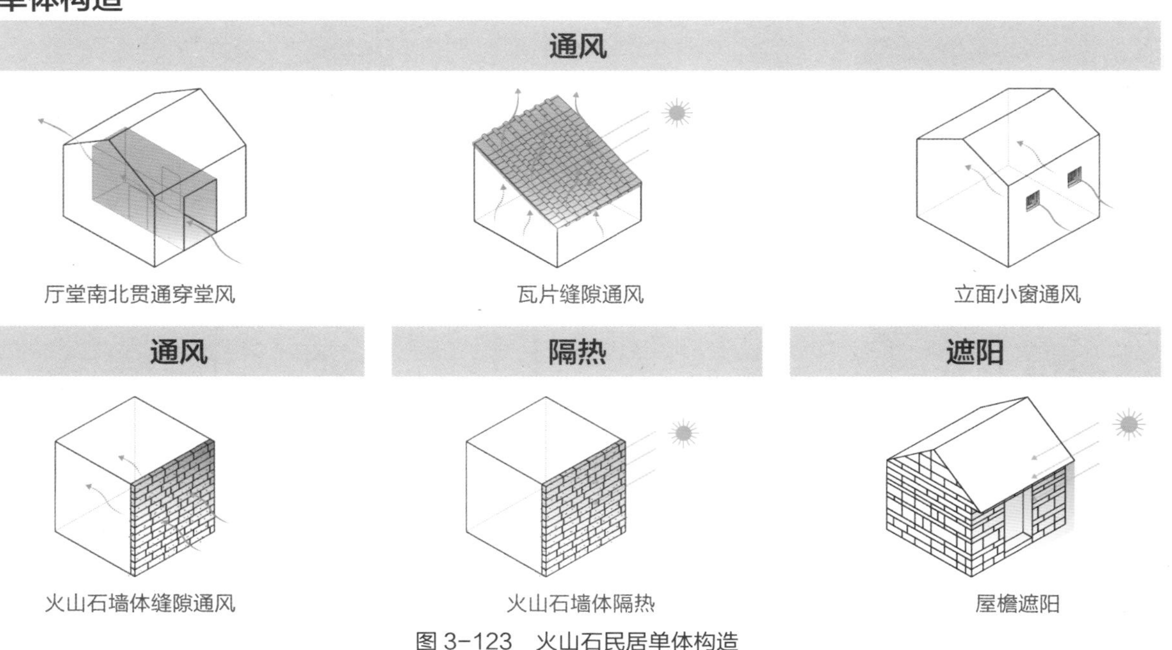

图 3–123 火山石民居单体构造

3.6.7　大叉手麻栏民居（图 3-124 至图 3-125）

图 3-124　渠海屯黄备邦宅大叉手麻栏民居

大叉手麻栏民居主要分布于我国广西南部地区。该类型民居主要采用了以下策略来应对当地特殊的气候条件：

单体层面（图 3-125）

1. 底层半架空通风
2. 立面木格栅通风
3. 瓦片缝隙通风
4. 底层半架空遮阳
5. 立面檐廊遮阳
6. 挑檐遮阳
7. 底层半架空遮阳
8. 屋顶亮瓦采光
9. 厚实夯土墙保温、隔热

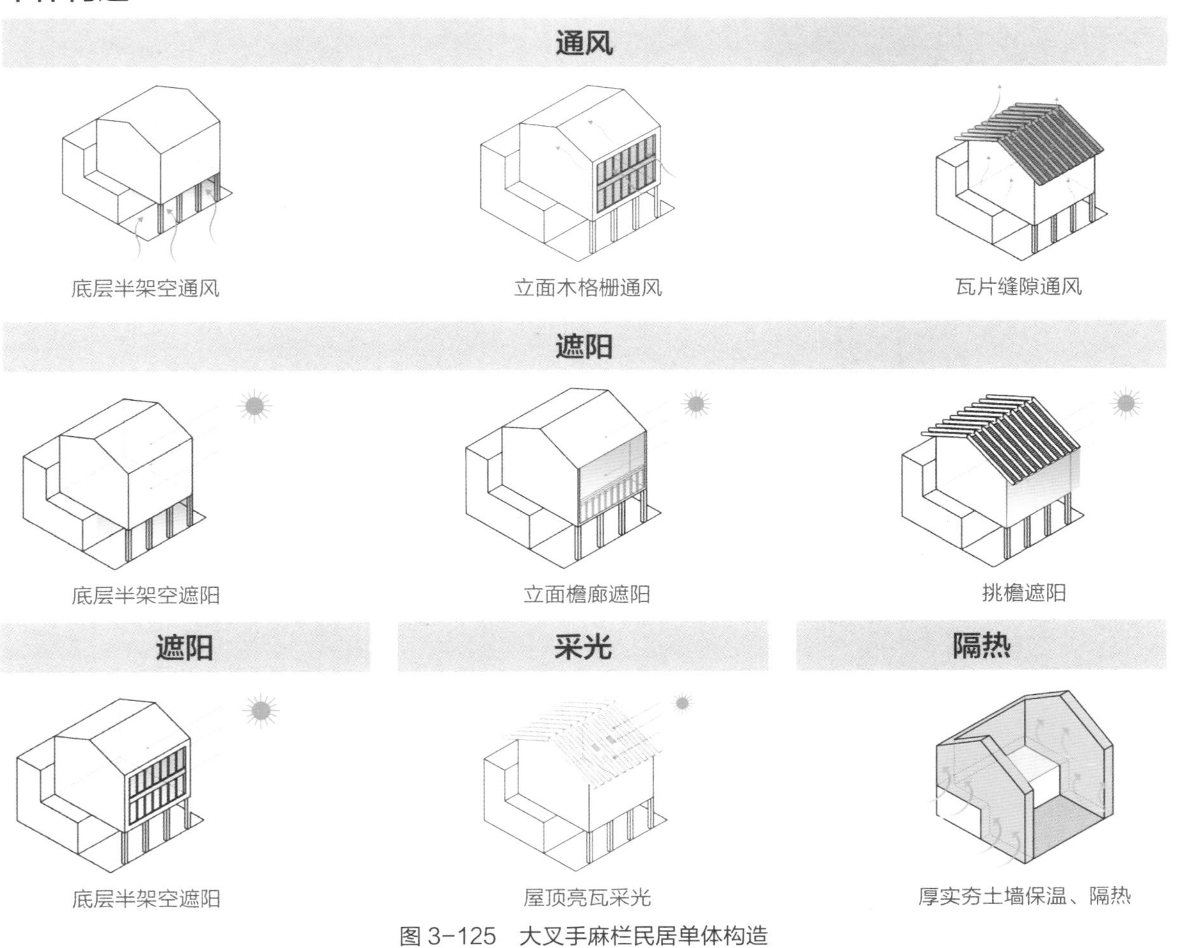

图 3-125　大叉手麻栏民居单体构造

3.6.8 翁式老宅（图 3-126 至图 3-128）

图 3-126 南洋民居乐城村翁式老宅

翁式老宅主要分布于我国海南北部地区。该类型民居主要采用了以下策略来应对当地特殊的气候条件：

规划层面（图 3-127）

1. 坐北朝南
2. 庭院采光
3. 庭院通风
4. 多重封闭院落防风

单体层面（图 3-128）

1. 檐廊遮阳
2. 女儿墙遮阳
3. 镂空门窗遮阳
4. 镂空门窗通风
5. 厅堂南北贯通通风
6. 空斗砖墙保温、隔热

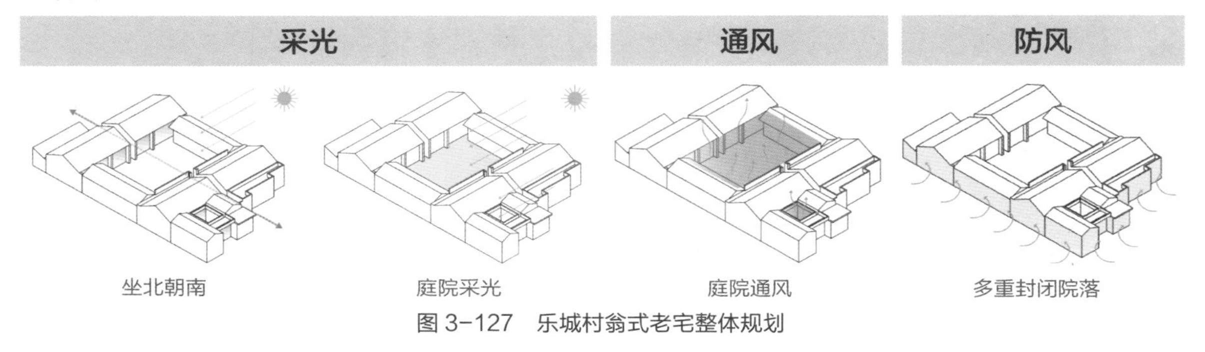

图 3-127 乐城村翁式老宅整体规划

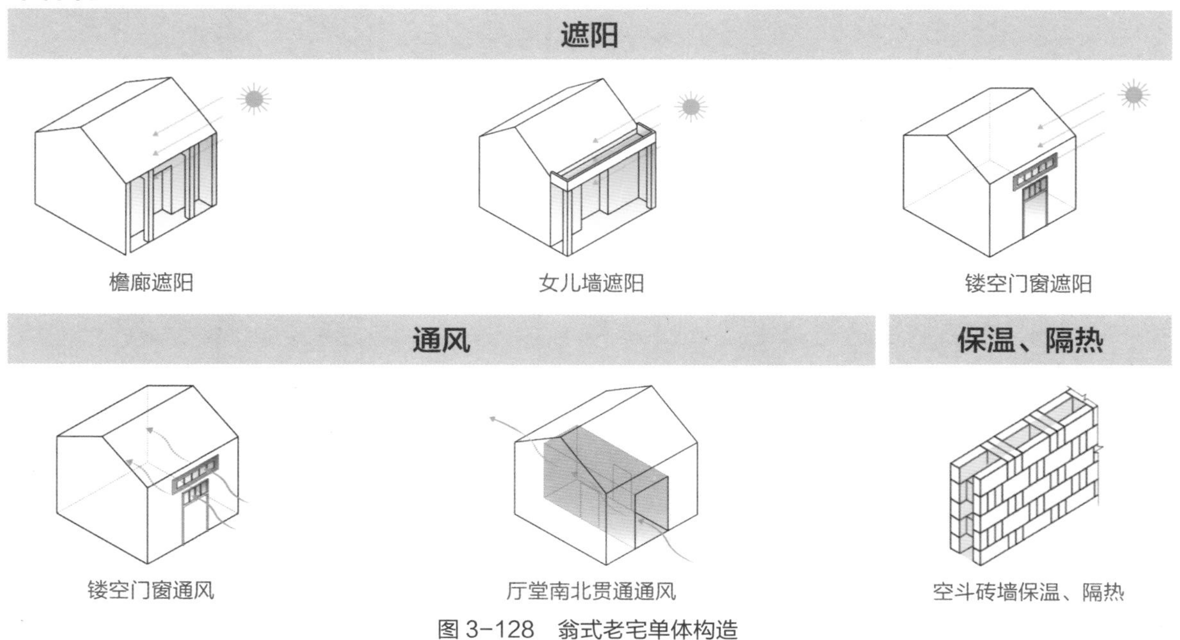

图 3-128 翁式老宅单体构造

3.6.9　多进院落民居（图 3-129 至图 3-131）

图 3-129　岭头村梁宅多进院落民居

多进院落民居主要分布于我国海南北部地区。该类型民居主要采用了以下策略来应对当地特殊的气候条件：

规划层面（图 3-130）

1. 院落逐渐减小为主屋遮阳
2. 侧房为主屋遮阳
3. 侧房檐廊遮阳
4. 坐北朝南的整体布局
5. 院落采光
6. 侧房檐廊通风

单体层面（图 3-131）

1. 檐廊遮阳
2. 格栅门窗遮阳
3. 高侧窗通风
4. 水泥柱子防腐

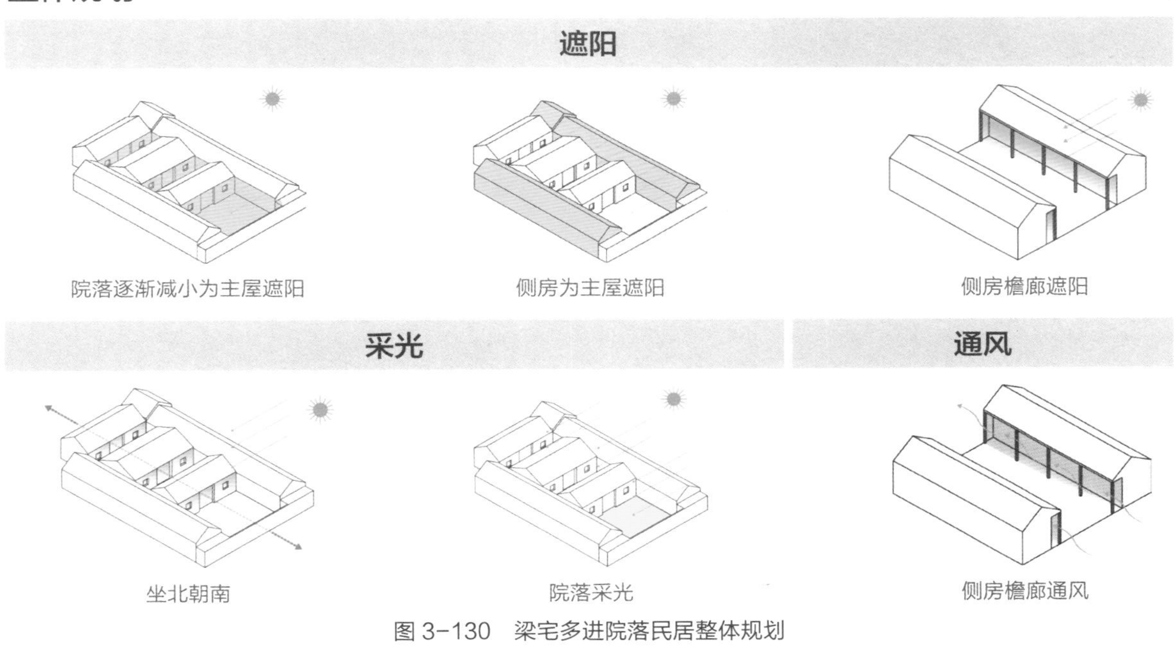

图 3-130　梁宅多进院落民居整体规划

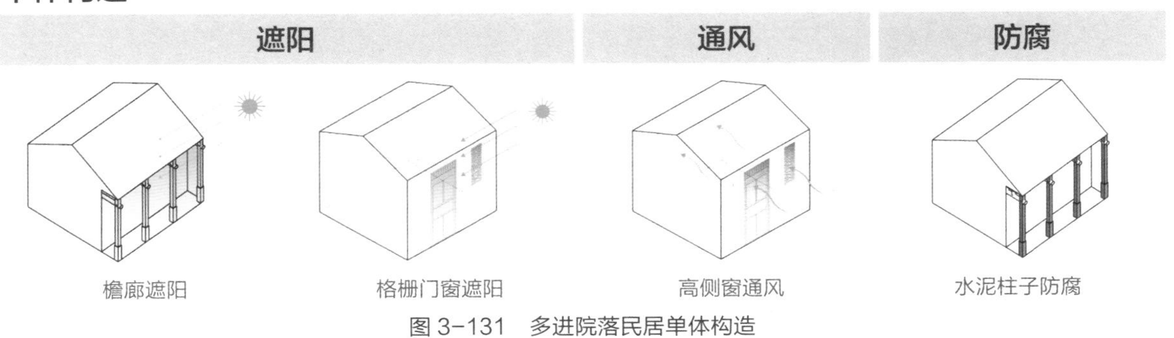

图 3-131　多进院落民居单体构造

3.6.10 船型屋（图 3-132 至图 3-133）

图 3-132 海南白查村船型屋

船型屋主要分布于我国海南北部地区。该类型民居主要采用了以下策略来应对当地特殊的气候条件：

单体层面（图 3-133）

1. 茅草屋顶通风
2. 底层架空通风
3. 高侧窗通风
4. 天窗高侧窗采光
5. 底层架空遮阳
6. 挑檐遮阳
7. 石材柱础防腐
8. 茅草屋顶保温、隔热
9. 木骨泥墙保温、隔热

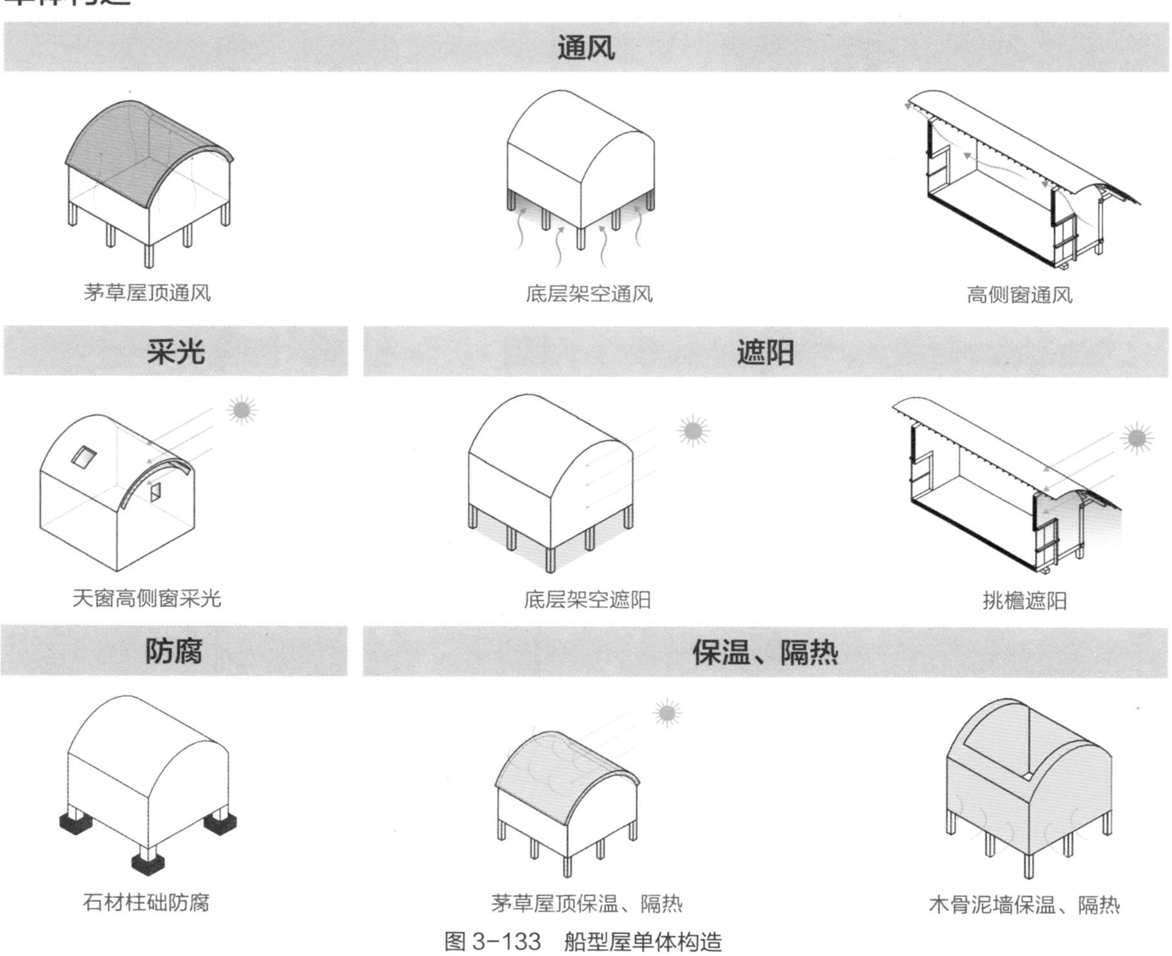

图 3-133 船型屋单体构造

3.6.11　骑楼民居（图 3-134 至图 3-136）

图 3-134　文昌铺前胜利街 55 号骑楼

骑楼民居主要分布于我国海南北部地区。该类型民居主要采用了以下策略来应对当地特殊的气候条件：

规划层面（图 3-135）

1. 两排骑楼之间巷道遮阳
2. 底层南北贯通通风
3. 联排布局保温、隔热

单体层面（图 3-136）

1. 阳台遮阳
2. 女儿墙遮阳
3. 底层局部架空遮阳
4. 栏板遮阳
5. 底层局部架空通风
6. 通高中厅通风
7. 底层开高侧窗通风
8. 双层屋顶保温、隔热

整体规划

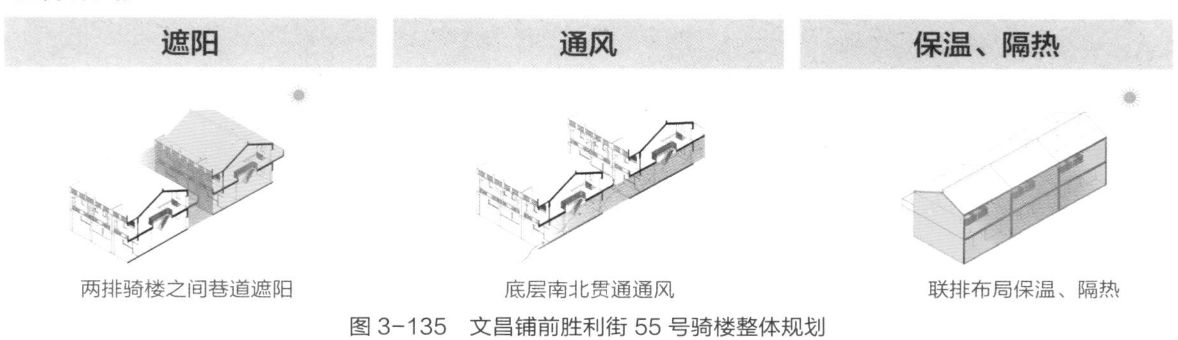

图 3-135　文昌铺前胜利街 55 号骑楼整体规划

单体构造

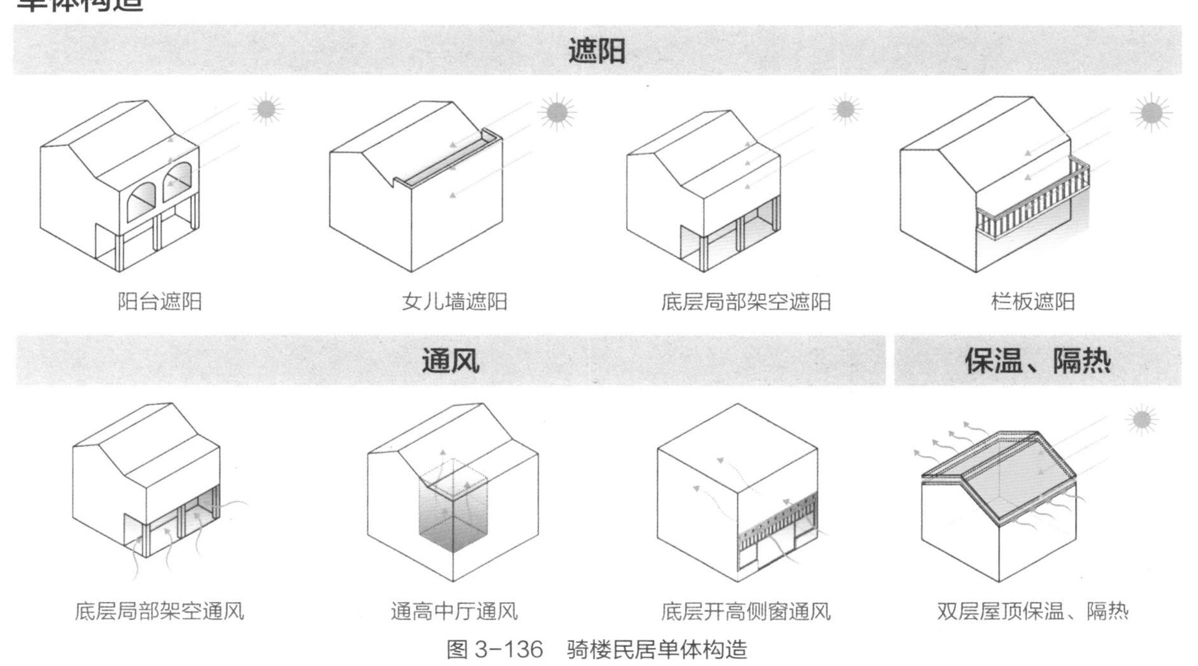

图 3-136　骑楼民居单体构造

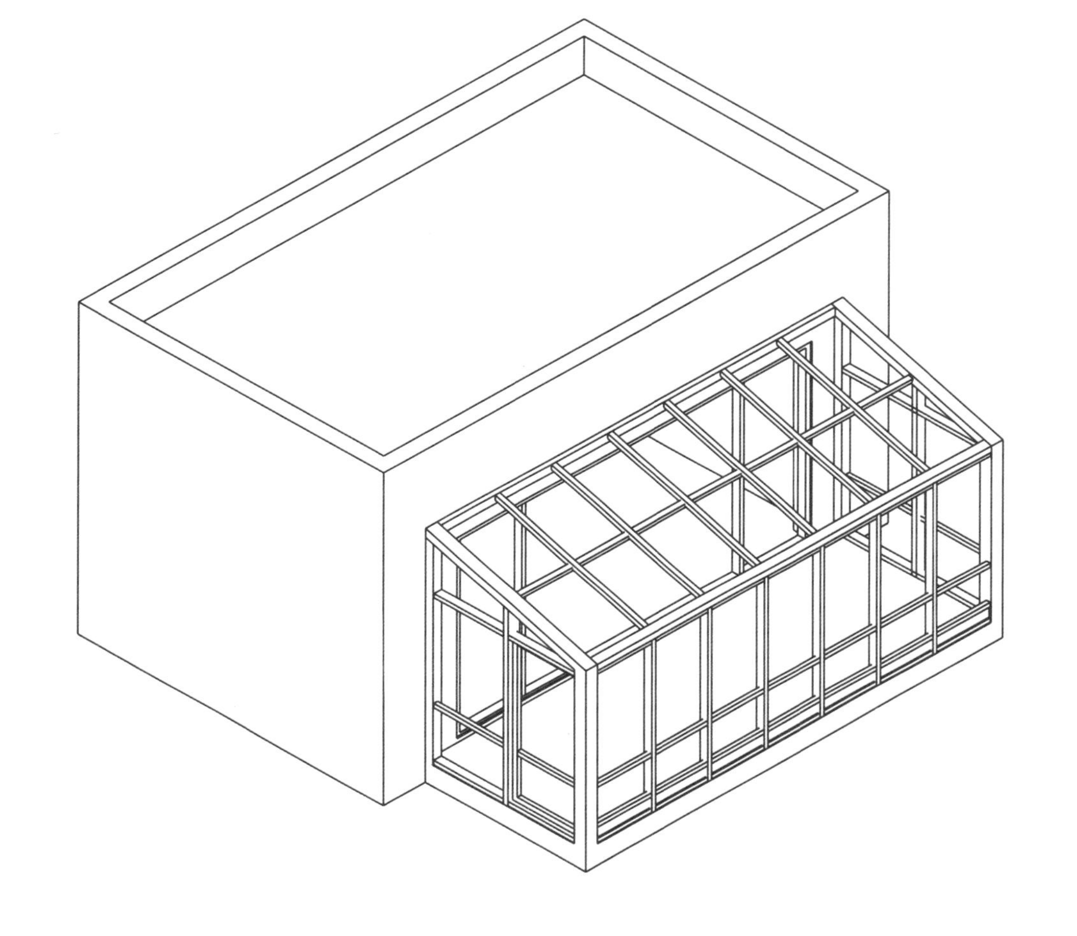

第 4 章

当代乡村民居建筑改造技术措施

本章从结构加固、建筑节能、排污处理和光环境改善四个方面介绍了当代乡村民居建筑的改造技术措施。结构加固从地基加固、基础加固、砖混结构加固、砖木（瓦）结构加固、混凝土结构加固、砌体结构加固、木结构加固等方面详细介绍了各种结构类型的乡村民居经济合理、牢固实用的抗震加固方式；又从建筑节能、排污和光环境等方面提出改善策略，旨在提高农村民居的舒适度。

4.1 结构加固

4.1.1 地基加固

乡村民居建筑物的地基基础问题较多，主要有建筑物下沉、基础断裂或拱起、地基滑动等。对已有建筑物地基进行加固处理的方法有挤密法和灌浆法。(表 4–1)

表 4–1 挤密法和灌浆法的构造、模型、示例

做 法	构 造	模 型	示 例
挤密法 (石灰桩挤密加固)	1—地基； 2—封口； 3—石灰桩		
灌浆法	1—注浆孔		

4.1.2　基础加固

对乡村民居建筑物的基础进行加固也是十分重要的，包括基础加宽、外增基础和墩式加深。（表 4-2）

表 4-2　基础单双面加宽、外增基础、墩式加深的构造、模型、示例

做　法	构　造	模　型	示　例
基础单面加宽	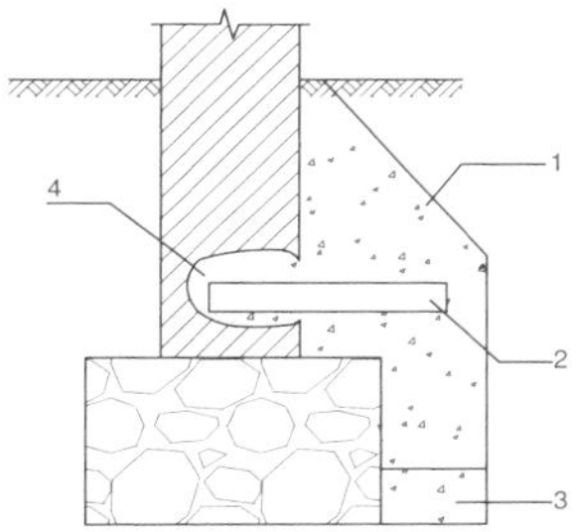 1—浇混凝土加宽；2—挑梁；3—垫层；4—锚固		
基础双面加宽	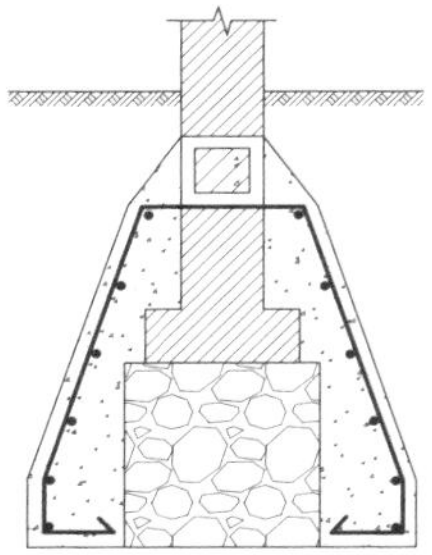	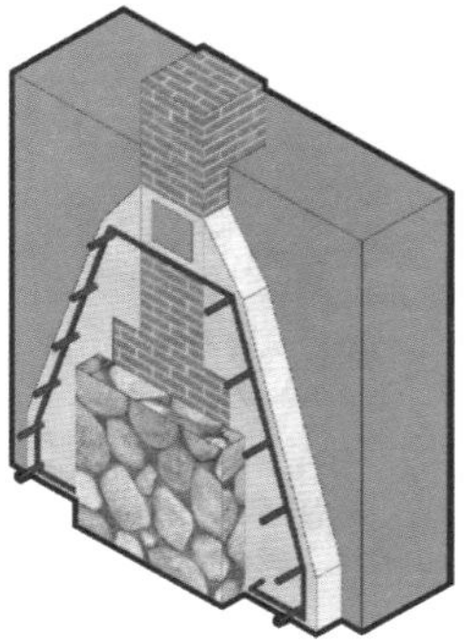	

续 表

做 法	构 造	模 型	示 例
外增基础	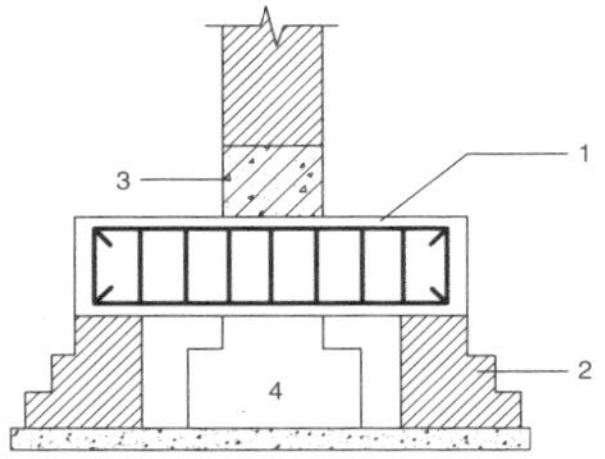 1—新加抬墙梁；2—新增独立基础； 3—地梁；4—原基础	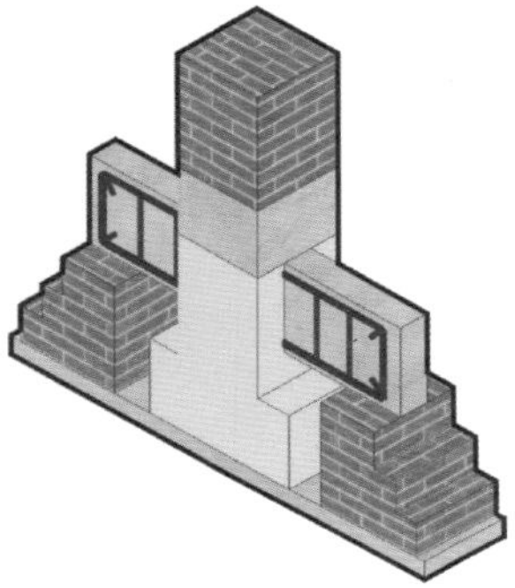	
墩式加深 （托换法）	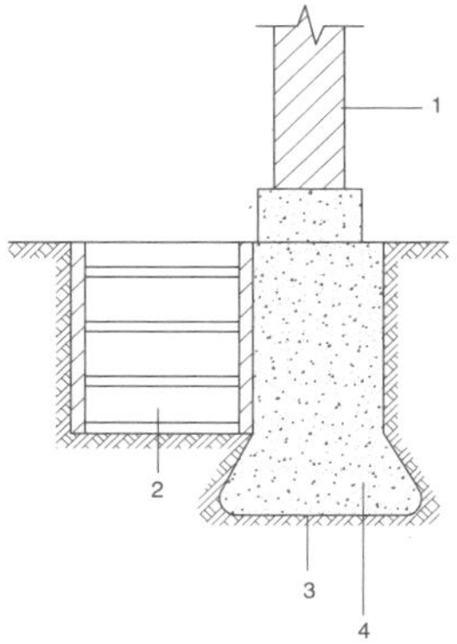 1—原墙；2—导坑回填土夯实； 3—开挖至所要求的持力层； 4—至持力层后浇混凝土墩	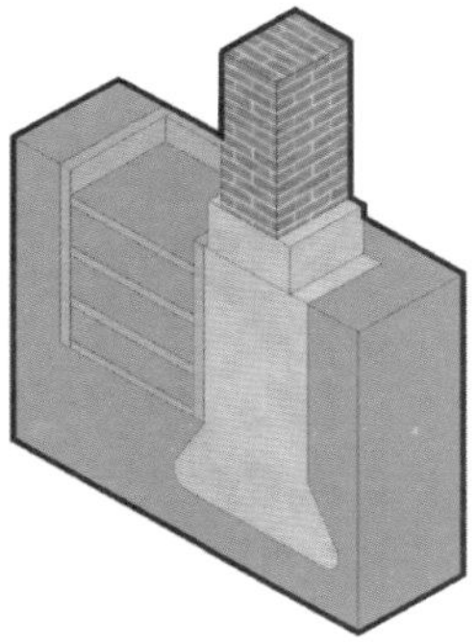	

4.1.3　砖混结构加固

砖混结构房屋的砌体材料较脆，延性差，且整体性也较差，因此也是改造加固的主要对象之一。砖混结构加固包括增设扶壁柱、外包钢砖柱加固、钢筋网水泥浆法加固砖墙。(表 4-3)

表 4-3　单双面增设扶壁柱、外包钢砖柱加固、钢筋网水泥浆法加固的构造、模型、示例

做　法	构　造	模　型	示　例
单面增设扶壁柱	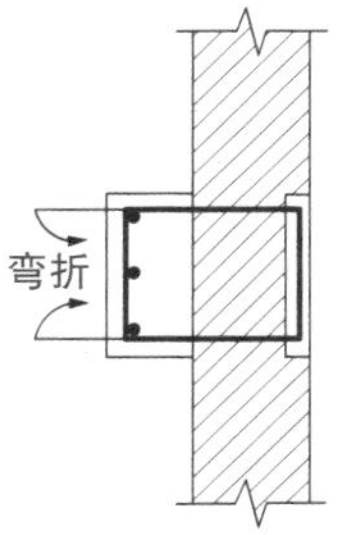 弯折	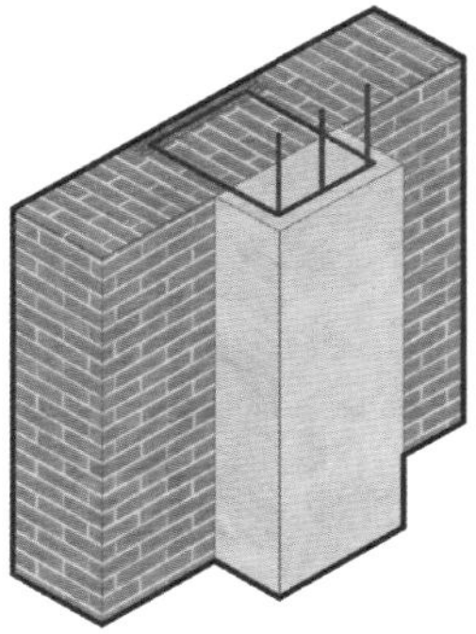	
双面增设扶壁柱	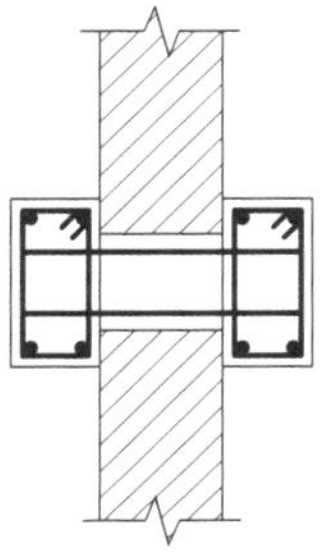	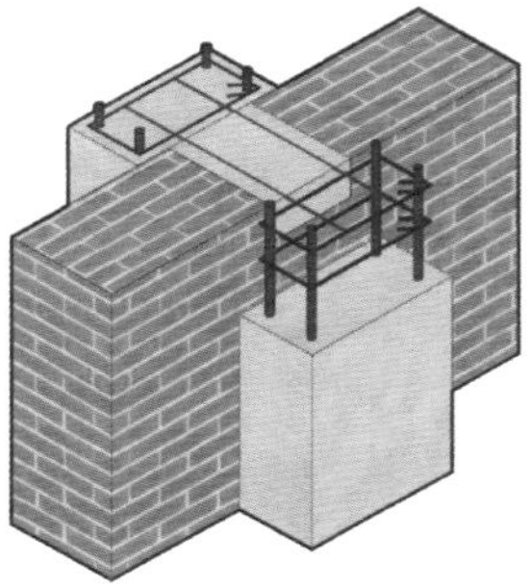	

续 表

做 法	构 造	模 型	示 例
外包钢砖柱加固	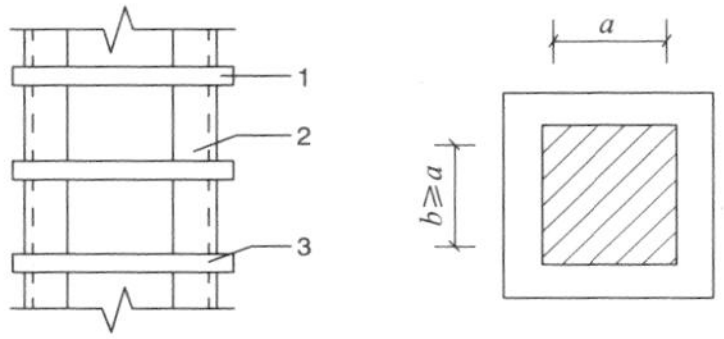 a b≥a 1 2 3 1—缀板；2—角钢；3—焊接		
钢筋网水泥浆法加固砖墙	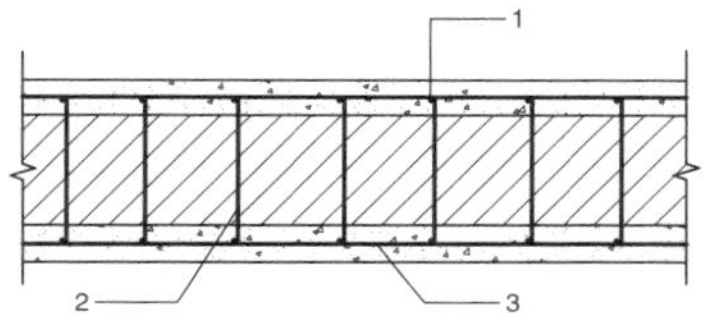 1 2 3 1—竖向受力钢筋；2—拉结钢筋；3—水平分布钢筋	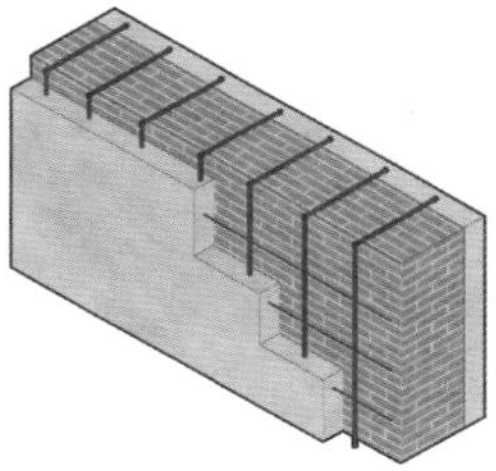	

4.1.4　砖木（瓦）结构加固

通过拉结筋、角钢、钢筋混凝土等构造做法，加固房屋部件与部件间的连接，从而保证砖木（瓦）结构的整体性。（表 4-4）

表 4-4　内外墙、墙和楼屋盖、外圈和圈梁间、外墙和外墙间的连接加固的构造、模型、示例

做　法	构　造	模　型	示　例
内外墙连接加固	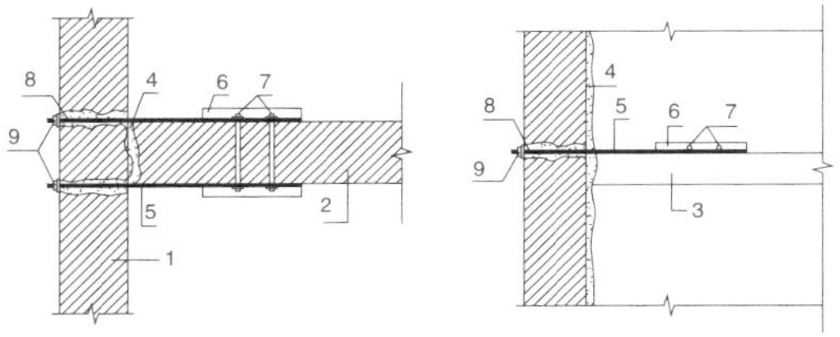 1—外墙；2—内墙；3—楼板； 4—墙接头处的裂缝（用砂浆填充）； 5—焊在角钢上的拉杆；6—角钢；7—螺栓； 8—墙中孔洞（放置拉杆后，用水泥砂浆填充）； 9—系紧用螺母	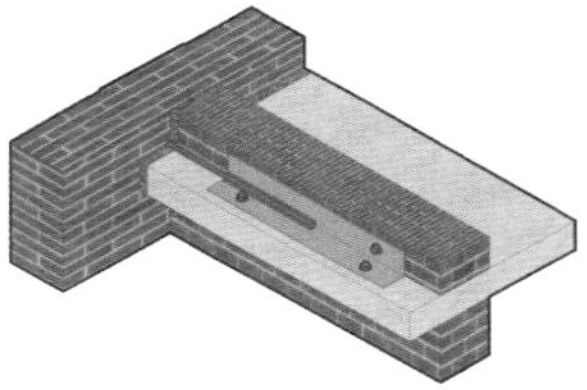	
墙和楼屋盖的连接加固	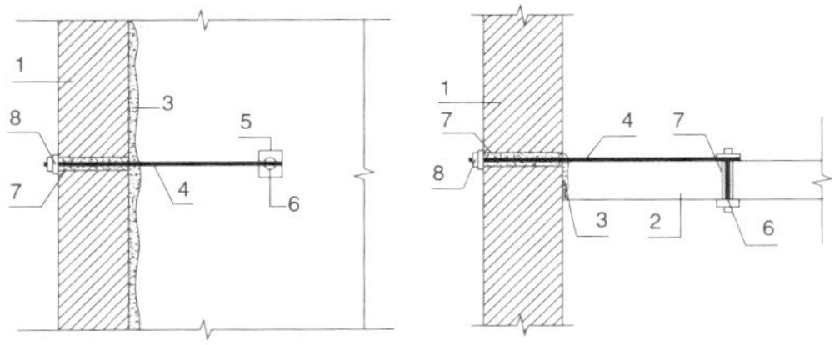 1—外墙；2—楼板； 3—墙与楼板之间的裂缝（用砂浆填充）； 4—焊在角钢上的拉杆；5—钢板；6—螺栓； 7—墙和楼板中的孔洞（放置拉杆和螺栓后，用水泥砂浆填充）；8—系紧用螺母		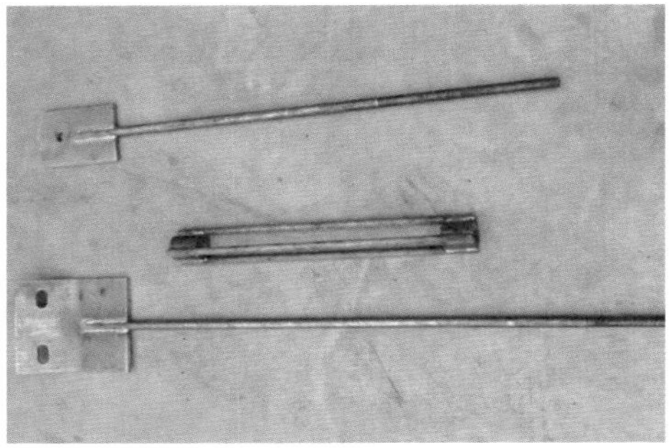

续 表

做 法	构 造	模 型	示 例
外墙和圈梁间的连接加固	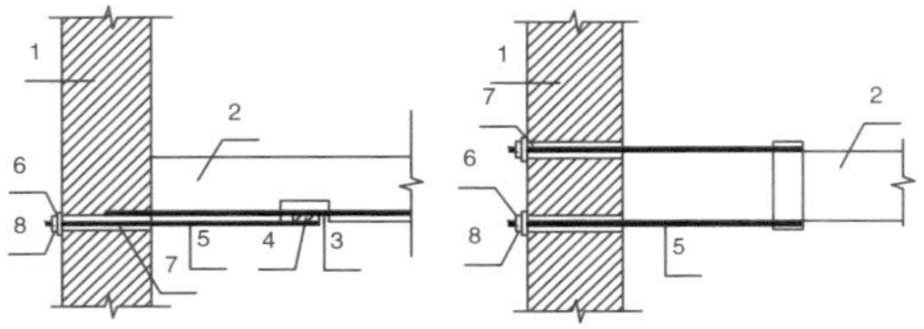 1—外墙；2—圈梁；3—梁的裸露钢筋； 4—焊在梁裸露钢筋上的钢板； 5—焊在钢板上的拉杆；6—固定拉杆用的垫板； 7—墙中的孔洞（放置拉杆和螺栓后，用水泥砂浆填充）； 8—系紧用螺母	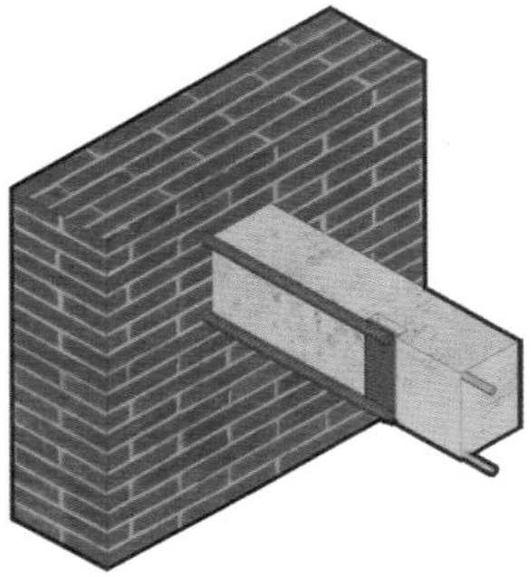	
外墙和外墙间的连接加固（加固阴角）	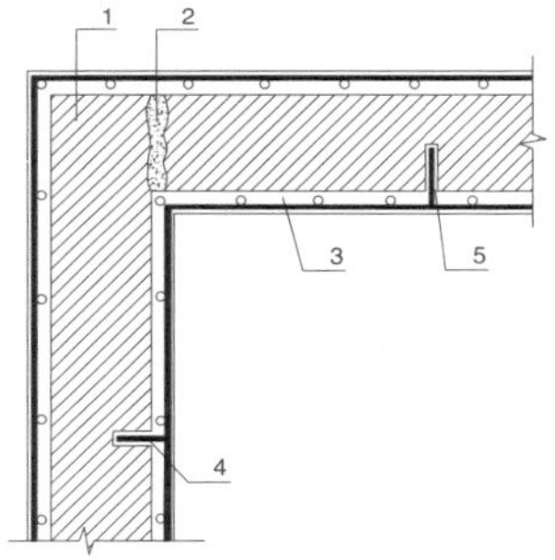 1—外墙转角； 2—墙接头处的裂缝（填以砂浆）； 3—钢筋网； 4—用变形钢筋做的锚筋，直径为 10 mm，沿水平线和垂直线每隔 600~800 mm 一个； 5—墙中钻好的深度不小于 100 mm 的孔洞	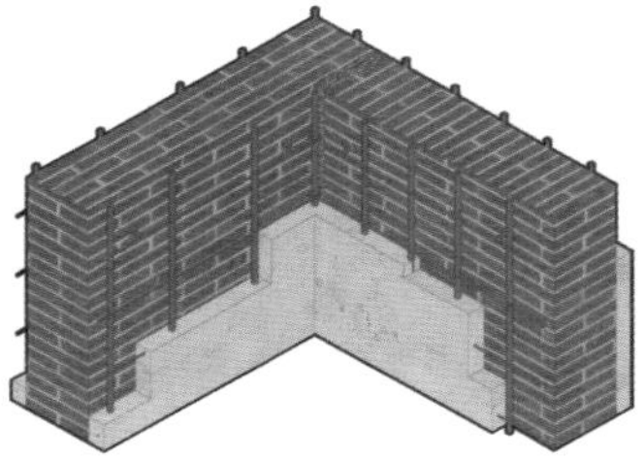	
外墙和外墙间的连接加固（加固转角）	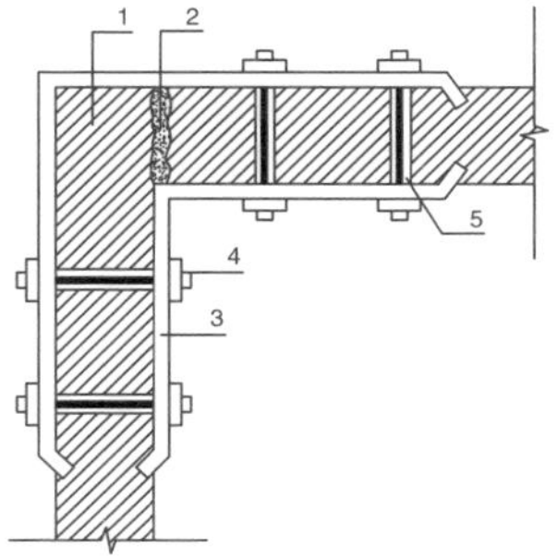 1—外墙转角； 2—墙接头处的裂缝（填以砂浆）； 3—用钢条做的双面钢结合板； 4—系紧用螺栓； 5—墙中钻好的孔洞（安放好螺栓后，填以砂浆）	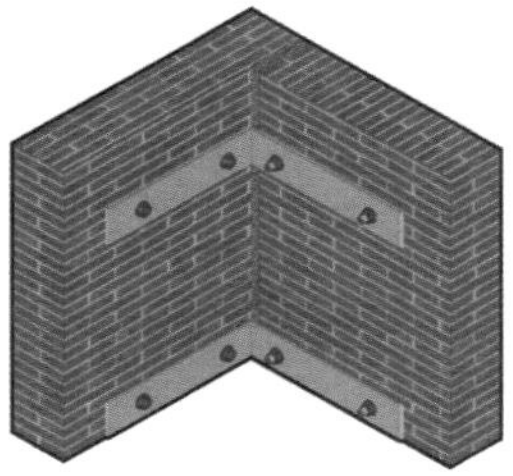	

4.1.5　混凝土结构加固

1）钢构套加固（外包钢加固法）

混凝土结构的框架梁柱的抗震承载力不足时，可利用钢构套加固混凝土框架，在构件的一侧或多侧包以钢构套。（表 4-5）

表 4-5　钢构套加固梁、加固柱的构造、模型、示例

做　法	构　造	模　型	示　例
加固梁	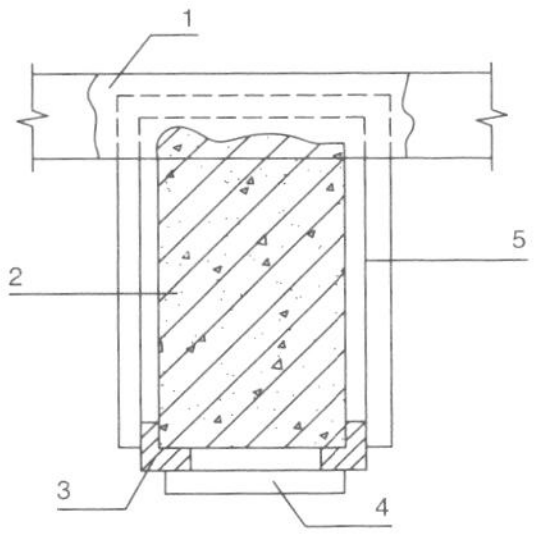 1—凿孔并用细石混凝土填实； 2—原梁； 3—角钢； 4—钢缀板； 5—口型钢缀板	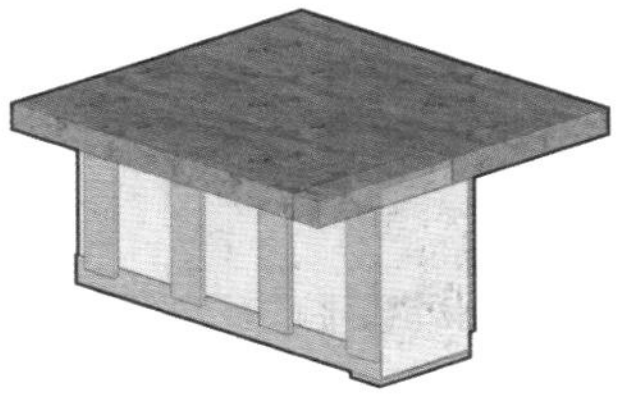	
加固柱	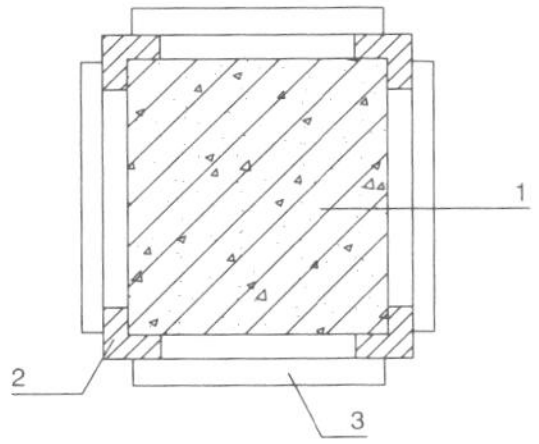 1—原柱； 2—角钢； 3—钢缀板		

2）钢筋混凝土套加固（增大截面加固法）

混凝土结构的框架梁柱的抗震承载力不足时，可利用钢筋混凝土套加固混凝土框架，在构件的一侧或多侧包以现浇钢筋混凝土套加固。（表 4-6）

表 4-6　钢筋混凝土套加固梁、加固柱的构造、模型、示例

做　法	构　造	模　型	示　例
加固梁	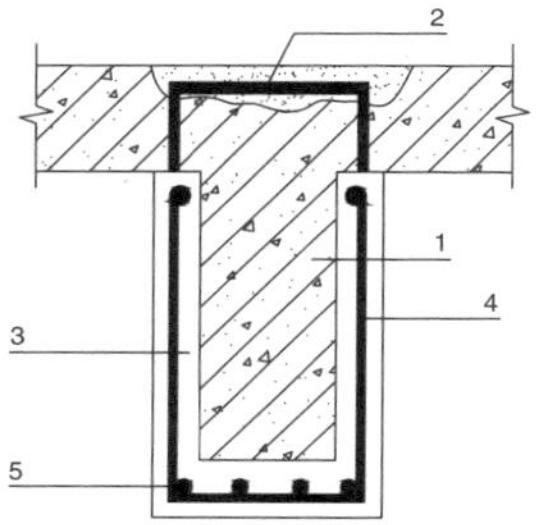 1—原梁； 2—新增封闭箍筋； 3—混凝土套； 4—新增箍筋； 5—新增纵向钢筋	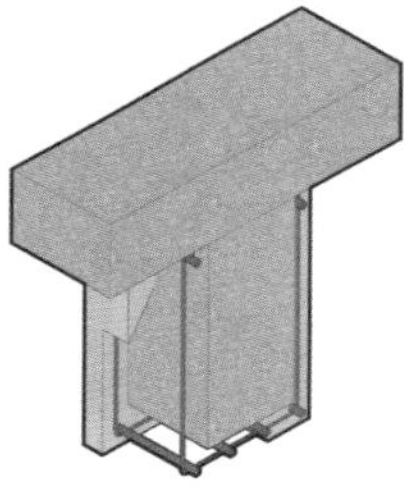	
加固柱	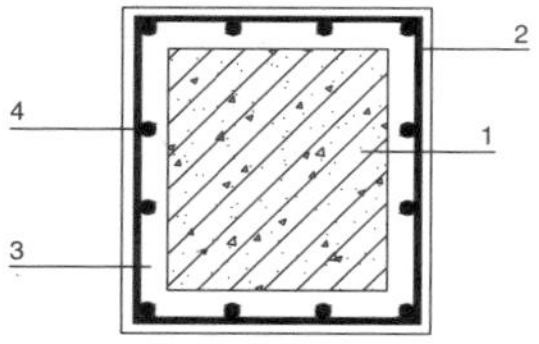 1—原柱； 2—新增箍筋； 3—混凝土套； 4—新增纵向钢筋	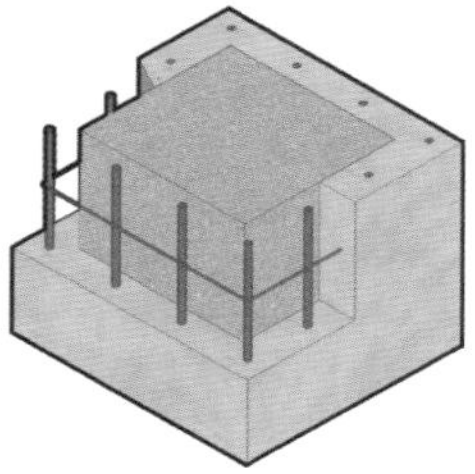	

4.1.6　加强砌体墙与框架连接

当墙体与框架柱连接不良时，可增设拉筋连接；当墙体与框架梁连接不良时，可在墙顶增设钢夹套与梁拉结。（表 4-7）

表 4-7　墙体与柱的连接、墙体与梁的连接的构造、模型、示例

做　法	构　造	模　型	示　例
墙体与柱的连接（拉筋连接）	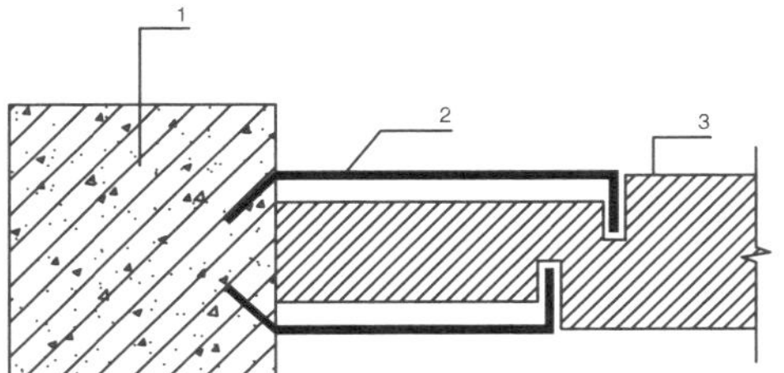 1—柱；2—拉筋；3—墙	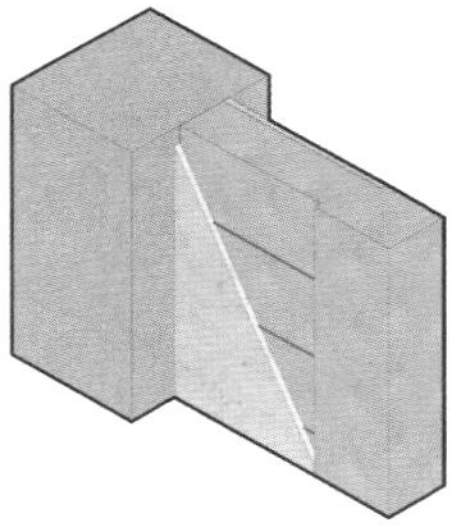	
墙体与梁的连接（钢夹套连接）	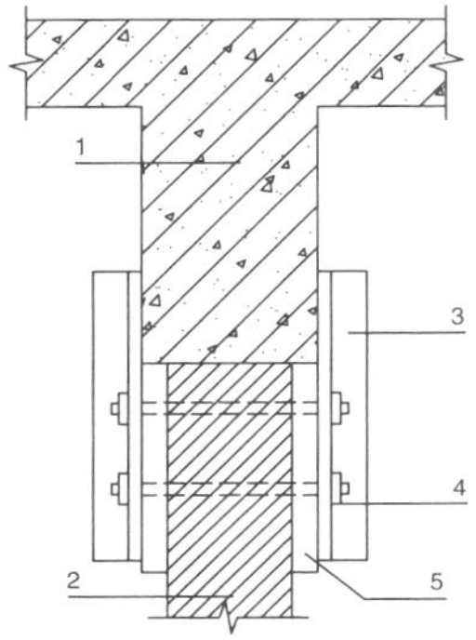 1—梁；2—墙；3—角钢；4—螺栓；5—垫木	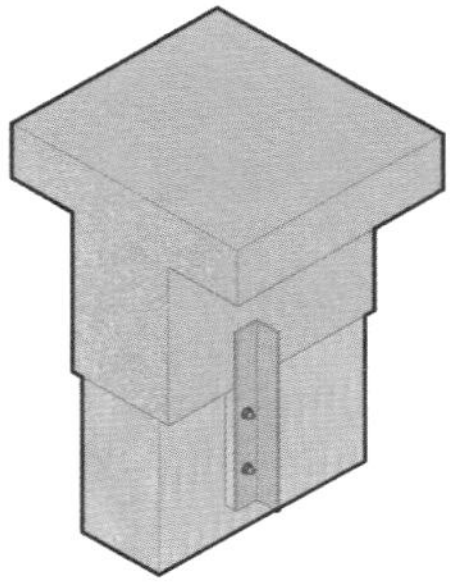	

4.1.7 木结构加固

1）木构架之间的加强连接

通过加强斜撑或用螺栓连接斜撑增强木屋架的整体性，以及空间抗震能力。或在接头处增设托木，或采用铁件、螺栓等方法来加强木构架构件间的连接。（表 4-8）

表 4-8 加强斜撑、螺栓连接斜撑、斜撑连接、屋架与柱节点连接加固木屋架的构造、模型、示例

做 法	构 造	模 型	示 例
木屋架用斜撑加固 （加强斜撑）	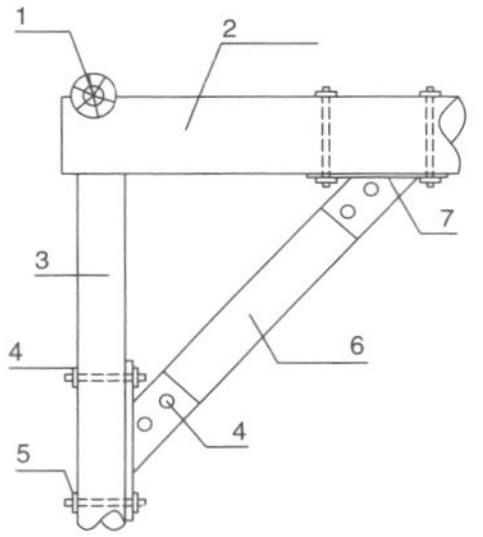 1—木檩条； 2—屋架、梁、坨； 3—木柱； 4—ϕ12 螺栓； 5—垫板； 6—新加木斜撑； 7—铁件	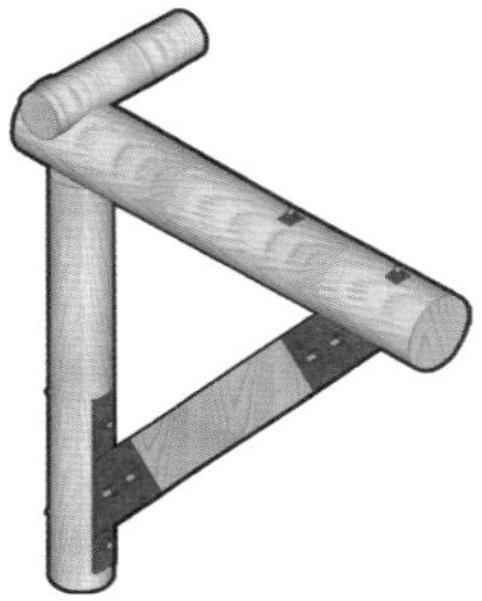	
木屋架用斜撑加固 （螺栓连接斜撑）	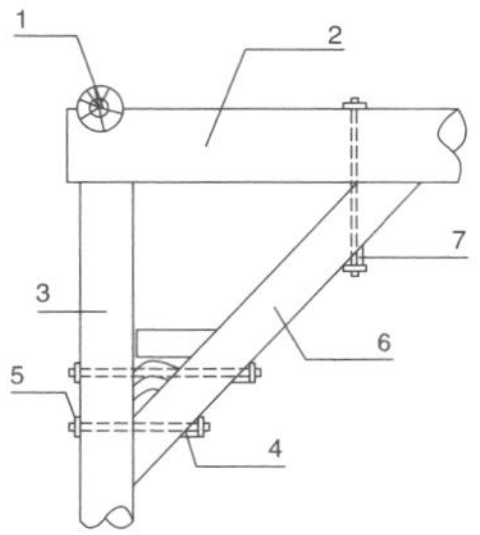 1—木檩条； 2—屋架、梁、坨； 3—木柱； 4—ϕ16 螺栓； 5—垫板； 6—新加木斜撑； 7—铸铁三角垫	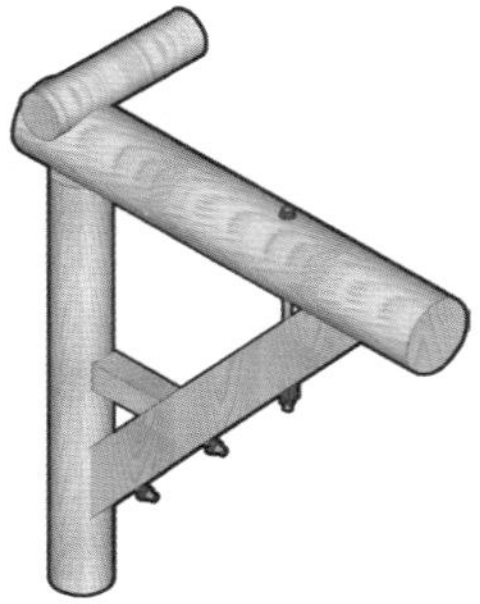	

续　表

做　法	构　造	模　型	示　例
斜撑连接	1—木柱； 2—螺栓； 3—斜撑		
屋架与柱节点连接	1—木柱； 2—铁杆； 3—水平杆； 4—斜杆； 5—托木； 6—螺栓		

2）增加木屋架或木梁支撑长度

采用扁铁和螺栓、混凝土垫块等方法来加强柱与木屋架的连接。（表 4-9）

表 4-9　采用扁铁和螺栓、混凝土垫块或螺栓加固柱与木屋架的挑檐的构造、模型、示例

做　法	构　造	模　型	示　例
用扁铁和螺栓加固柱与木屋架的挑檐	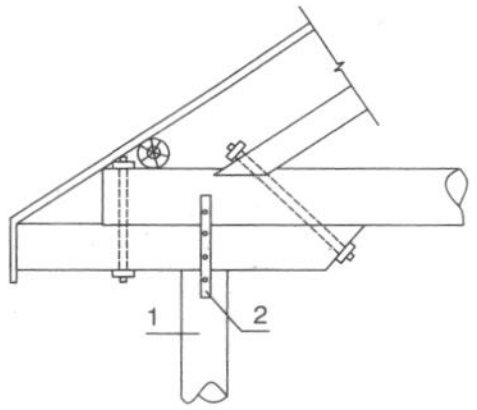 1—木柱； 2—扁钢	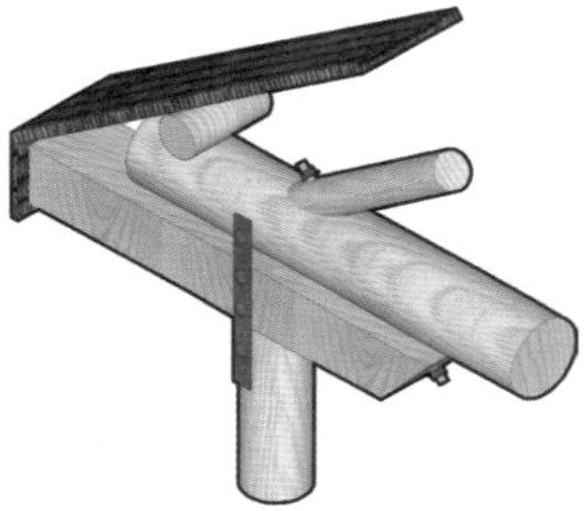	
用混凝土垫块或螺栓加固柱与木屋架的挑檐	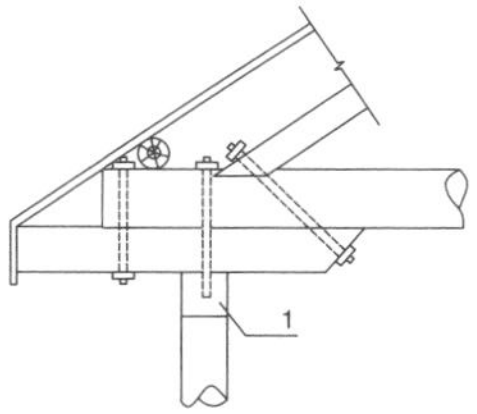 1—混凝土垫块，尺寸： 370 mm × 400 mm × 150 mm	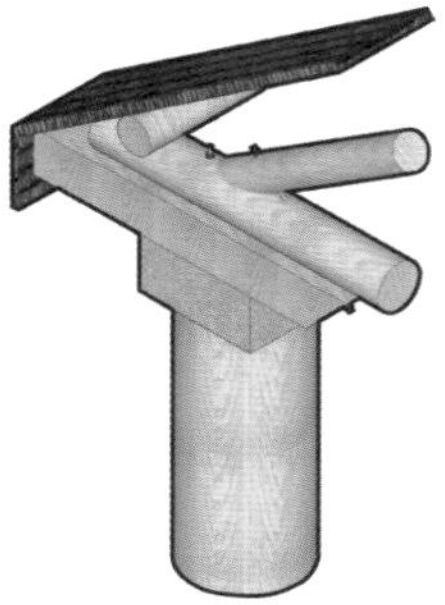	

3）增加木屋架支撑长度

运用角钢、圈梁加强木屋架支座的整体性和抗震性。（表 4−10）

表 4−10　圈梁、角钢加固木屋架支座的构造、模型、示例

做　法	构　造	模　型	示　例
木屋架支座加固 （加圈梁）	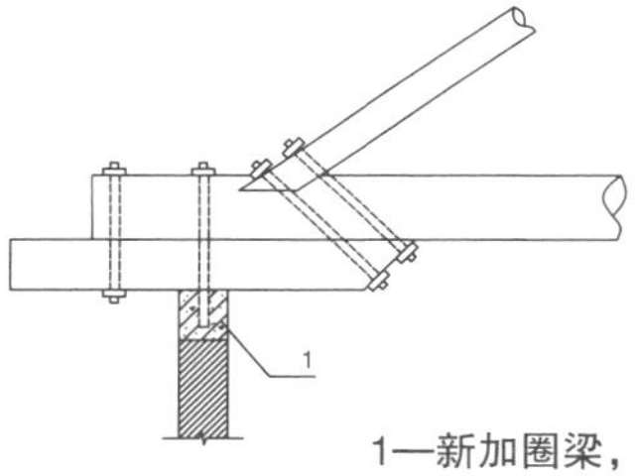 1 1—新加圈梁，高 180 mm	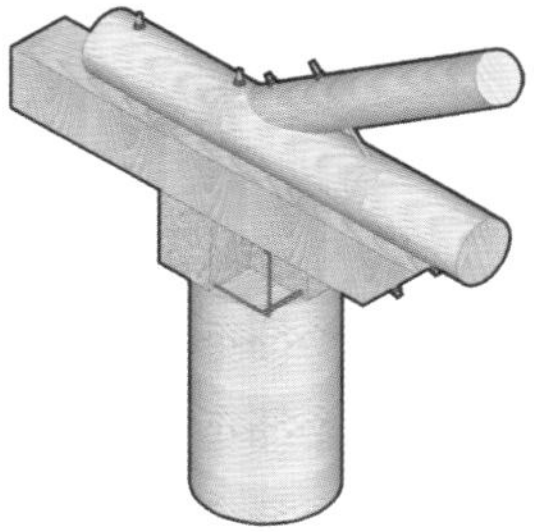	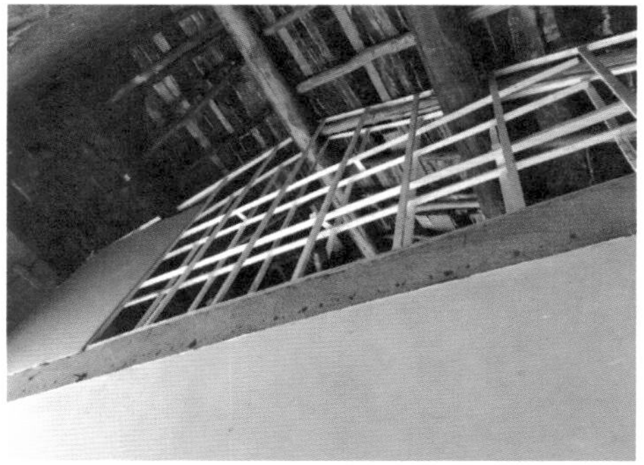
木屋架支座加固 （加角钢）	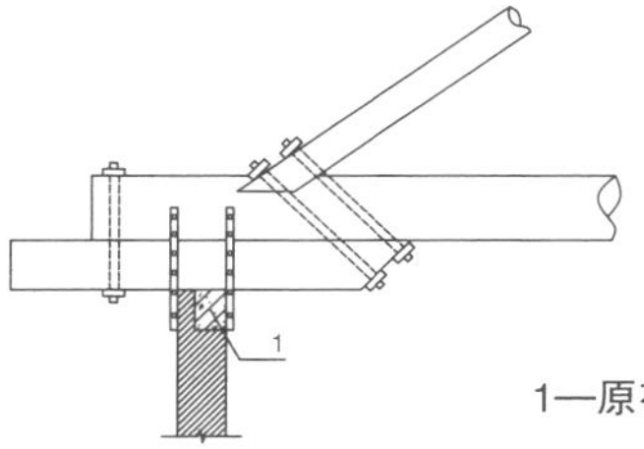 1 1—原有圈梁	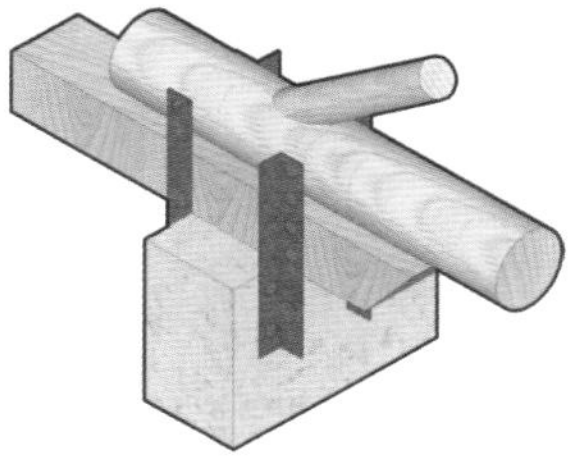	

4.1.8 木柱加固

运用铁箍或碳纤维布针对木构开裂、虫蛀等问题进行结构加固。（表 4−11）

表 4−11 增设铁箍、碳纤维布包裹加固木柱的构造、模型、示例

做 法	构 造	模 型	示 例
增设铁箍	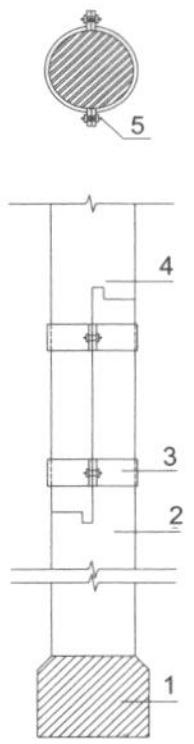 1—原木柱基础； 2—新接木柱； 3—50 mm × 5 mm 铁箍； 4—原木柱； 5—M8 螺栓		
碳纤维布包裹	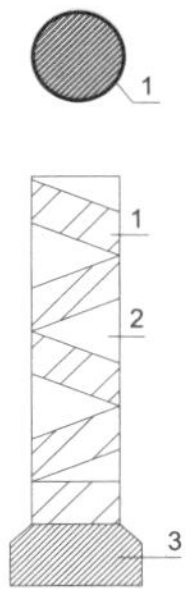 1—碳纤维布螺旋箍； 2—木柱； 3—原木柱基础	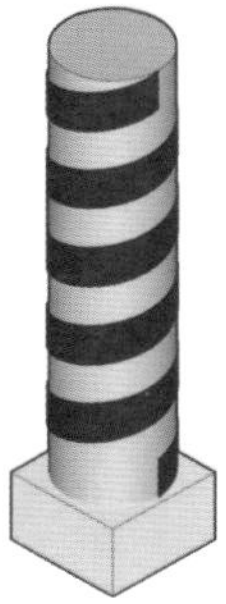	

4.1.9　生土房屋结构整体加固

生土建筑具有显著的生态性，但传统生土建筑抗震性能与耐水性能较差，常见有基础埋深较浅、砌筑粗糙、前后墙刚度相差较大、在震害中易产生裂缝甚至倒塌等结构问题。如要传承生土建筑的生态特性，则必须以工程技术手段优化生土建筑的围护结构与承重结构，在继承生态特性的同时增强安全性与耐久性。（表 4-12）

表 4-12　钢拉杆、角钢支托、方木墙揽与檩条连接、砂浆配筋、扶壁墙垛、重设或增设墙体、木龙骨加固法的构造、模型、示例

做　法	构　造	模　型	示　例
钢拉杆加固法	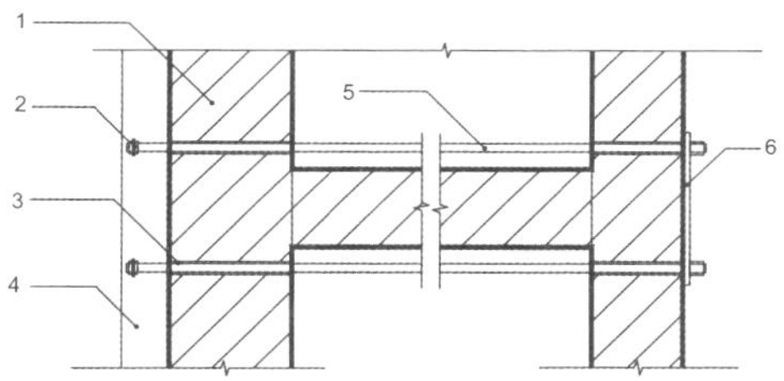 1—纵墙；2—端头埋件；3—钻孔；4—圈梁；5—钢拉杆；6—垫板	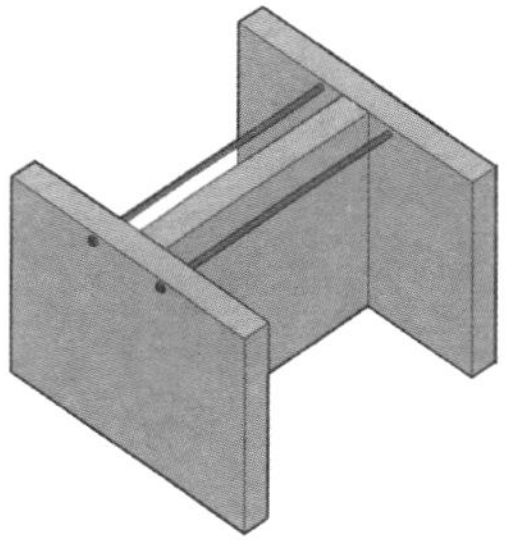	
角钢支托加固法	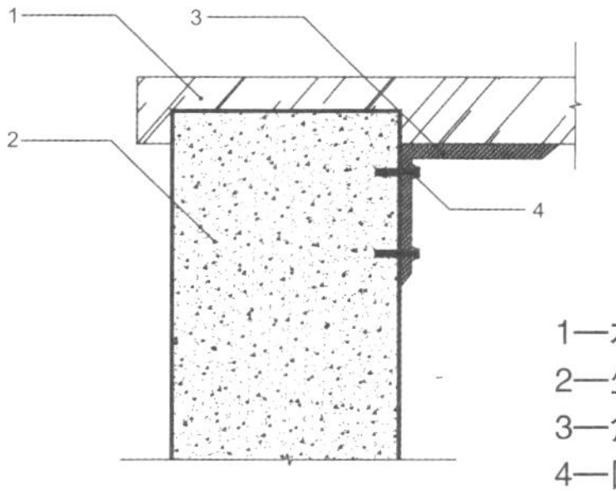 1—木梁；2—生土墙；3—角钢支架；4—固定螺栓	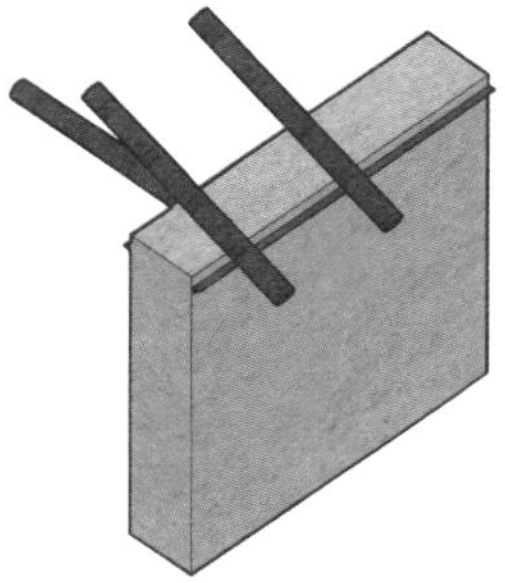	

续表

做法	构造	模型	示例
方木墙揽与檩条连接加固法	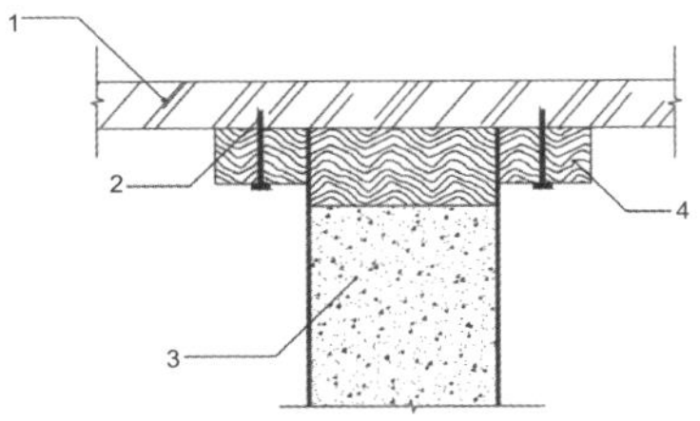 1—檩条；2—圆钉；3—山墙；4—方木	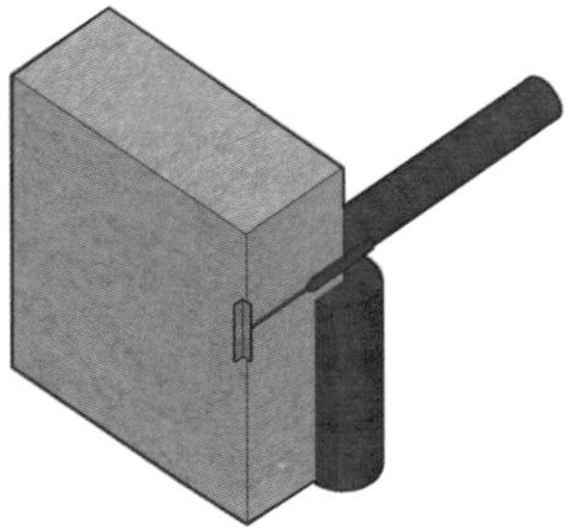	
砂浆配筋整体加固法	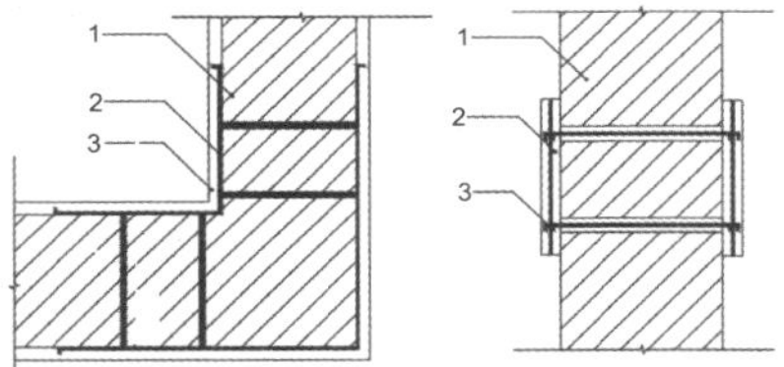 1—墙体；2—钢筋；3—水泥抹灰	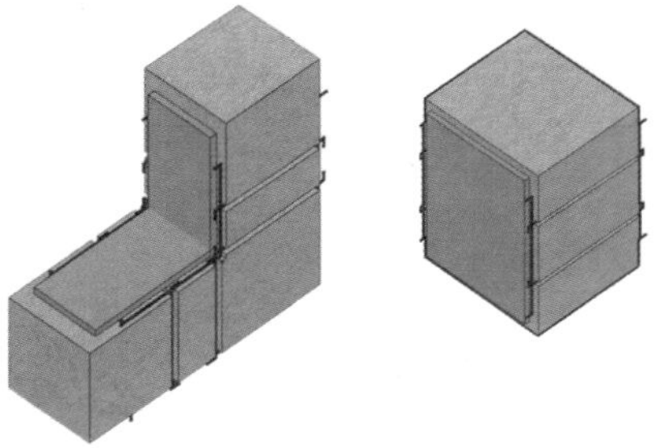	
扶壁墙垛加固法	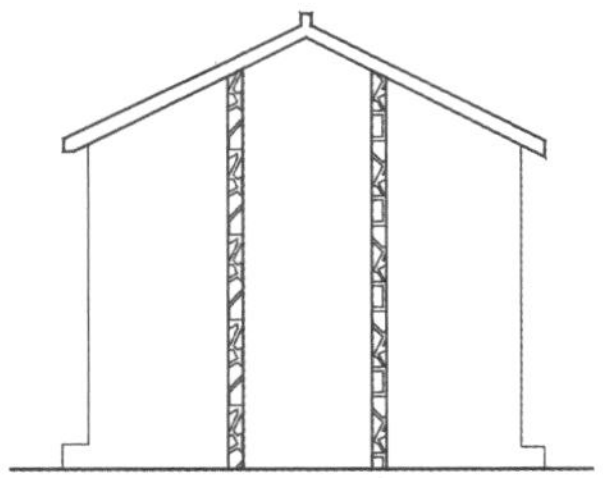	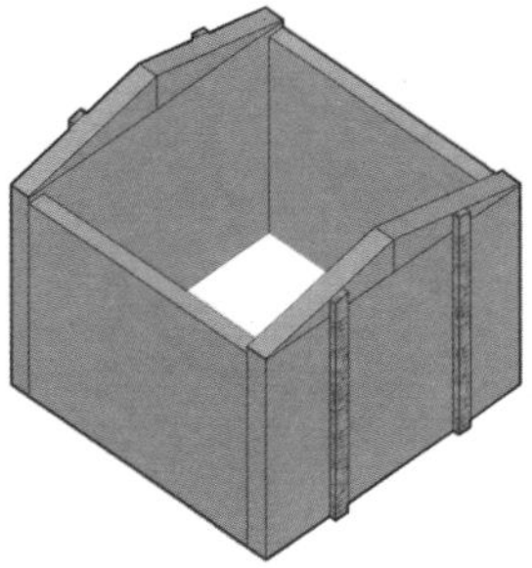	

续　表

做　法	构　造	模　型	示　例
重设或增设墙体加固法	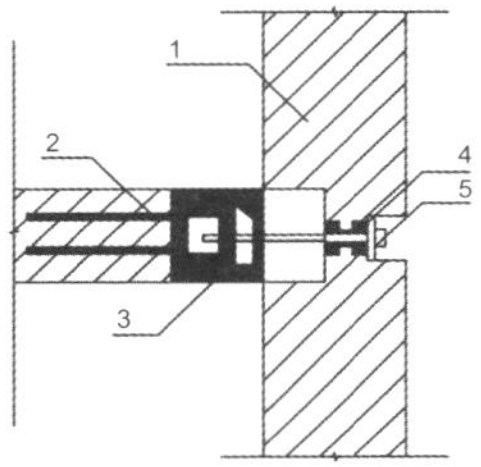 1—墙体； 2—拉结筋； 3—构造柱； 4—D25 孔：水泥砂浆； 5—M16L 型拉结螺栓	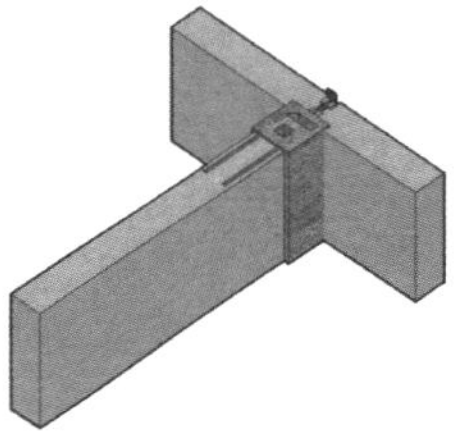	
木龙骨加固法	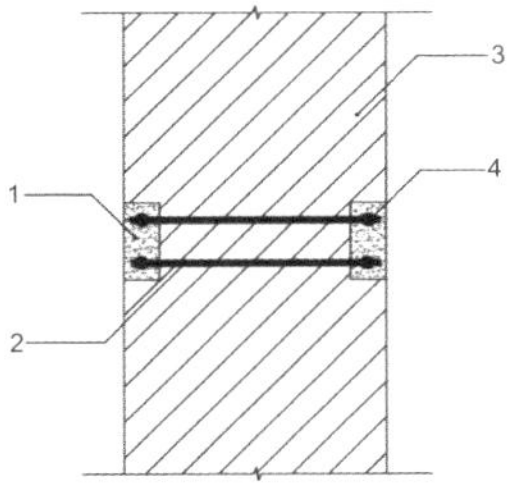 1—刻槽； 2—槽内穿墙拉结筋； 3—土坯墙； 4—槽内水平钢筋	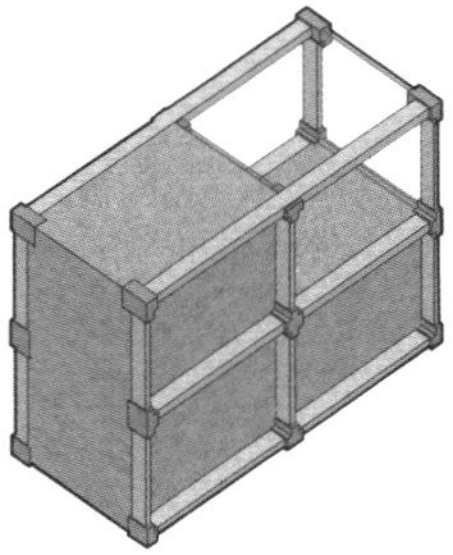	

4.2 建筑节能

4.2.1 外墙材料保温改造

外墙体是建筑外围护结构中面积最大的部分，也是与其他部分共同组成完整建筑外围护结构的连接环节。建筑外墙体节能技术可以分为单一墙体节能技术和复合墙体节能技术。单一墙体节能是指墙体材料本身具备保温、隔热的性能，可以满足建筑节能的需要。复合节能墙体由承重墙体和保温层两个大部分组成，根据基层和保温层的不同位置关系，可以分为外墙内保温、外墙夹芯保温、外墙外保温三大类。(表 4-13)

表 4-13 外墙内外保温的构造、模型、示例

做 法	构 造	模 型	示 例
外墙内保温 1	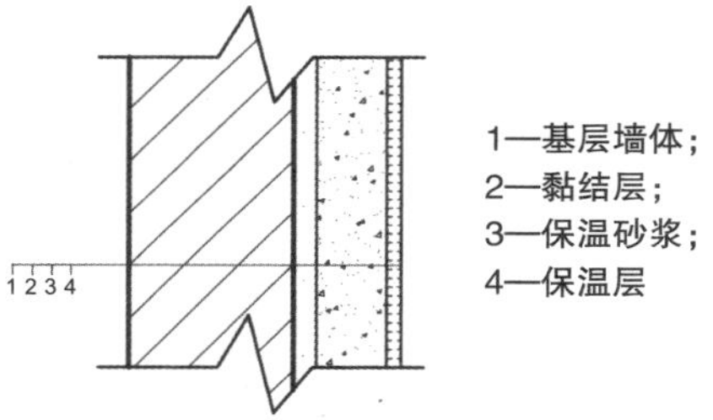 1234 1—基层墙体； 2—黏结层； 3—保温砂浆； 4—保温层	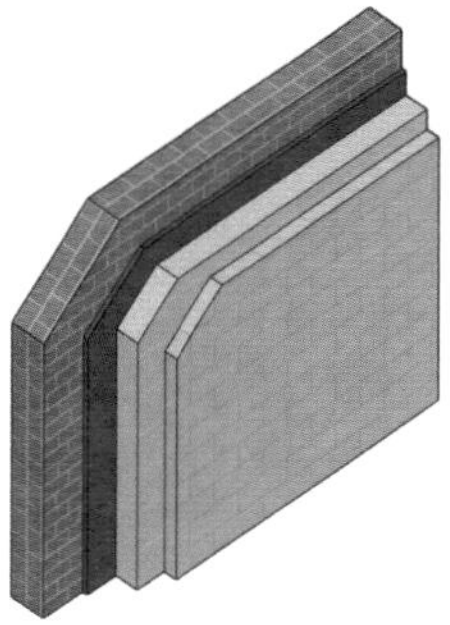	
外墙内保温 2	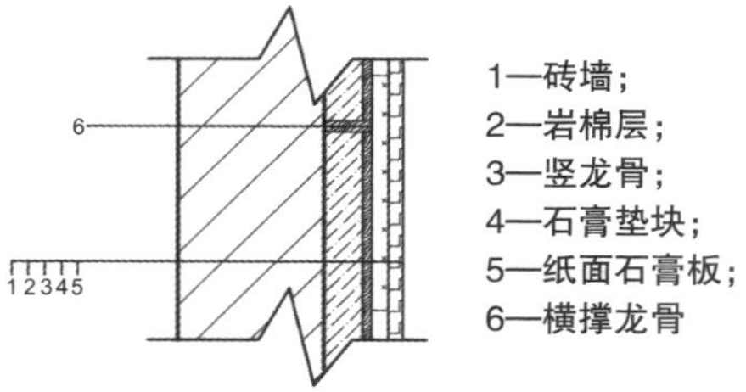 6 12345 1—砖墙； 2—岩棉层； 3—竖龙骨； 4—石膏垫块； 5—纸面石膏板； 6—横撑龙骨	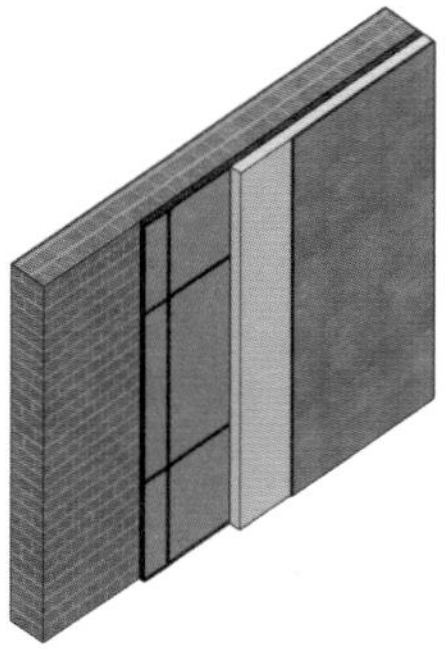	

续　表

做　法	构　造	模　型	示　例
外墙外保温 1	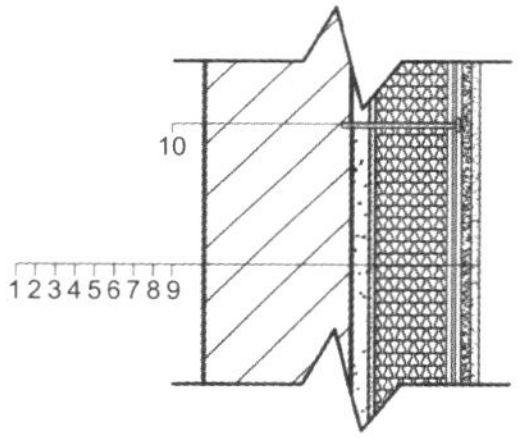 10 123456789 1—基层墙体； 2—砂浆找平层； 3—黏结层； 4—膨胀聚苯板； 5—抗裂砂浆； 6—耐碱玻纤网格布； 7—抗裂砂浆； 8—柔性耐水腻子； 9—涂料； 10—塑料膨胀螺栓	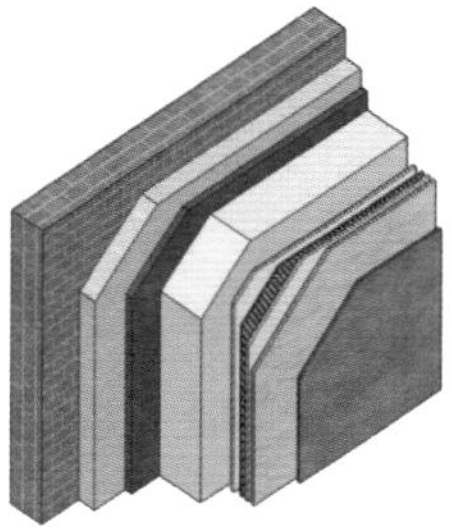	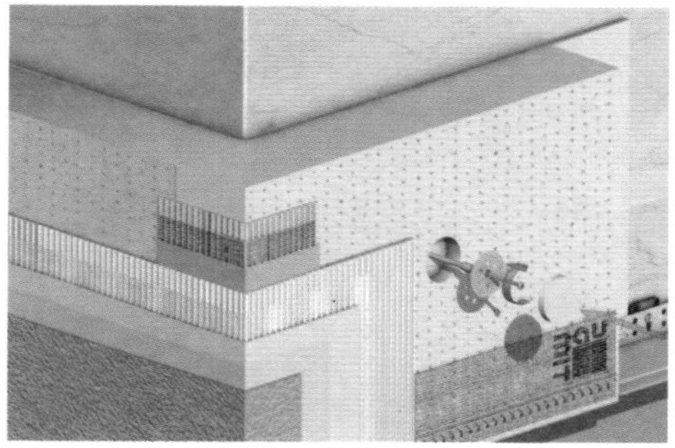
外墙外保温 2	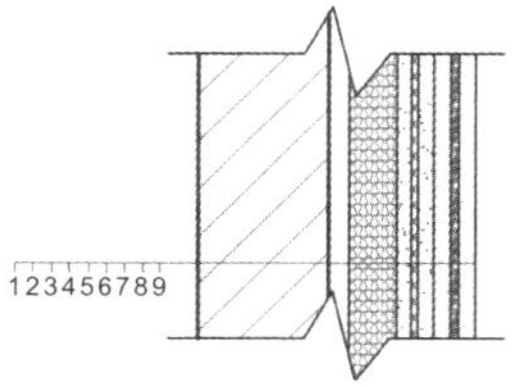 123456789 1—基层墙体； 2—界面层； 3—聚苯颗粒保温、隔热层； 4—抗裂砂浆； 5—耐碱玻纤网格布； 6—抗裂砂浆； 7—高分子弹性底层涂料； 8—柔性耐水腻子； 9—涂料	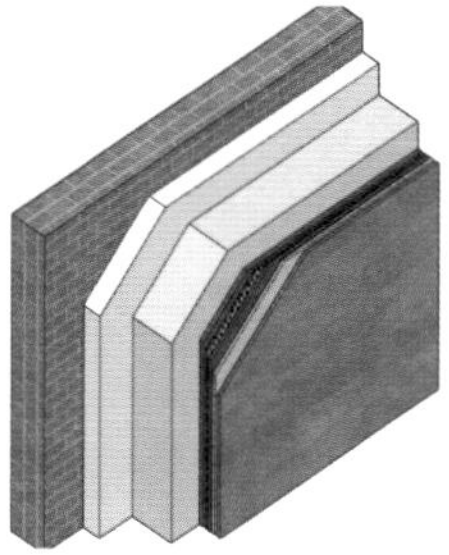	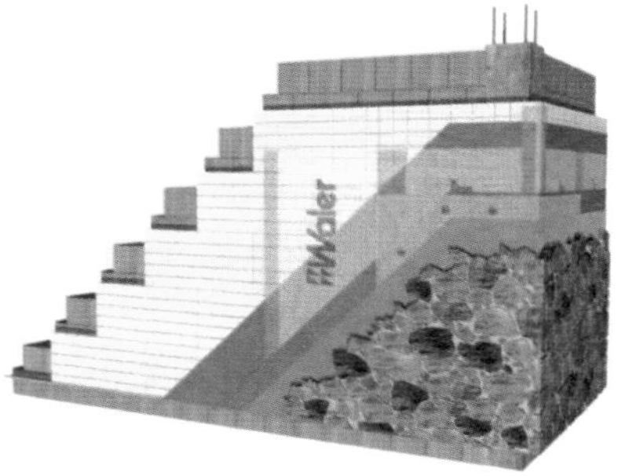

4.2.2 外墙附加保温改造

通过附加阳光间、设置特朗勃墙实现外墙保温。（表 4–14）

表 4–14 附加阳光间、特朗勃墙的构造、模型、示例

做　法	构　造	模　型	示　例
附加阳光间	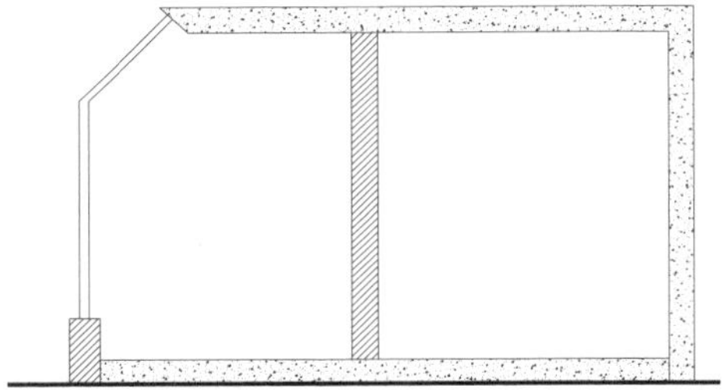	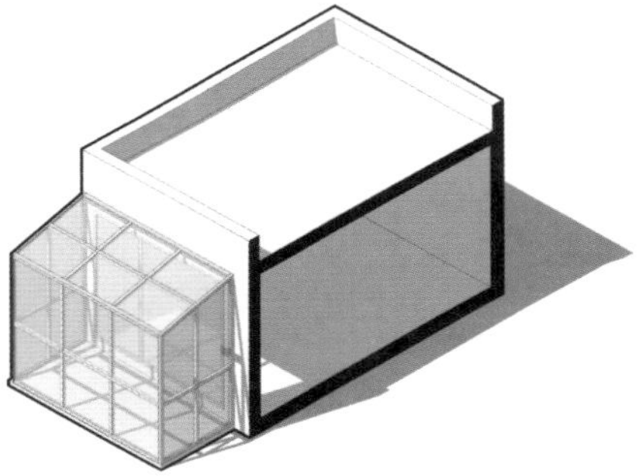	
特朗勃墙	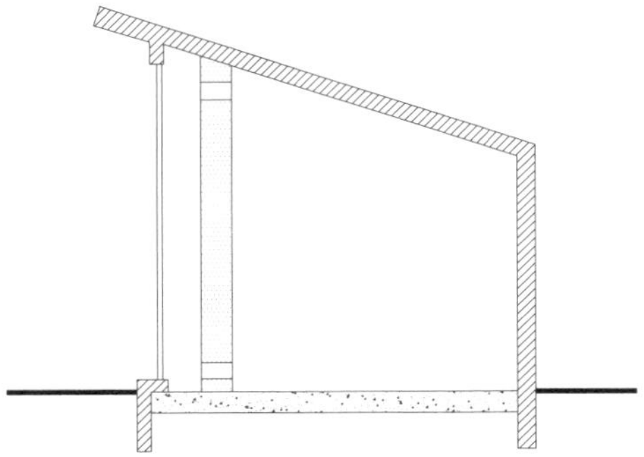	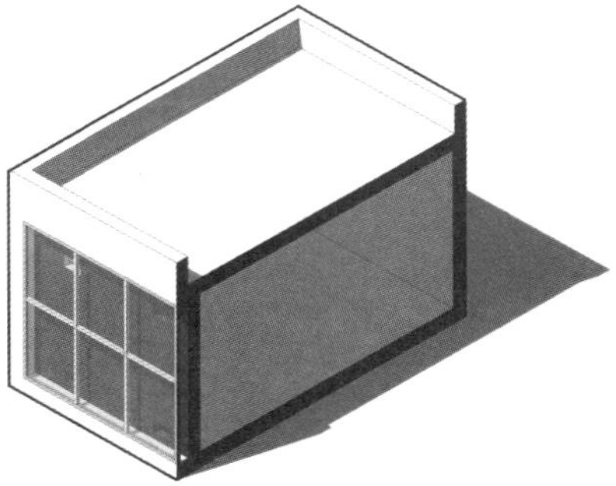	

4.2.3　门窗节能改造

在合理的造价基础上，选取保温、隔热性能更好的门窗，可增强建筑的节能效果。门窗的保温、隔热性能主要取决于门窗框体材料和镶嵌材料的保温、隔热性能，降低门窗的传热系数就是要降低门窗框体材料和镶嵌材料的传热系数。（表 4-15）

表 4-15　窗户遮阳板、PVC 塑料窗、断桥隔热铝合金窗、金属塑料复合保温窗的结构、模型、示例

做　法	构　造	模　型	示　例
窗户遮阳板	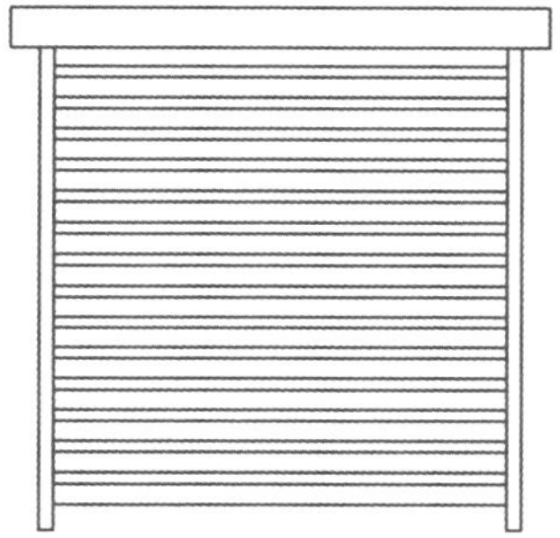	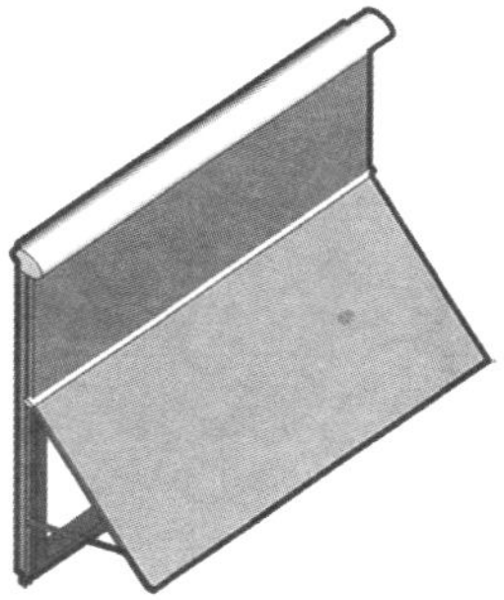	
PVC 塑料窗	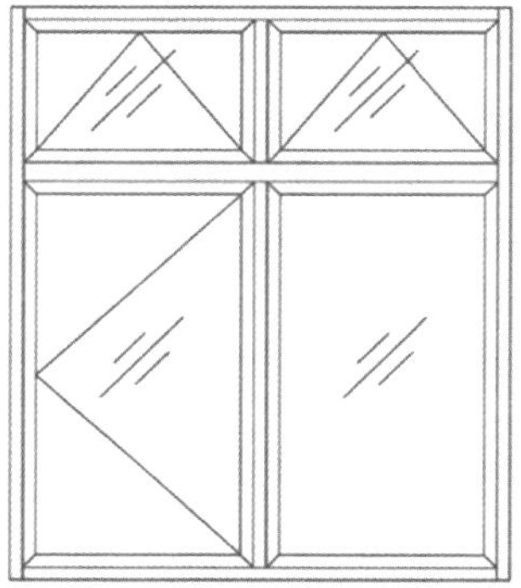	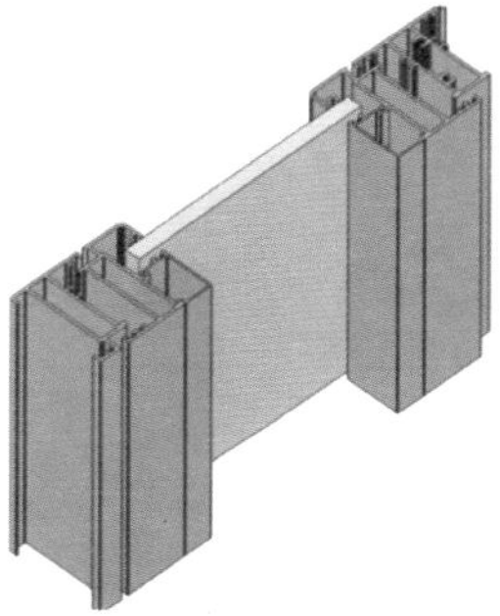	

续 表

做 法	构 造	模 型	示 例
断桥隔热铝合金窗	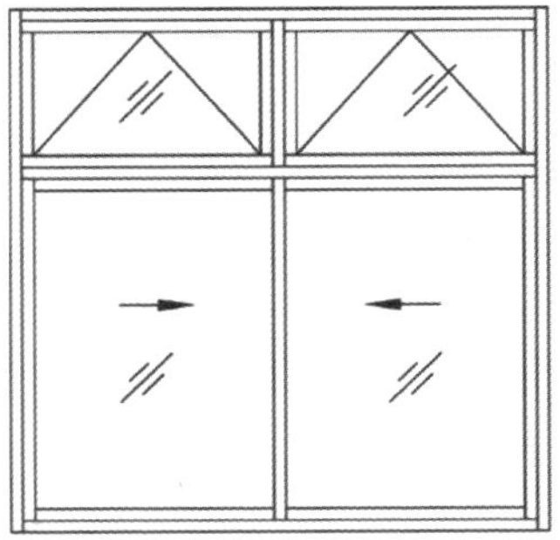	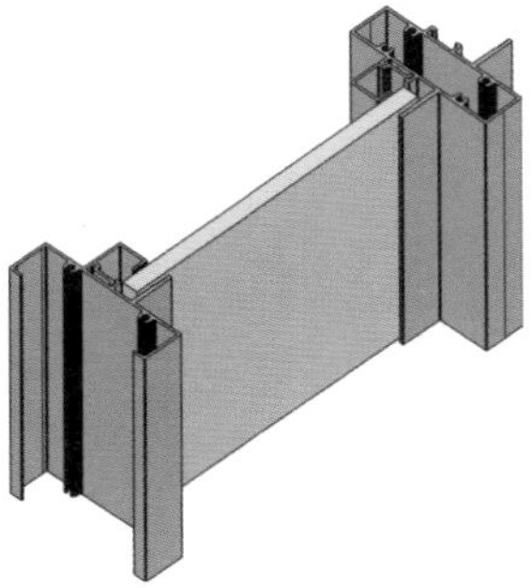	
金属塑料复合保温窗	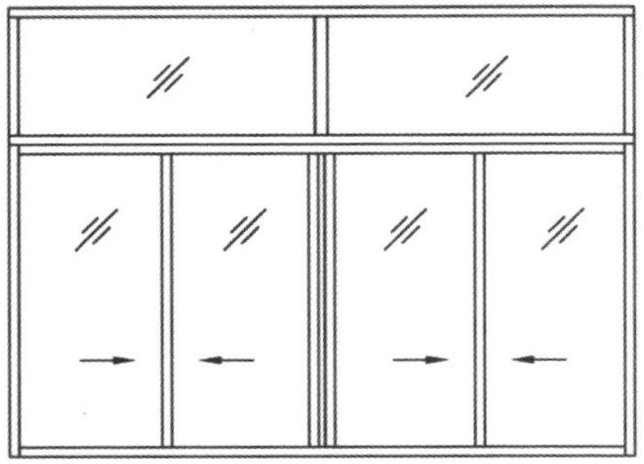	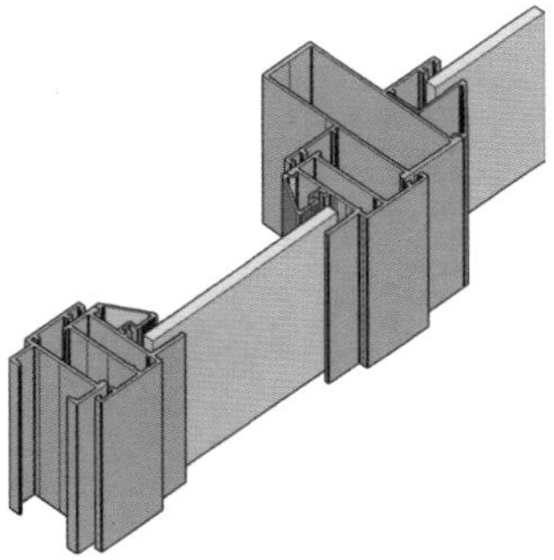	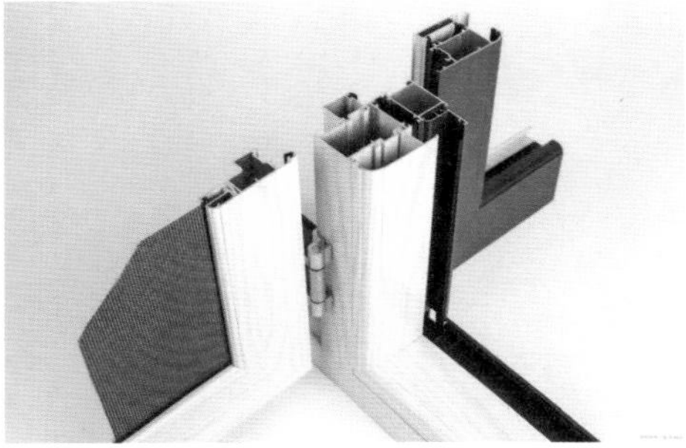

4.2.4　建筑屋顶节能改造

主要是在屋顶铺设或粉刷各种保温绝热及反射材料来达到保温节能效果的屋顶。（表 4-16）

表 4-16　保温屋面改造、架空屋面改造、木屋架屋面保温构造、模型、示例

做　法	构　造	模　型	示　例
保温屋面改造	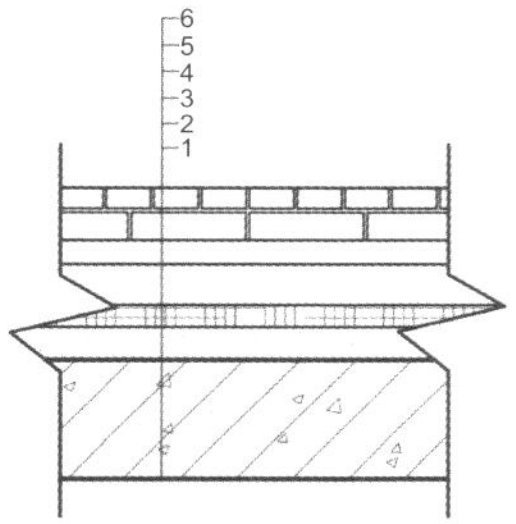 1—层面板； 2—砂浆找平层； 3—防水层； 4—XPS 挤塑保温板； 5—无纺布隔离层； 6—预制混凝土块	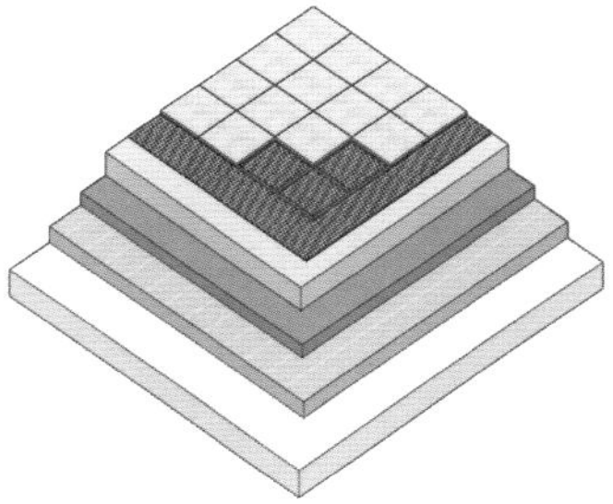	
架空屋面改造 1	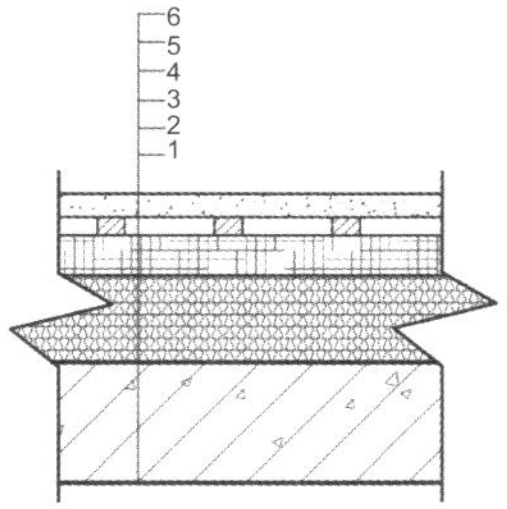 1—结构层； 2—保温层； 3—防水层； 4—涂料； 5—砖垄墙； 6—大阶砖或混凝土板		

续 表

做 法	构 造	模 型	示 例
架空屋面改造 2	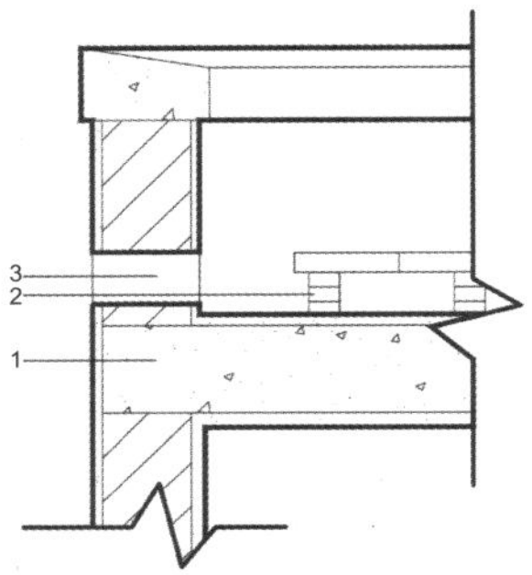 1—结构层； 2—砖墩； 3—通风口	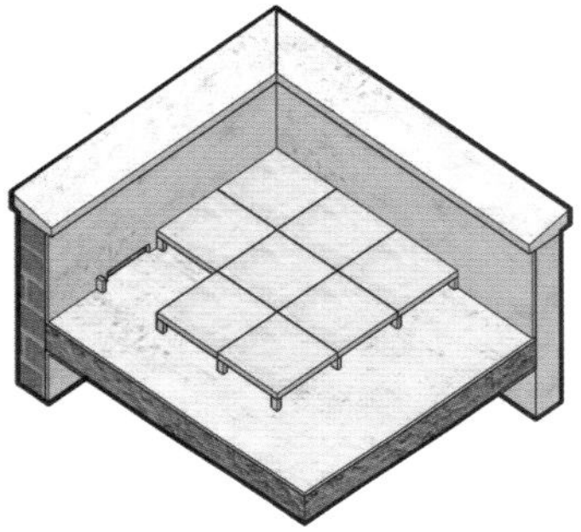	
木屋架屋面保温构造	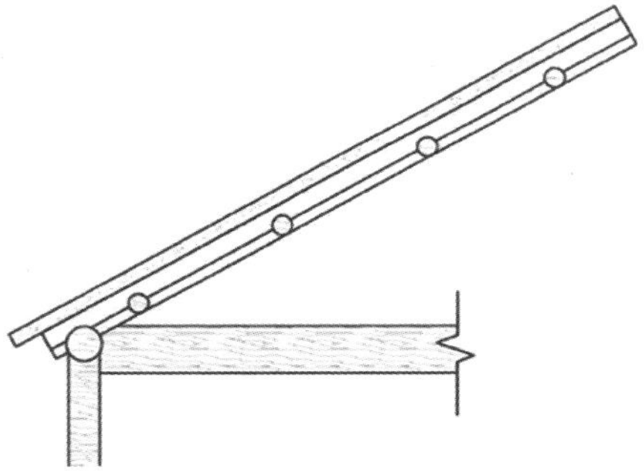		

4.2.5　建筑遮阳

乡村民居建筑利用遮阳棚和柔性材料遮挡白天强烈阳光，实现局部遮阳，提升室内舒适度，有利于人们进行室内室外各项活动。(表 4-17)

表 4-17　遮阳棚遮阳、柔性遮阳的构造、模型、示例

做　法	构　造	模　型	示　例
遮阳棚遮阳	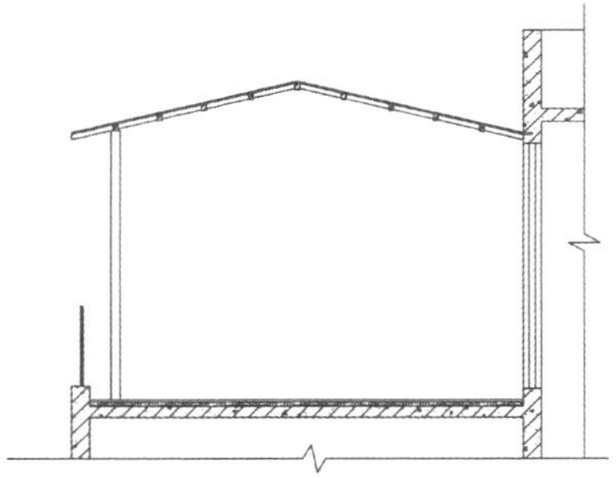	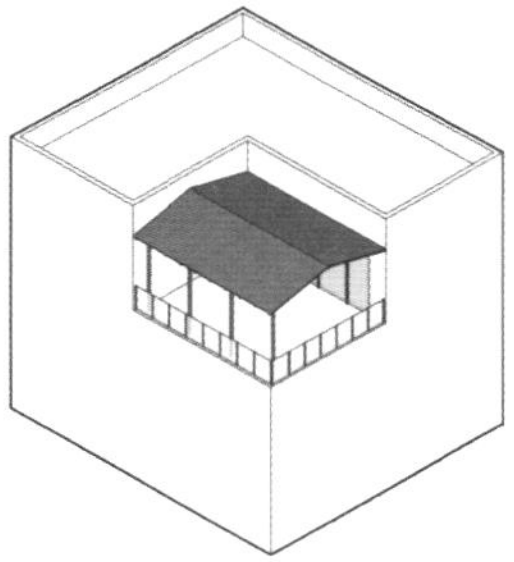	
柔性遮阳	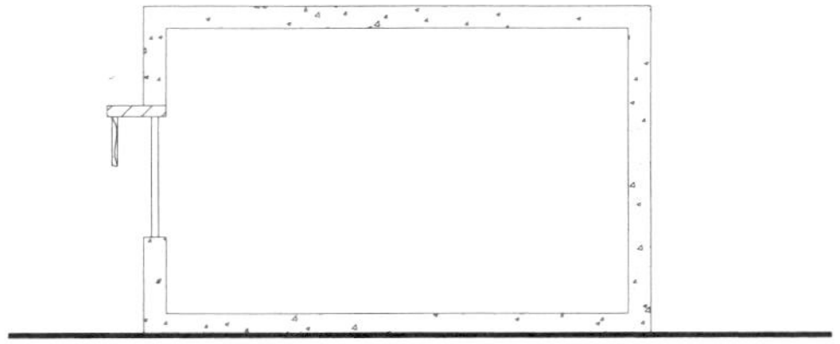	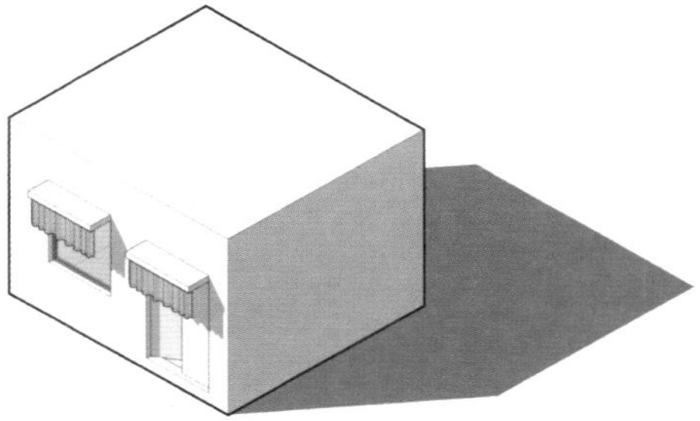	

4.3 排污处理

将一定区域内的人或者动物的排泄物、污泥集中储存起来，利用化粪池进行沉淀、过滤等处理，并经过一系列化学反应，可使其生成有机农用肥料。同时也能阻止蝇虫繁殖，保障了生活区域的环境卫生。（表 4-18）

表 4-18　增设化粪池的构造、模型、示例

做　法	构　造	模　型	示　例
增设化粪池	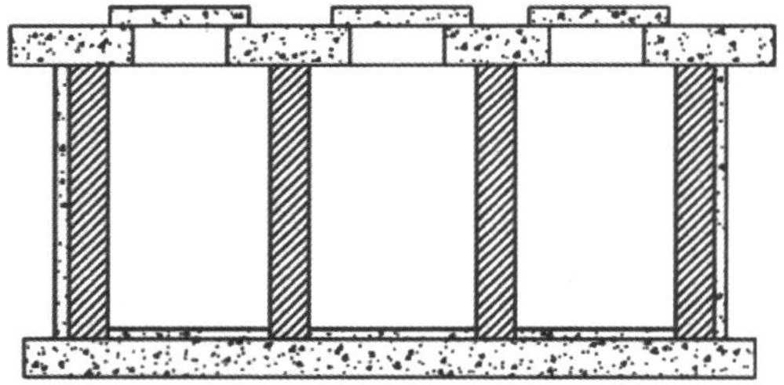	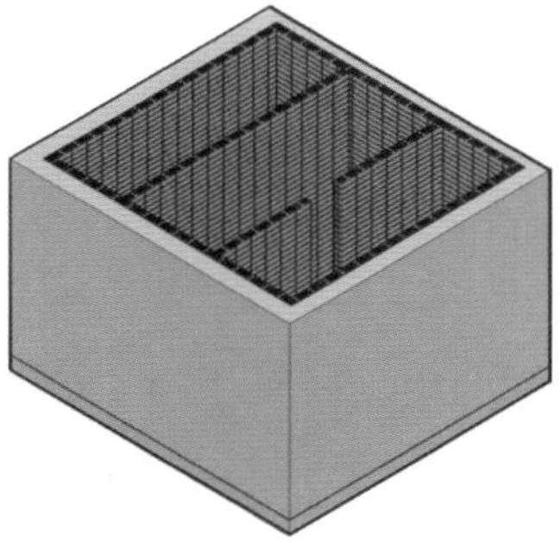	

4.4 光环境改善

乡村老旧民居建筑室内光线不充足时，可以在屋顶增设天窗，改善建筑室内光环境。(表 4-19)

表 4-19　增设天窗的构造、模型、示例

做　法	构　造	模　型	示　例
增设天窗	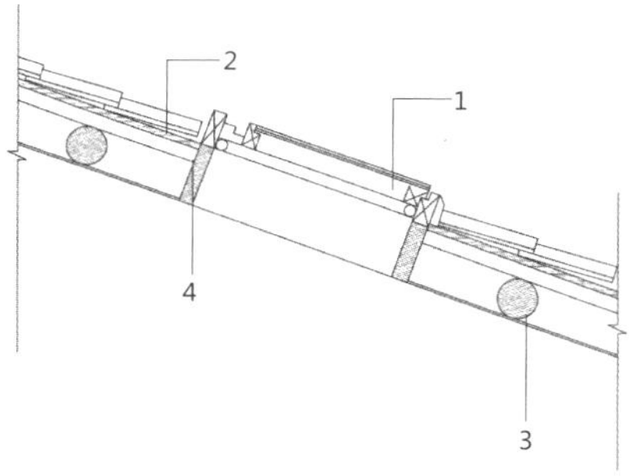 1—天窗；2—瓦；3—梁；4—檩条	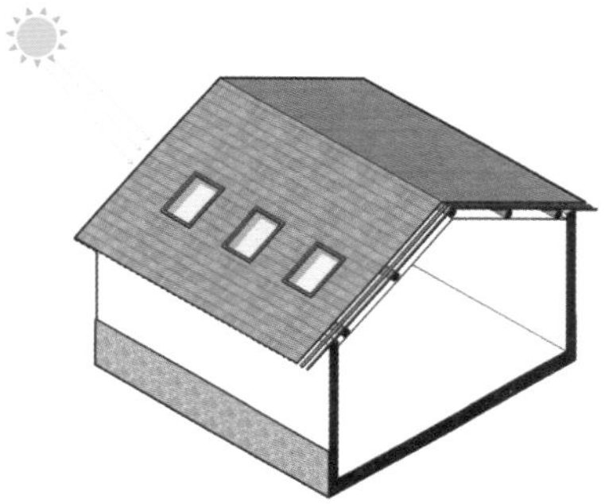	

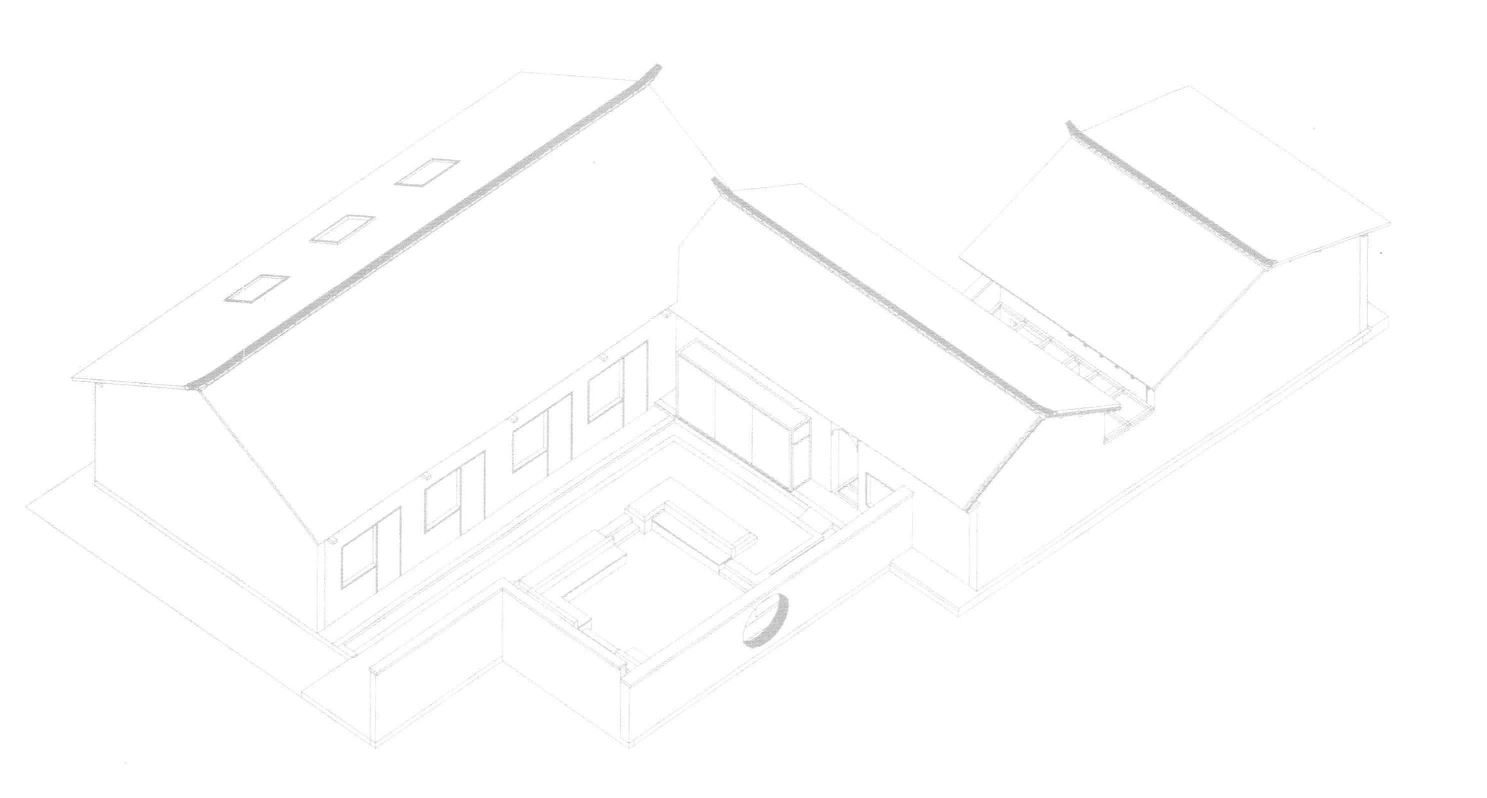

第 5 章

乡土民居生态设计案例解析

本章从地理区位、历史文脉、气候特点等地域特征出发，从整体建筑通风、采光、遮阳、保温、隔热、防潮、排水等角度进行分析，选取了几个典型的传统民居绿色改造案例，探讨典型传统民居在场地设计、空间组织、结构性质、材料构造等方面形成绿色、优异的现代改造设计方法。

5.1 凤凰古镇夯土民居改造项目

5.1.1 项目简介

图 5-1　凤凰古镇夯土民居改造项目整体效果图

该民居用地面积 459.4 ㎡，其中建筑占地面积 282.7 ㎡。新的民宿建筑在原有的夯土民居建筑基础上，对原有建筑中的夯土墙体与木构架进行保留，对建筑内部空间进行改造与功能置换，并在新建筑的建造过程中融入了阳光间、采光天窗、屋顶保温、三格式化粪池、雨污收集系统等通用的现代民居建筑技术；同时利用当地匠人、传统材料与改造工艺建造低成本且符合本土文化并适应新时代生活发展需求的富有当地传统建筑特色的陕南山地新民居。

改造项目不仅优化了原有建筑的内部空间，加固了原有支撑体系，改善了建筑室内环境，同时也赋予了传统夯土民居新的建筑功能，使其焕发新的建筑活力。凤凰古镇传统民居改造项目，既是对陕南山地民居的一次建设性传承，也是一次空间与可持续技术的有机融合与实践。（图 5-1）

5.1.2 建筑设计

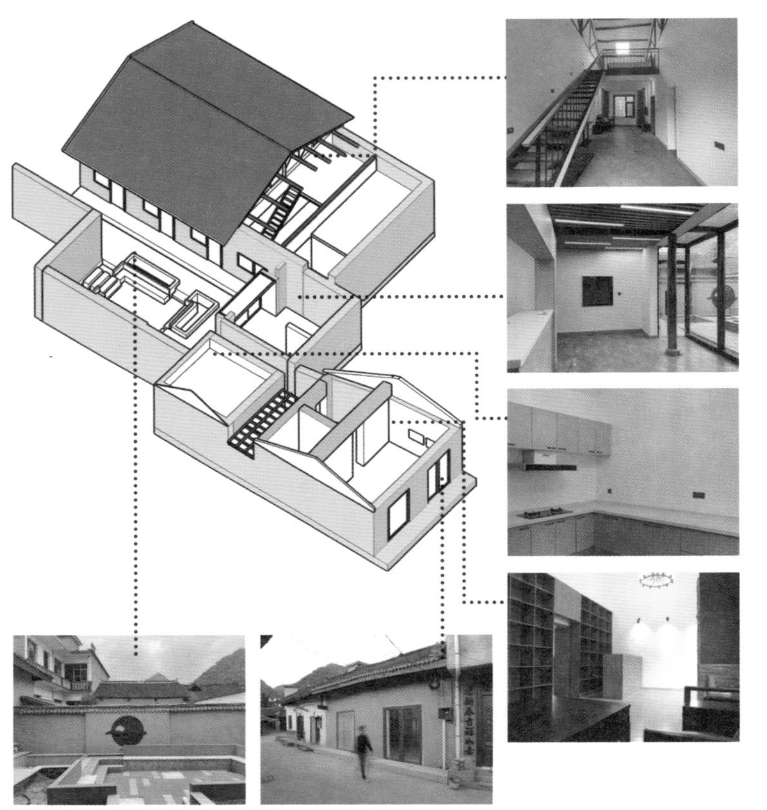

图 5-2　建筑节点图

方案设计理念

（图 5-2 至图 5-4）

1. 建筑师在保留原有建筑的外围夯土墙体与木结构屋架的基础上，对建筑室内空间进行了重新划分和布局，将原有居住功能的建筑内部置换成为民宿建筑。

2. 根据建筑内部空间的划分与改造，在保留建筑原有承重体系的前提下置入新的建筑结构，将原有闲置景观的屋顶下空间加以利用，形成室内跃层空间。

3. 对建筑组合院落进行了重新规划和布局，将景观设计与排水方式结合在一起。同时在院内设置下凹场地，形成聚会活动空间。

建筑改造过程

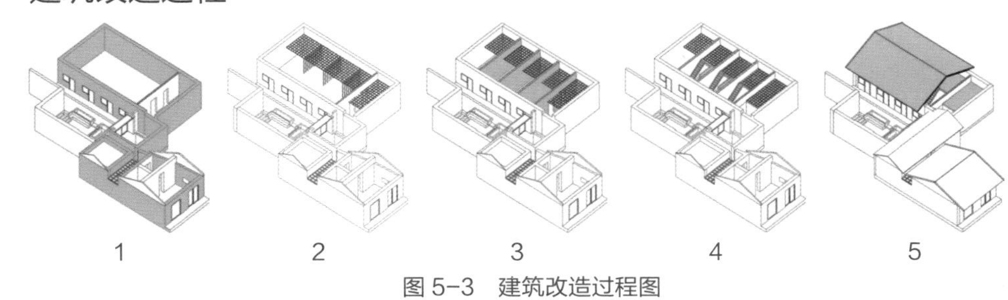

图 5-3　建筑改造过程图

原有民居建筑带有对外提供餐饮的功能，因此在设计方案的过程中，将原有建筑的营业空间改为民宿建筑的大堂空间，将居住空间改造为民宿中的住宿空间，而储物空间、厨房空间和餐饮空间则被保留下来并重新进行室内装修。

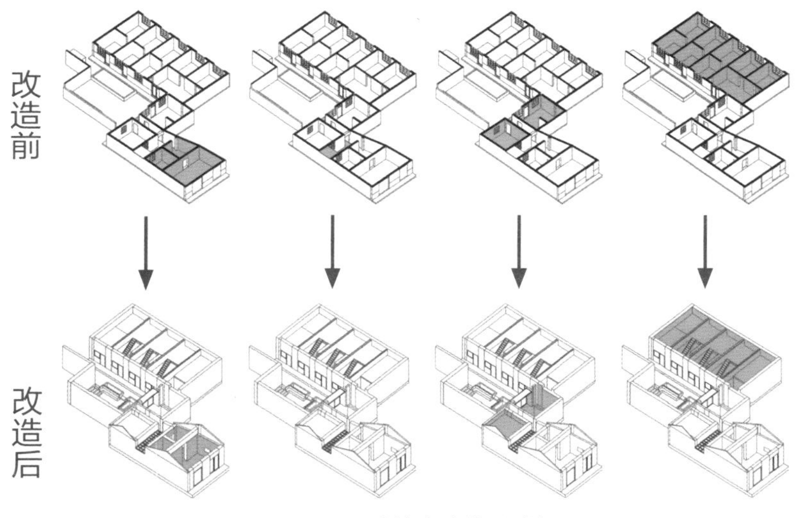

图 5-4　建筑改造前后对比图

5.1.3　生态策略

建筑更新设计策略（图 5-5 至图 5-7）

针对当地夯土民居建筑普遍存在的房屋老旧失修、结构开裂倾斜、建筑气密性差、保温性能差、室内采光不足、排污系统落后等主要问题，新民宿的改造建设中应用了以下适宜性建筑技术措施来改善和解决上述问题。

1. 钢结构加固：原有墙体年久失修，对其进行拆除，做钢结构进行加固，并通过钢结构的优越性能，对其功能进行分层处理。

2. 建筑保温：屋顶层增加保温板，减少室内外热交换，增强保温效果；建筑外部围护结构为夯土墙体，相较于砖混墙体具有良好的保温、隔热效果。

3. 三联供设备之一——制冷：该产品在制冷制热的同时加热生活用水，各功能也可独立运行，三联供机组实现了制冷状态下的全热回收，降低了初投资成本。

4. 三联供设备之二——地暖：当地民居取暖设施相对落后，采用地暖取暖方式，既能改善人体舒适程度，又能提高取暖效果。

5. 化粪池：原场地内无污水处理系统，新建化粪池对污水进行集中收集，三层过滤处理，达标后排放。

6. 门窗：选用气密性较好的门窗，降低室内外传热。

7. 天窗：原有房屋光环境较差，采用屋顶开天窗的方式来改善室内光环境。

8. 檐下排水系统：屋檐下设施景观水池，既能收集从屋檐流下的雨水，同时也可作为院落中的景观。

图 5-5　建筑结构更新示意图

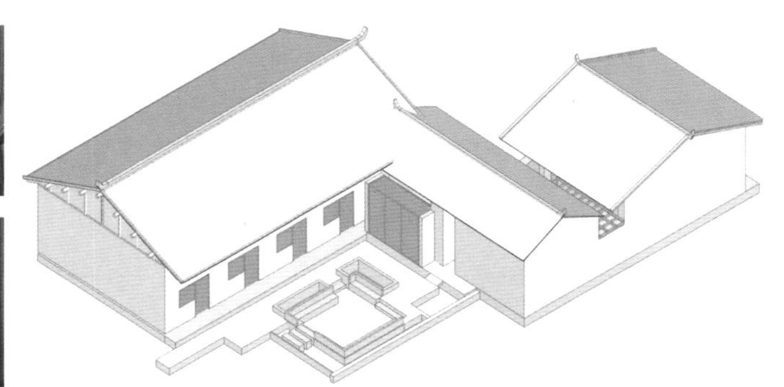

图 5-6　建筑门窗展示图

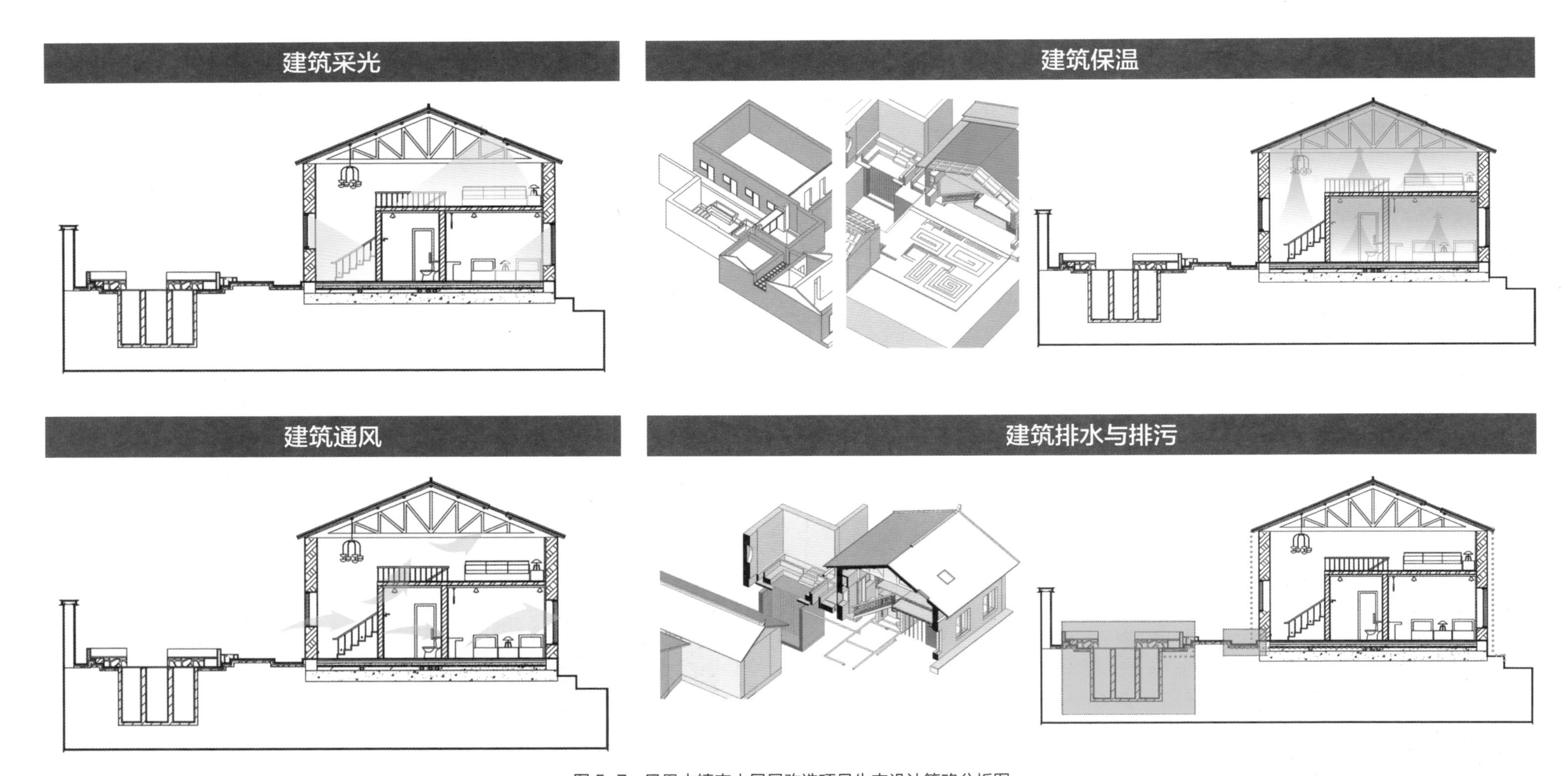

图 5-7　凤凰古镇夯土民居改造项目生态设计策略分析图

建筑绿色技术集成图（图 5-8）

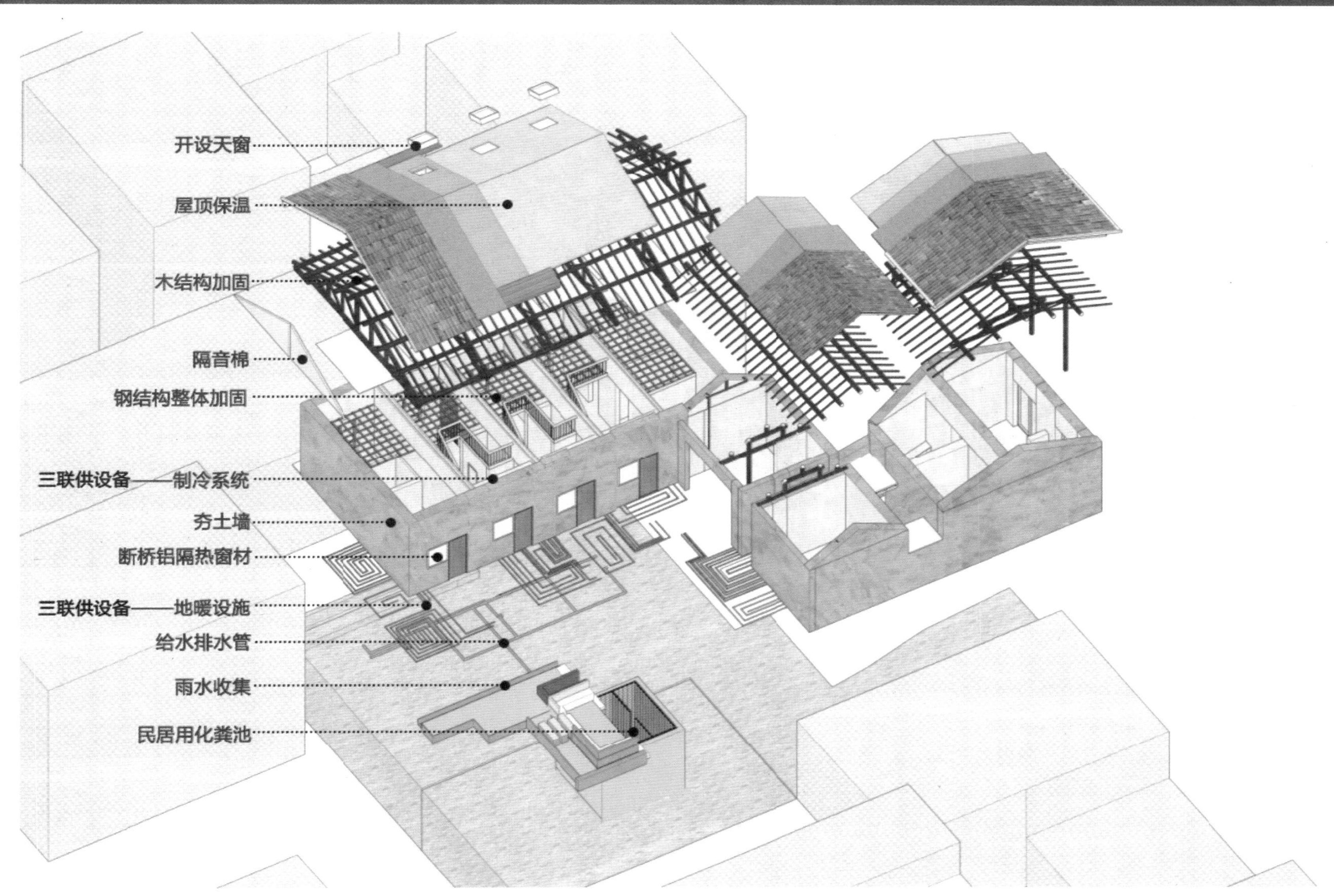

图 5-8　适宜性技术集成爆炸图

5.2 咸阳莪子村红砖房改造项目

5.2.1 项目简介

图 5-9 咸阳莪子村红砖房改造项目整体效果图

咸阳莪子村红砖房依托陕西重点产业创新链（群）的重点研发计划项目，注重乡村既有民居建筑绿色宜居功能品质提升与关键技术应用，是“十三五”国家重点研发计划合作单位项目。项目聚焦产业发展互促视角下的特色村镇功能提升技术，植根乡村禀赋与特色，借鉴当地传统民居窄厅方屋的空间模式与“闷顶”、共墙、硬山排水等技术原型，融入阳光间、采光通风井、墙体内保温、太阳能光伏发电、三格式化粪池的现代通用技术，利用当地匠人、传统材料与工艺，建造低成本、符合本土文化并适应现代居住需求的关中新民居。（图 5-9）

5.2.2 建筑设计

图 5-10 建筑透视图

方案设计理念（图 5-10）

项目位于陕西省咸阳市莪子村，地势平坦，宅基地南北长 35.1 m，东西宽 9 m，南侧紧邻村道与大片农田，东、西、北侧均为既有民居与待建宅基地。红砖房延续当地传统民居窄厅方屋的空间形制和坡屋顶形式，宅门置于基地东南角，结合了现代居住模式。门房为一层，设卫生间、储物区等辅助功能区；正房为两层，一脊两坡，采用集中对称三开间的纵轴布局，中间为入户门，南侧两边设置阳光间，毗邻室内设有卧室、起居厅等主要居住功能空间，厨房、餐厅、卫生间等服务功能空间居中布置，正中窄厅空间整体通高，内设空中连廊，二层北面设置露台，营造出多层次的空间体验；正房与门房之间形成完整的院落空间，满足晾晒小麦、玉米与日常活动需求，正房北面为后院，设有直跑楼梯，与二层露台相连。

5.2.3 生态策略

建筑更新设计策略（图 5-11 至图 5-12）

生态、环境与住户的生活品质息息相关，项目注重现代乡村民居绿色宜居品质提升技术的研究与应用，着重考虑当地风、光、水等自然因素对民居的影响，应对四季气候的变化，运用通风、采光、保温、隔热、雨污分离等被动式设计策略，提升室内环境的舒适性。

1. 通风：窄厅南北贯通，利于形成风压通风；平面居中的厨房、窄厅、卫生间上空设置三组通高空间利于形成热压通风，加强空气流通，改善大进深民居室内空气质量。

2. 采光：正房南向设置大面积开窗和高侧窗，结合屋面挑檐，增加采光面积，提高室内照度，同时可避免夏季的太阳辐射；居中的厨房、窄厅、卫生间上空设置的三组通高空间，可利用天窗自然采光，改善了传统民居此类服务功能黑空间的问题。

3. 保温与隔热：延续传统民居二层阁楼（闷顶）的空间形式，四季可做储藏和自由空间，冬夏两季可做气候缓冲层，对一层卧室、起居厅等主要生活活动空间起到保温、隔热作用；一层南向被动式阳光间对毗邻卧室、起居厅的温度变化亦起到缓冲作用；同时，房屋外墙均采用内保温技术，保温、隔热的同时，实现了室外清水砖墙的工艺效果。

4. 雨污分离：实验性将卫生间分解成两个功能单元，通过排污管道相连，排泄物就近排入入口院墙外的地下三格式化粪池；生活污水则排入后院三格式污水处理池；设集水坑，将收集的雨水排放至路面雨水收集系统，分级解决雨污排放问题。

5. 传统工艺：项目利用当地匠人、材料与传统工艺，从红砖的十字形砌筑、“梅花桩” 砌筑到人字形砌筑，院落铺装的条形密铺与灌沙法、湿接缝法等均能凸显红砖材料工艺的功能性与艺术性；房屋木屋架采用旧屋老木料搭建，材料性能稳定，结构外露，与红砖组合，相得益彰。

建筑排污

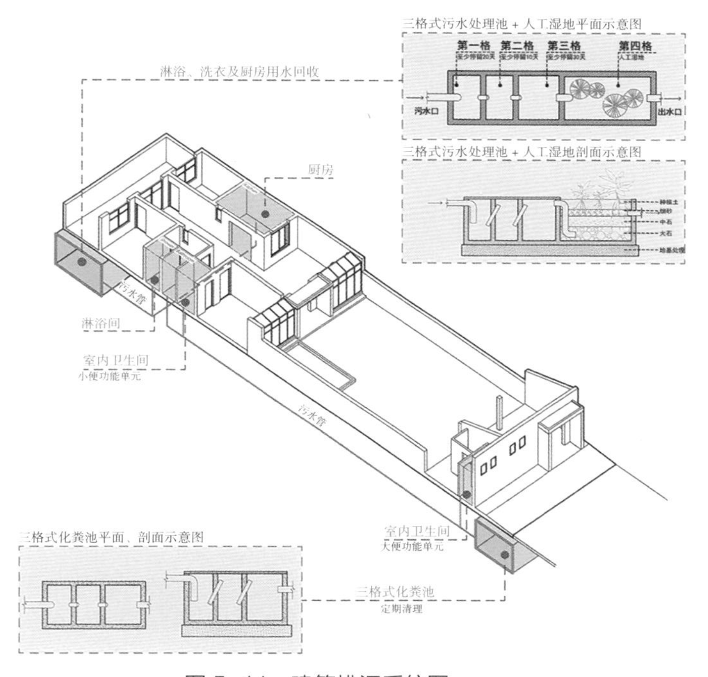

图 5-11　建筑排污系统图

雨污分离（图 5-11）

实验性将卫生间分解成两个功能单元；小便功能单元居室内，大便功能单元置门房西侧，两个功能单元之间通过排污管道相连，排泄物就近排入入口院墙外的地下三格式化粪池，并定期清理。

厨房、淋浴间等生活污水则就近排入后院三格式污水处理池，经人工湿地排入渗井。

前后院各设集水坑，并通过雨水管道相连，前后院雨水经集水坑、雨水管道一同排放至路面雨水收集系统，分级解决雨污排放问题。

建筑隔热、保温

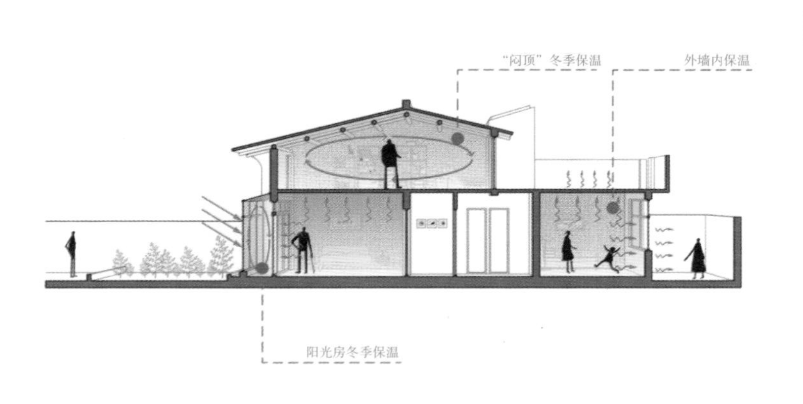

建筑雨水收集系统

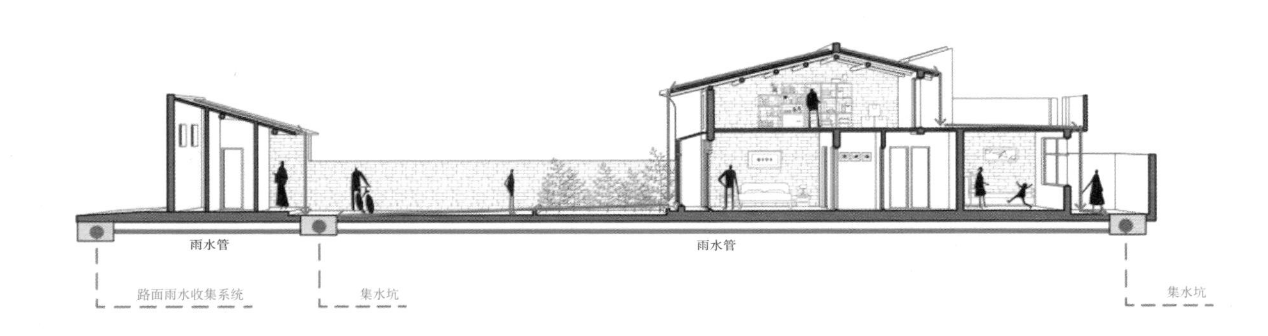

建筑通风

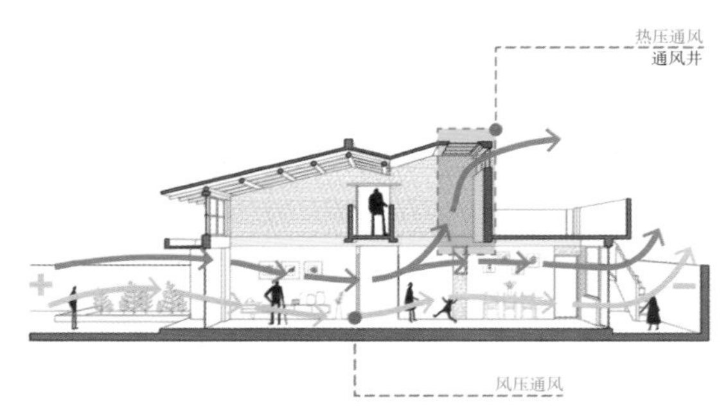

建筑采光

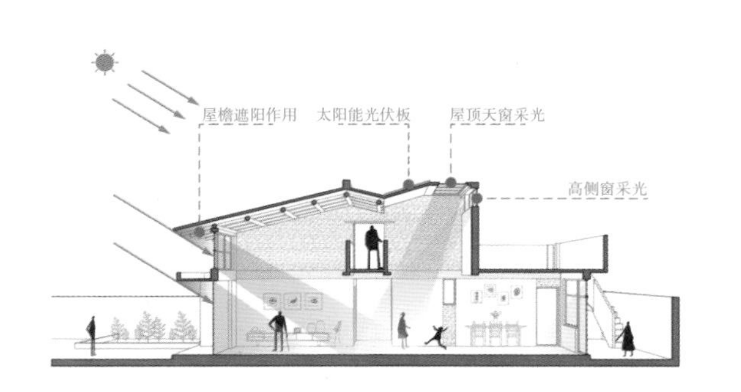

图 5-12　莪子村红砖房改造项目生态设计策略分析图

参考文献

[1]陈嘉鑫．赣北传统民居热力学原型研究［D］．合肥：安徽建筑大学，2021.
[2]张慧．苏州庭院式传统民居形态研究［D］．大连：大连理工大学，2021.
[3]向少石，洪杰．苏州传统民居建筑的地域气候适应原则研究［J］．苏州科技大学学报（工程技术版），2020，33（3）：27-33.
[4]郑媛．基于“气候一地貌”特征的长三角地域性绿色建筑营建策略研究［D］．杭州：浙江大学，2020.
[5]李月榕．基于能耗模拟的福建南靖土楼的节能设计策略研究［D］．西安：西安科技大学，2020.
[6]万璐．基于生态视角下的江西传统民居建筑设计生态智慧研究［D］．南昌：南昌大学，2020.
[7]向少石．比较视野下苏州传统合院式民居建筑形态气候适应性研究［D］．苏州：苏州科技大学，2020.
[8]刘乾宇．青岛地区传统居住类建筑气候适应性空间特征研究［D］．西安：西安建筑科技大学，2019.
[9]翁之韵．赣中村落传统民居改造与利用［D］．南昌：南昌大学，2019.
[10]杨哲，李翔．永定土楼传统聚落和建筑的生态智慧［J］．生态城市与绿色建筑，2018（3）：57-64.
[11]李季．江西传统天井式民居被动式设计方法研究［D］．北京：北京工业大学，2018.
[12]马如月．基于江南传统智慧的绿色建筑空间设计策略与方法研究［D］．南京：东南大学，2018.
[13]孙文娟．江西省传统民居对住宅室内微气候环境调节的分析研究［J］．居舍，2018（8）：173.
[14]饶永．徽州古建聚落民居室内物理环境改善技术研究［D］．南京：东南大学，2017.
[15]袁立婷．赣中地区传统民居风貌及其传承研究［D］．南昌：南昌大学，2017.
[16]姜爽．传统民居适应性再利用中建筑技艺研究：以苏南地区为例［D］．南京：东南大学，2017.
[17]赵贞．基于建筑病理学理论的苏州传统砖木结构民居潮湿问题研究［D］．苏州：苏州大学，2017.
[18]蔡立勤，黄晟．江西赣中天井院民居特征研究［J］．江西建材，2016（24）：29.
[19]刘彩云．胶东地区海草房营造技艺的发掘与保护研究［D］．北京：北京服装学院，2017.
[20]盛建荣，夏诗雪．福建客家土楼建筑理念的初探［J］．华中建筑，2015，33（7）：124-127.
[21]闵天怡，张彤．苏州地区乡土民居“开启”要素的气候适应性浅析［J］．西部人居环境学刊，2015，30（2）：25-35.

[22] 吴亚琦 . 江南水乡传统民居中缓冲空间的低能耗设计研究［ D ］. 南京：东南大学，2015.
[23] 宋光伟 . 江浙地区民居的研究及对现代建筑创作的启示［ D ］. 西安：西安建筑科技大学，2015.
[24] 张文竹 . 长江中下游不同气候区民居类型及绿色营建经验研究［ D ］. 西安：西安建筑科技大学，2014.
[25] 胡静 . 浅谈皖南传统民居的被动式节能技术：以江西省婺源县大理坑村为例［ J ］. 浙江建筑，2014，31（ 1 ）：49-52.
[26] 田银城 . 传统民居庭院类型的气候适应性初探［ D ］. 西安：西安建筑科技大学，2013.
[27] 黄浩 . 赣闽粤客家围屋的比较研究［ D ］. 长沙：湖南大学，2013.
[28] 张涛 . 国内典型传统民居外围护结构的气候适应性研究［ D ］. 西安：西安建筑科技大学，2013.
[29] 王薏淋 . 夏热冬冷地区生态农宅设计策略的研究：以江西省安义县为例［ D ］. 南昌：南昌大学，2012.
[30] 汪晓东 . 论生态低技术在福建永定客家土楼中的运用［ J ］. 山西大同大学学报（自然科学版），2012，28（ 5 ）：85-89.
[31] 周海萍 . 中国传统民居生态理念在低碳室内设计中的继承研究［ D ］. 哈尔滨：东北林业大学，2012.
[32] 吴岩 . 胶东民居海草房生态策略研究［ D ］. 上海：上海交通大学，2012.
[33] 彭建波 . 江西传统民居天井的环境营造研究［ D ］. 南昌：南昌大学，2011.
[34] 崔曼丽 . 从住居学角度研究无锡传统民居［ D ］. 昆明：昆明理工大学，2011.
[35] 钱进 . 皖南“生态”型民居适宜技术研究［ D ］. 合肥：合肥工业大学，2010.
[36] 王清文 . 苏北传统乡土民居气候适应性研究［ D ］. 上海：上海交通大学，2009.
[37] 李建斌 . 传统民居生态经验及应用研究［ D ］. 天津：天津大学，2008.
[38] 曹婷婷 . 民居文化生态解析：以苏州民居为例［ D ］. 上海：华东师范大学，2008.
[39] 郭鑫 . 江浙地区民居建筑设计与营造技术研究［ D ］. 重庆：重庆大学，2006.
[40] 毛靓 . 皖南传统民居生态化建筑技术初探［ D ］. 哈尔滨：东北林业大学，2006.
[41] 宋群立 . 徽州古民居（村落）木构建筑防火研究［ D ］. 合肥：合肥工业大学，2006.
[42] 赵群 . 传统民居生态建筑经验及其模式语言研究［ D ］. 西安：西安建筑科技大学，2005.
[43] 史争光 . 江南传统民居生态技术初探［ D ］. 无锡：江南大学，2004.
[44] 黄镇梁 . 江西民居中的开合式天井述评［ J ］. 建筑学报，1999（ 7 ）：57-59.
[45] 黄浩 . 江西民居［ M ］. 北京：中国建筑工业出版社，2008：190.
[46] 刘盛 . 湘西传统民居被动式技术适宜性研究［ D ］. 株洲：湖南工业大学，2017.
[47] 谭绥亨 . 湘中地区传统民居形态及在现代建筑设计中的应用研究［ D ］. 湘潭：湖南科技大学，2017.
[48] 邢剑龙 . 湖南传统民居生态节能设计研究［ D ］. 广州：华南理工大学，2015.

[49] 郭谌达 . 传统村落张谷英村文化生态空间调查及影响要素研究 [D] . 长沙：湖南大学，2016.
[50] 殷素兰 . 张谷英村聚落景观形态发展形成机制研究 [D] . 长沙：中南林业科技大学，2014.
[51] 万良磊 . 张谷英村巷道文化研究 [D] . 长沙：中南林业科技大学，2014.
[52] 王梦君 . 湖南传统民居环境生态特征研究 [D] . 长沙：湖南师范大学，2012.
[53] 李丽雪 . 基于地域气候的湖南传统民居开口方式的研究 [D] . 长沙：湖南大学，2012.
[54] 吴瑜 . 张谷英村聚落景观的文化生态研究 [D] . 长沙：中南林业科技大学，2010.
[55] 伍国正，余翰武，吴越，等 . 传统民居建筑的生态特性：以湖南传统民居建筑为例 [J] . 建筑科学，2008，24（3）：129-133.
[56] 李旭，谢芳园 . 湖南省张谷英村聚落的生态价值及对新农村住宅设计的启示 [J] . 华中建筑，2010，28（4）：155-157.
[57] 董黎 . 鄂南传统民居的建筑空间解析与居住文化研究 [D] . 武汉：武汉理工大学，2013.
[58] 汪艳荣，彭劲 . 鄂东南传统民居檐下彩绘装饰文化基因与保护 [J] . 美术大观，2020（7）：104-107.
[59] 李梦颖，陈琳，孙虎 . 文化基因图谱视角下的鄂南传统府第建筑特征研究：以王明璠大夫第为例 [J] . 中外建筑，2021（12）：111-116.
[60] 辛艺峰，刘超 . 聚族而居 乡情浓郁 鄂东南阳新玉堍村 [J] . 室内设计与装修，2016（9）：120-123.
[61] 谢志平，郭建东，彭建国 . 张谷英古村的特色空间探析 [J] . 湖南城市学院学报（自然科学版），2007，16（3）：31-33.
[62] 张乾 . 聚落空间特征与气候适应性的关联研究：以鄂东南地区为例 [D] . 武汉：华中科技大学，2012.
[63] 谭刚毅，任丹妮 . 祠祀空间的形制及其社会成因：从鄂东地区“祠居合一”型大屋谈起 [J] . 建筑学报，2015（2）：97-101.
[64] 江岚 . 鄂东南乡土建筑气候适应性研究 [D] . 武汉：华中科技大学，2004.
[65] 王曼曼 . 鄂东南天井民居空间解析与应用 [D] . 武汉：湖北工业大学，2017.
[66] 张贝 . 民间秩序的空间表达：鄂东南大屋民居堂屋空间研究 [D] . 武汉：华中科技大学，2018.
[67] 许哲，张奕 . 鄂东南传统村镇民居聚落自发空间特色的探析 [J] . 武汉理工大学学报，2019，41（7）：80-86.
[68] 王颂 . 开封、尉氏刘家宅院研究 [D] . 开封：河南大学，2006.
[69] 白金妮，黄山 . 中原地区官宅与商宅的异同：以洛阳董家大院和开封刘青霞故居为例 [J] . 建筑与文化，2021（6）：181-183.
[70] 王颂 . 基于生态文化视角的民居建筑装饰艺术：以河南刘青霞故居为例 [J] . 住宅产业，2012（6）：51-52.
[71] 王颂，冯波 . 河南民居地域文化特色的保护与延续：以刘青霞故居为例 [J] . 安徽农业科学，2010，38（33）：19018-19019.
[72] 王颂，张献梅 . 豫东地区传统乡土建筑的生态特征解析：以河南刘青霞故居为例 [J] . 信阳师范学院学报（自然科学版），2014，27（3）：460-462.
[73] 张帆 . 从刘青霞故居看河南民居建筑的地方特色 [J] . 江西建材，2015（19）：26.
[74] 姚磊 . 湖南岳阳张谷英古村空间的建筑美学初探 [J] . 科技信息，2009（7）：87+93.
[75] 张岳望 . 古村张谷英的风水格局与环境意象 [J] . 中外建筑，2001（1）：25-27.

[76] 段佳卉，渠滔，海鹏 . 刘青霞故居装饰艺术分析 [J] . 门窗，2016 (5)：215.
[77] 白金妮，黄山 . 中原地区官宅与商宅的异同：以洛阳董家大院和开封刘青霞故居为例 [J] . 建筑与文化，2021 (6)：181-183.
[78] 鲁艳蕊 . 豫东风土建筑研究系列之：开封风土建筑与地域文化研究 [D] . 开封：河南大学，2010.
[79] 徐艳文 . 北京传统民居四合院 [J] . 资源与人居环境，2018 (5)：63-67.
[80] 张昕 . “走西口”移民影响下的晋、蒙两地汉族传统民居对比研究：以晋北、内蒙古中部地区为例 [D] . 包头：内蒙古科技大学，2020.
[81] 崔敬昊 . 北京胡同的社会文化变迁与旅游开发：以什刹海风景区为中心 [D] . 北京：中央民族大学，2003.
[82] 赵玺 . 北京传统四合院的绿色营建经验在当代民居更新改造中的应用 [D] . 西安：西安建筑科技大学，2018.
[83] 孙烨 . 北京四合院地域文化特征及个性化可持续发展研究 [D] . 张家口：河北建筑工程学院，2018.
[84] 赵玉春 . 北京四合院传统营造技艺的历史文化形态 [J] . 中国非物质文化遗产，2020 (1)：111-120.
[85] 薛航 . “乔家大院”建筑布局特点及其成因探析 [J] . 文物世界，2021 (1)：71-77.
[86] 赵敬源，刘加平，李国华 . 庭院式民居夏季热环境研究 [J] . 西北建筑工程学院学报 (自然科学版)，2001，18 (1)：8-11.
[87] 孙哲，高新潮，王松，等 . 习近平关于群众体育重要论述的科学内涵、价值意蕴与生成逻辑 [J] . 武汉体育学院学报，2022，56 (4)：15-20.
[88] 刘宇思 . 土楼的建筑风格格局与四合院建筑风格格局的关系研究 [J] . 美与时代 (城市版)，2017 (1)：19-20.
[89] 张磊 . 山西省不同地区典型传统民居围护结构节能特性比较研究 [D] . 太原：太原理工大学，2014.
[90] 薛彤 . 山西万荣县李家大院建筑特点初探 [D] . 太原：山西大学，2018.
[91] 郭佳佳 . 山西省平遥县农村人居环境建设优化研究 [D] . 锦州：渤海大学，2021.
[92] 艾君 . 四合院，记载着古老北京居住文化的历史轨迹：谈谈北京四合院文化的渊源及其发展历史 [J] . 工会博览，2020 (14)：39-42.
[93] 宋云云，陈小松 . 中国传统合院建筑的平面构成分析 [J] . 住宅与房地产，2019 (27)：46.
[94] 谢迎迎 . 山西民居大院景区周边环境空间优化利用的模型研究：基于三个大院的比较 [D] . 临汾：山西师范大学，2020.
[95] 李娜 . 乔家大院建筑风格的美学阐释 [D] . 西安：陕西师范大学，2008.
[96] 杨丹 . 山西传统民居院落形态的多元影响因素初探 [D] . 苏州：苏州大学，2017.
[97] 彭美月 . 山西大院民居空间格局及建筑文化研究 [D] . 西安：西安建筑科技大学，2019.
[98] 韩朝炜 . 山西晋中传统民居的生态性研究 [D] . 大连：大连理工大学，2006.
[99] 林崇华，孙杰 . 浅析北京四合院改造设计：以排子胡同“扭院儿”为例 [J] . 艺术与设计 (理论)，2019，2 (3)：64-65.
[100] 刘铮 . 蒙古族民居及其环境特性研究 [D] . 西安：西安建筑科技大学，2001.
[101] 梁宇舒 . 内蒙古阿拉善农牧区乡土住宅的传承与演变 [D] . 北京：清华大学，2019.
[102] 郭媇 . 气候对中国传统民居庭院空间的影响：以北京四合院与徽州民居为例 [D] . 北京：中央美术学院，2012.

[103] 孙乐 . 内蒙古地区蒙古族传统民居研究 [D] . 沈阳：沈阳建筑大学，2012.
[104] 刘雁 . 山西传统民居建筑及装饰研究 [D] . 青岛：青岛理工大学，2012.
[105] 孟春荣，段海燕 . 蒙古包建筑现代转译设计研究 [J] . 艺术百家，2021，37 (1)：237-241.
[106] 刘莉嘉，高晓霞 . 蒙古包建筑的地域文化特征 [J] . 艺术大观，2020 (28)：125-126.
[107] 李炎竹 . 蒙古包的空间结构及其文化表征研究 [D] . 呼和浩特：内蒙古师范大学，2021.
[108] 杜倩 . 蒙古包的建筑形态及其低技术生态概念探析 [J] . 山西建筑，2008，34 (5)：54-55.
[109] 薛林平，戴祥，石玉 . 京西地区传统民居建筑特征及文化生态研究 [J] . 世界建筑，2021 (8)：82-85.
[110] 张聪超 . 蒙古包的地域特色及可持续发展研究 [D] . 呼和浩特：内蒙古农业大学，2014.
[111] 王龙，谢亚权，范桂芳 . 蒙古包的历史演变及发展新趋势 [J] . 内蒙古民族大学学报 (社会科学版)，2020，46 (5)：32-38.
[112] 塔拉 . 蒙古族独特的民居建筑：传统蒙古包探析 [J] . 美与时代 (城市版)，2020 (1)：108-109.
[113] 袁晋 . 晋商文化影响下的民居建筑形态研究：以乔家大院为例 [D] . 武汉：武汉纺织大学，2017.
[114] 赵磊磊 . 晋中传统民居的生态经验及其应用研究 [D] . 太原：太原理工大学，2013.
[115] 李少颖 . 晋南传统民居的生态特性研究及新型民居构建 [D] . 太原：太原理工大学，2013.
[116] 才广 . 基于生态理念的北方寒冷地区传统四合院民居改造研究 [D] . 邯郸：河北工程大学，2019.
[117] 宋浩 . 晋商文化影响下的晋商大院空间布局特点研究 [D] . 南京：南京农业大学，2017.
[118] 杜林丽 . 从乔家大院看晋中传统大院建筑形制 [J] . 美与时代 (城市版)，2020 (2)：35-36.
[119] 李晓峰，李百浩 . 湖北传统民居 [M] . 北京：中国建筑工业出版社，2006.
[120] 李晓峰，谭刚毅 . 中国民居建筑丛书：两湖民居 [M] . 北京：中国建筑工业出版社，2009.
[121] 何林福，李望生 . 张谷英村 [M] . 南京：江苏教育出版社，2005.
[122] 杨慎初 . 湖南传统建筑 [M] . 长沙：湖南教育出版社，1993.
[123] 左满常，白宪臣 . 河南民居 [M] . 北京：中国建筑工业出版社，2007.
[124] 尉氏县志编纂委员会 . 尉氏县志 [M] . 郑州：中州古籍出版社，1993.
[125] 陈珏，陶郅 . 西关大屋地域适应性刍议 [J] . 华中建筑，2016，34 (8)：7-10.
[126] 杨临萍 . 广州西关大屋建筑特色探究 [J] . 广东建筑装饰，2008 (2)：82-85.
[127] 黄巧云 . 广州西关大屋民居研究 [D] . 广州：华南理工大学，2016.
[128] 陆元鼎，魏彦钧 . 广东民居 [M] . 北京：中国建筑工业出版社，1990.
[129] 汤国华 . 岭南历史建筑测绘图选集 [M] . 广州：华南理工大学出版社，2001.

[130] 何少云 . 西关大屋之功能设计 [J] . 广东建材，2008，24 (5)：154-156.
[131] 薛婧，段威 . 居必常安，然后求美：开平碉楼的地域性应答 [J] . 建筑创作，2020 (1)：91-97.
[132] 黎子宏 . 开平碉楼设计探析 [J] . 美与时代 (城市版)，2019 (4)：24-25.
[133] 谭抗生 . 福建客家土楼的建筑空间研究 [D] . 南京：南京艺术学院，2008.
[134] 卜奇文 . 赣南、闽西、粤东三角地带客家土楼文化研究 [D] . 桂林：广西师范大学，2000.
[135] 解锰 . 基于文化地理学的河源客家传统村落及民居研究 [D] . 广州：华南理工大学，2014.
[136] 程爱勤 . 论“风水学说”对客家土楼的影响 [J] . 广西民族学院学报 (哲学社会科学版)，2002，24 (3)：76-82.
[137] 汪晓东 . 论民俗视野下的生态建筑设计：以福建永定客家土楼为例 [J] . 集美大学学报 (哲学社会科学版)，2011，14 (3)：29-34.
[138] 熊海群，张怀珠 . 闽西客家土楼民居中风水因素的探究 [J] . 小城镇建设，2007 (3)：81-84.
[139] 杨星星 . 清代归善县客家围屋研究 [D] . 广州：华南理工大学，2011.
[140] 刘梅琴 . 永定客家土楼围合形态的环境适应性衍变研究 [D] . 泉州：华侨大学，2014.
[141] 张昕昱，张中华 . 传统关中村落的安防性设计研究：以党家村为例 [J] . 城市建筑，2020，17 (22)：88-92.
[142] 杨帆 . 从党家村看关中民居 [J] . 福建建筑，2012 (12)：19-22.
[143] 吴艺婷，雷振东，田虎，等 . 关中民居建筑雨水利用演变规律及优化策略研究 [J] . 世界建筑，2021 (9)：22-26.
[144] 姜长征，桂敬传，王杰瑞 . 基于地域环境的关中民居建筑形式研究：以韩城党家村和关中民俗博物馆为例 [J] . 安徽建筑大学学报，2018，26 (3)：55-59.
[145] 张磊，王如冰 . 陕西传统村落保护典型案例分析：以党家村为例 [J] . 文博，2021 (4)：107-112.
[146] 高博，杨梦娇，赵硕，等 . 陕西关中民居绿色营建调查研究 [J] . 古建园林技术，2018 (3)：58-63.
[147] 张杰 . 陕西关中传统民居建筑空间形态研究：以党家村为例 [D] . 西安：西安工程大学，2017.
[148] 崔文河，王军 . 青海藏族庄廓民居及聚落研究：以巴麻堂村为例 [J] . 华中建筑，2015，33 (1)：74-80.
[149] 崔文河 . 青海多民族地区乡土民居更新适宜性设计模式研究 [D] . 西安：西安建筑科技大学，2015.
[150] 乔柳 . 青海河湟地区传统民居适宜性技术应用研究：湟源县庄廓民居更新示范为例 [D] . 西安：西安建筑科技大学，2018.
[151] 齐琰 . 琼北地区民居气候适应性策略研究及其应用设计 [D] . 西安：西安建筑科技大学，2021.
[152] 黄超 . 广西侗族程阳八寨民居建筑与地域文化探究 [D] . 哈尔滨：哈尔滨师范大学，2015.
[153] 李海波 . 广府地区民居三间两廊形制研究 [D] . 广州：华南理工大学，2013.
[154] 陈全杰 . 既有村镇生土结构房屋承重夯土墙体加固试验研究 [D] . 西安：长安大学，2011.
[155] 淳庆 . 典型建筑遗产保护技术 [M] . 南京：东南大学出版社，2015.
[156] 陈伟军 . 岭南近代建筑结构特征与保护利用研究 [D] . 广州：华南理工大学，2018.

[157] 韩建绒，张亚娟．建筑识图与房屋构造［M］．重庆：重庆大学出版社，2015.
[158] 彭道强．夯土房屋墙体试验与结构性能改良技术研究［D］．西安：西安建筑科技大学，2012.
[159] 魏素芳．夯土墙承重房屋的局部受压性能研究［D］．郑州：郑州大学，2011.
[160] 王洪亮．村镇生土住宅结构承重墙体设计及局部承压能力分析［J］．科学技术创新，2021（4）：112-113.
[161] 贺宇豪，张明珍，任卫中，等．传统生土技术改良策略及应用：基于乡村振兴中建筑实践的思考［J］．新建筑，2021（5）：38-43.
[162] 王万江，曾铁军．房屋建筑学［M］.4 版．重庆：重庆大学出版社，2017.
[163] 朱萌，王强．农村三格化粪池卫生厕所建造技术与改进研究［J］．安徽农业科学，2011，39（11）：6704-6705.
[164] 陆元鼎．中国民居建筑（共三卷）［M］．广州：华南理工大学出版社，2003.
[165] 张继元．寒地乡土建筑住居形态的营造设计研究：东北“地窨子”的更新改造［D］．长春：东北师范大学，2020.
[166] 刘豆豆，刘海卿．东北汉族传统民居生态性节能分析［J］．建筑节能，2018，46（12）：120-125.
[167] 高梦泽．绿色建筑理念下的东北地区民居建筑设计探究［D］．沈阳：鲁迅美术学院，2017.
[168] 丛子成．东北地区村镇住宅绿色模式建构研究：以黑龙江省民居为例［D］．西安：西安建筑科技大学，2014.
[169] 赵龙梅．我国东北地区传统井干式民居研究［D］．沈阳：沈阳建筑大学，2013.
[170] 李佳艺，李之吉．吉林省东部山区朝鲜族民居生态技术经验分析［J］．吉林建筑工程学院学报，2012，29（4）：68-71.
[171] 李灿．甘肃严寒寒冷地区公共建筑被动式节能优化设计［D］．西安：西安建筑科技大学，2020.
[172] 周立军，于立波．东北传统民居应对严寒气候技术措施的探讨［J］．南方建筑，2010（6）：12-15.
[173] 韩聪．气候影响下的东北满族民居研究［D］．哈尔滨：哈尔滨工业大学，2007.